水产生物多组学研究及其应用

刘云国　等著

化学工业出版社
·北京·

U0815791

内 容 简 介

《水产生物多组学研究及其应用》重点阐述了水产生物多组学研究技术在鱼类、虾类、藻类、贝类、蟹类研究中的应用进展，主要从基因组学、转录组学、蛋白质组学、代谢组学以及多组学技术在鱼类、虾类、贝类、藻类、蟹类研究中的应用方面进行系统综述，涵盖了鱼、虾、贝、藻、蟹五大类水产养殖生物相关领域的最新研究成果。

本书可供海洋、生物、食品和医药领域高等院校教师和学生、科研院所研究人员以及食药、农业、水产部门的管理者参考阅读，亦可供水产养殖从业人员及水产品检验检测人员参考阅读。

图书在版编目（CIP）数据

水产生物多组学研究及其应用 / 刘云国等著. 北京 ：化学工业出版社，2025. 2. -- ISBN 978-7-122-47518-3

Ⅰ. S917

中国国家版本馆 CIP 数据核字第 20251YV103 号

责任编辑：尤彩霞　　装帧设计：韩　飞

责任校对：宋　夏

出版发行：化学工业出版社

（北京市东城区青年湖南街 13 号　邮政编码 100011）

印　　装：北京天宇星印刷厂

710mm×1000mm　1/16　印张 15¾　字数 273 千字

2025 年 7 月北京第 1 版第 1 次印刷

购书咨询：010-64518888　　售后服务：010-64518899

网　　址：http://www.cip.com.cn

凡购买本书，如有缺损质量问题，本社销售中心负责调换。

定　　价：59.00 元

版权所有　违者必究

著者名单

主要著者：

刘云国　张庆杰　杨天燕　胡自民　邱　亮
刘贤德　马洪雨　邵长伟　刘　峰　刘一萌
高峰涛

其他著者：

王熙尧　陈生熬　刘学美　刘学文　胡　鹏
王奇奇　王若愚　冯永永　刘毅佳　朱盼盼
张彤云　陈晓玲　季相山　郑来庆　郑卫卫
徐从梅　崔文晓　郭晓萌　孟　玮　张俊杰
潘国强　戴一琰

序

基因组学、转录组学、蛋白质组学、代谢组学等多组学研究一直是世界各国水产生物研究的前沿和重点，并逐渐成为水产行业科技竞争的焦点和各国抢占的制高点。中国虽然在组学领域的研究起步较晚，但发展势头十分迅猛。2014 年，中国测定了世界上第一个鲽形目鱼类——半滑舌鳎（*Cynoglossus semilaevis*）的全基因组序列，并结合高密度遗传连锁图谱，完成 Z 染色体和 W 染色体序列图谱的绘制。目前，全球已测定的鱼类全基因组数据中，半数以上由中国主导完成，部分研究成果已达到国际先进水平。

近十多年来，中国水产养殖业迅猛发展，水产养殖的种类、数量、面积和规模逐年增加，是世界首个实现养殖产量超过捕捞产量的国家。水产生物资源的开发利用是大农业的重要组成部分。目前大多数水产生物的捕捞量超出了可持续发展的限量。与其他农作物相比，水产生物的驯化养殖过程要远远落后。大部分品种的养殖还依赖野生种群，很多品种很少或没有选育。一些养殖品种流行病的暴发和大规模死亡都体现了对水产生物进行遗传选育和性状改良的迫切性和必要性。

随着科技的进步和发展，水产生物多组学研究日益受到重视，在生产上的应用越来越广泛，涉及水产生物遗传选育和性状改良、营养代谢、免疫抗病、生长发育、应答环境胁迫、物种亲缘关系和系统演化分析、性别差异机制解析等诸多方面，展现出了广阔的应用前景。鱼、虾、贝、藻、蟹等水产生物多组学研究对于种质资源创新和遗传改良、保持水产养殖领先优势至关重要，有利于通过生物标志物监测水产生物的生理状态和代谢活性，识别异常代谢模式，预测疾病暴发的可能性，以便能及时发现养殖过程中的健康问题和疾病风险，并为饲养管理和育种优化提供新方法，助力水产行业的可持续、高质量发展和优质高效生产。

该书全面系统地介绍了各种组学技术的原理、操作流程、优缺点及其在水产生物研究中的应用，涵盖了相关领域的最新研究成果和实例，非常值得读者参考借鉴，是以为序。

陈松林
中国工程院院士
中国水产科学研究院黄海水产研究所研究员
二〇二五年一月

前言

多组学主要包括基因组学、转录组学、蛋白质组学、代谢组学等，各自聚焦生物DNA、RNA、蛋白质和代谢产物。基因组学研究生物基因组以及各基因的精确结构、基因间的相互关系、基因的表达调控及如何利用基因；转录组学是连接基因组和蛋白质组的中间模块，既可揭示基因组学水平无法检测到的改变，又可对蛋白质组数据研究结果加以印证；蛋白质组学研究细胞、组织或生物体中蛋白质组成、定位、变化及其相互作用规律，对寻找疾病的诊断标志、筛选药物靶点、毒理学研究等有重要意义；代谢组学最为接近表型，是其他几种组学的下游产物，也是组学级联的终点，在生物体的生长发育、新陈代谢和维持正常机能中起着重要作用。多组学研究是世界各国水产生物研究的前沿和重点，并逐渐成为水产行业科技竞争的焦点和各国抢占的制高点。

在本书中，我们首先根据学科发展历程和进展，分章节详细介绍基因组学、转录组学、蛋白质组学、代谢组学的基础知识、研究技术更新迭代以及一些重要组学技术的原理、操作步骤及应用，然后依次阐述四种组学技术在鱼、虾、贝、藻、蟹等水产生物中的研究和应用，并通过比较分析和系统联系，分析、归纳、总结前沿研究进展。每种水产生物按基因组学——转录组学——蛋白质组学——代谢组学顺序依次介绍，并根据最新研究热点，加入虾类微生物组学和蟹类多组学联合研究的应用进展，基本涵盖了相关领域的最新研究成果，揭示了水产生物多组学研究趋势和未来前景。本书力图将前沿研究成果与水产养殖实际应用结合起来，帮助养殖者解决养殖过程中遇到的抗逆、高产、抗病品系选育、环境胁迫适应、生长发育、免疫应答、营养与饲料评估、疾病监测与预防等问题。

本书编写的大体分工为：临沂大学的刘云国同志负责组织、协调本书各章节的撰写和统稿、修订工作，临沂市动物疫病预防控制中心的张庆杰同志具体负责全部章节的统稿和修订完善工作；潍坊学院的高峰涛、徐从梅、朱盼盼、冯永永等同志负责第1、2、3、4章的编写工作；浙江海洋大学的杨天燕同志负责第5章的编写；中国水产科学研究院黄海水产研究所的邱亮、中国水产科学研究院黑龙江水产研究所的王若愚、日照市海洋与渔业研究院的陈晓玲、上海海洋大学的郭晓萌等同志负责第6章的编写；集美大学的刘贤德同志负责第7章的编写；烟台大学的胡自民、刘毅佳、张彤云、王奇奇等同志负责第8章的编写；汕头大学的马洪雨、崔文晓等同志负责第9章的编写。另外，中国水产科学研究院黄海水产研究所的邵长伟、郑卫卫等，中国农业大学烟台研究院的刘峰，临沂大学的刘一萌、王熙尧等，上海海洋大学的胡鹏，浙江省海洋水产研究所的孟玮，山东农业大学的季相山，塔里木大学的陈生熬，沂南县渔业发展保护中心的郑来庆，河东区农业农村发展服务中心的刘学美，广东省科学院生物与医学工程研究所的刘学文，新疆农业大学的张俊杰，布尔津县额河特有冷水鱼繁育开发有限公司的潘国强，临沂市动物疫病预防控制中心的戴一琰等，参与完成了本书的部分写作任务。本书系国家自然科学基金项目(32072979)资助成果。

由于笔者水平有限，经验不足，书中疏漏在所难免，恳切希望读者批评指正。

刘云国

二〇二五年二月于临沂

目录

第1章

基 因 组 学

基因组（genome）是生物个体细胞中具有的一套完整基因及其调控序列，是生物体所有遗传物质的总和。基因组学（genomics）概念由罗德里克（Thomas Roderick）于1986年提出，它是研究生物基因组以及各基因的精确结构、基因间的相互关系、基因的表达调控和如何利用基因的一门学科，内容涉及基因作图（包括遗传图谱、物理图谱、转录图谱）、核苷酸序列分析、基因定位和全基因组功能分析。基因组学研究可以解析基因组信息、基因的表达模式及其功能，用于解决生物学、医学甚至伦理、法律等领域的问题。

1.1 基因组学的研究技术

自发现DNA以来，经过多年努力，人类才得以通过测序技术阅读和理解生命密码。测序技术指测定核酸或氨基酸等生物分子序列的技术，基因组测序将基因型与表型性状相关联。多年来，测序技术的重大进展推动DNA测序平台不断发展，用于分析和解释测序数据的计算工具也不断改进，这使分子生物学、医学、基因组学及其相关领域发生迅速变革。在过去几十年间，测序技术飞速发展。20世纪70年代，双脱氧链终止法和化学降解法的几乎同时发表，标志着第一代测序技术的诞生。其中，前者在准确性和读长方面具有较大优势，被用来测定了包括人类在内的多种生物的基因组序列，为其他测序技术的发展奠定了基础。虽然第一代测序技术的读长可达1000bp，准确性高达99.99%，但通量较低，不能满足大批量测序的要求，由于当时成本极高，限制了其在组学测序研究中的应用。经过不断的技术开发与改进，下一代测序

(next generation sequencing，NGS）技术（即一般认为的第二代测序技术）诞生了，实现了测序的高通量和自动化，在速度、成本和并行性等方面具有诸多优势，但仍存在核酸序列的读长较短、调用碱基准确性较低等缺点。为解决这一问题，单分子实时（single-molecule real time，SMRT）测序和纳米孔（nanopore）单分子技术（即一般认为的第三代测序技术）应运而生。与前两代测序技术相比，第三代测序技术最大的特点是测序过程无须进行 PCR 扩增，实现了对每条 DNA 分子的单独测序，在一定程度上增加了核酸序列的读长（>20kb）。DNA 测序技术的飞速发展极大地推动了生物学领域的研究，包括功能基因组学、转录组学、肿瘤学、进化生物学、法医学等，解决了很多生物学问题。

1.1.1 第一代测序技术

1975 年由 Frederick Sanger 提出的双脱氧链终止法（Sanger 测序法）以及 1977 年由 Walter Gibert 发明的化学降解法（Maxam-Gilbert 测序法）被称为第一代测序技术。双脱氧链终止法采用 DNA 复制原理，在 1977 年实现商业化（Sanger 等，1977）。由于双脱氧核苷三磷酸（ddNTP）的 2′和 3′位置都缺少羟基，在合成核酸链的过程中无法与下一核苷酸形成磷酸二酯键，从而导致 DNA 合成反应终止。具体步骤为：在测定待测核酸片段序列时，除向反应体系中加入必需的 DNA 模板、引物、DNA 聚合酶Ⅰ和 4 种脱氧核苷酸（dATP、dGTP、dCTP 和 dTTP）外，还要加入一定比例的带有放射性同位素标记的 4 种 ddNTP（ddATP、ddGTP、ddCTP 和 ddTTP），在 DNA 聚合酶的作用下 ddNTP 被结合到链上，但其后的核苷酸无法连接，合成反应也随之终止，这样就获得了不同长度的 DNA 合成片段。后续再进行聚丙烯酰胺凝胶电泳分离，将不同长度的 DNA 片段分开，放射自显影后，便可自下而上直接读出目的 DNA 的碱基序列信息。后来，Sanger 测序技术被改进，采用染料终止子测序，提高了测序的精度和速度（Rosenthal 等，1992）。目前，基于第一代测序技术的测序仪几乎都是采用 Sanger 提出的链终止法。1987 年，美国应用生物系统公司（ABI）推出第一台全自动 DNA 测序仪 ABI 370A，每泳道可产生 350bp 的读长。1995 年，该公司又推出型号为 ABI PRISM 310 的遗传分析仪，以简化凝胶的浇注、仪器的安装和样品的装载等烦琐过程。后来，毛细管电泳 DNA 测序仪出现，用被聚丙烯酰胺凝胶填充的毛细管代替平板凝胶。目前，市场上的测序仪包含 4、16、48、96 或 384 个毛细管。毛细管数量越多，读长越长，测序速度越快。化学降解法是一种基于 DNA 降解测序的方法，通过对待测 DNA 碱基进行特异性化学修饰而造成磷酸二酯键断裂。该法需先对 DNA 片段的 5′或 3′端进行放射性标记，再用特异性化学试剂修饰和裂解特定碱基位点，从而得到一系列有共同放射性起点但长度不一的 DNA 片段混合物，通过聚丙烯酰胺凝胶电泳，即可从放射自显影片直接读出 DNA 碱基序列。化学降解法不需要进行酶催化反应，不会产生由酶催化反应带来的误差，准确性较高，但其操作繁琐，化学试剂毒性较大，故未得到广泛应用。

1.1.2 第二代测序技术

第二代测序技术，又称下一代测序技术或深度测序技术，基于大规模平行测序技术（MPSS）原理，可以对数万条短 DNA 链进行大规模并行测序，因具有高通量、高效率、高性价比等优点，是现阶段科研市场的主力平台。第二代测序技术共有四种，分别为 454 焦磷酸测序技术、Solexa 测序技术、SOLiD 测序技术以及 Ion Torrent 测序技术，均以乳液 PCR 和循环阵列测序为基础，使得全基因组测序项目更省时、更经济。

(1) 454 焦磷酸测序（Roche 公司）

454 焦磷酸测序由创建 454 Life Sciences 公司的 Jonathan Rothberg 于 2005 年发明，后被 Roche 公司收购。该技术利用焦磷酸测序法边合成边测序，避免了 Sanger 法存在的宿主克隆问题。454 是第一个被用于商业化运营的二代测序技术平台，引领生命科学研究进入高通量测序时代。简而言之，焦磷酸测序过程会通过酶级联反应从磷酸盐中产生光。当聚合酶复制模板 DNA 时，这种光被释放并被仪器实时检测，并对准确测序 DNA 至关重要。

454 测序分为以下几个步骤。

① 构建测序文库。利用喷雾法将待测 DNA 打断成 300～800bp 长度的小片段，并在片段两端加上不同的接头，或将待测 DNA 变性后，用杂交引物进行 PCR 扩增并连接载体，构建单链 DNA 文库。

② 乳液 PCR 扩增。又称油包水 PCR，单链 DNA 文库被固定在水油包被的、直径约 28μm 的磁珠上，由于磁珠表面含有与接头互补的 DNA 序列，因此这些单链 DNA 序列能够特异性地结合在磁珠上。每个磁珠包含 PCR 所需的所有试剂与原料，保证每个与其结合的小片段都能够独立进行 PCR 扩增，且扩增产物仍可以结合到磁珠上。乳液 PCR 可将目的 DNA 数量放大，达到测序反应所需信号强度的模板量。

③ 焦磷酸测序。测序前将携带 DNA 片段的磁珠放入具有多孔结构的高分子 PTP 板的小孔中，测序反应启动后，以磁珠上的单链 DNA 为模板，每次

加入一种 dNTP 进行合成反应，若 dNTP 与待测样品配对，则会在合成后释放焦磷酸基团，并在 ATP 硫酸化酶催化下形成 ATP，在荧光素酶催化下，ATP 与荧光素结合形成氧化荧光素并产生可见光，并被仪器实时检测。由于每一种 dNTP 在反应中产生的荧光颜色不同，因此，可以根据荧光的颜色来判断被测分子的序列。反应结束后，游离 dNTP 在双磷酸酶的作用下降解 ATP，从而导致荧光猝灭，使测序反应进入下一个循环。由于 454 测序技术中，每个测序反应都在 PTP 板上独立的小孔中进行，因而能大大降低相互间的干扰和测序偏差。该技术后来得到了“配对末端”测序的补充，接头被绑定到碎片 DNA 的两端，从而实现从两端测序（Egholm 等，2005）。该技术的主要优点是读长（reads）较长，约为 400 个碱基，每次运行可以产生超过 100 万个测序读长，特别适合用于从头组装和宏基因组测序。

454 技术最大的优势在于读取的序列长度较长，且没有较复杂的化学反应，不需连接及切除荧光基团，减少了错误的发生。缺点是 454 测序技术无法解析含有均聚物的 DNA 片段，其错误由碱基插入缺失造成。遇到寡聚单核苷酸序列时只能根据光信号强度主观判断，易引入插入或缺失等错误，造成结果不准确，随着读长的增加，错误率也相应升高，故这种技术已于 2016 年退出市场。

(2) Solexa 测序（Illumina 公司）

Solexa 测序平台最早由英国化学家 Shankar Balasubramanian 和 David Klenerman、Pascal Mayer 合作开发，并于 2006 年由 Solexa 公司实现商业化，后被 Illumina 公司收购。它基于“边合成边测序”原理，也被称为循环可切除终止测序法（cyclic reversible termination technology）。该方法的核心技术是 DNA 簇和可逆性末端终止实现自动化样本制备及基因组数百万个碱基平行测序。它在一次运行中可以产生 50 万～60 万条测序片段，平均读长为 40～50 个碱基。

Solexa 测序技术基本步骤如下。

① 构建测序文库。通过不同方法将基因组 DNA 随机打断并在片段末端连接序列已知的接头，构建单链 DNA 测序文库。

② 进行桥式扩增。测序文库的每一条单链 DNA 片段通过上述特异性接头与引物通过碱基配对锚定在一个固体支撑体上，固体支撑体每个单独小空间只包含一条 DNA 链，一端与共价连接在表面的互补寡核苷酸（oligo 1）杂交，另一端是自由的，并与载玻片上附近的互补寡核苷酸（oligo 2）杂交形成桥。随着 DNA 聚合酶和 dNTP 的加入，ssDNA 发生桥式扩增，从 oligo 2 开始沿着 $5'\rightarrow3'$方向进行链合成。对于下一个 PCR 循环，模板链和新合成的互补链

变性后再次开始扩增。由于桥式扩增的重复循环，在流式细胞仪的每个通道中产生数百万个致密的双链DNA簇，从而达到测序所需的模板量。

③ 测序。在测序的过程中，加入改造过的DNA聚合酶和带有4种荧光标记的dNTP，因为dNTP的3′羟基末端带有可化学切割的部分，它只容许每个循环掺入单个碱基，此时，用激光扫描反应板表面，根据dNTP所带的荧光读取每条模板序列、每一轮反应所聚合上去的核苷酸种类，经过“合成-清洗-拍照”的循环过程，最终得到目的片段的碱基排列顺序。

Illumina/Solexa测序方法最显著的特点是速度快、测序通量高、文库构建简单、可精确读取重复序列、运行成本较低，成为当前主流测序技术。由于技术成熟，平台之间具有高度互补性与交叉性，Solexa测序在短读长测序方面占优势，是目前应用最广泛的NGS平台，约占据了测序仪70%的市场份额。缺点是读取的序列片段长度较短，从头测序和重复区域测序困难，后续拼接工作的计算量和难度很大，读取越长、效率越低、信号越弱、错误率越高（Mc Combie等，2019）。

（3）SOLiD测序（Applied Biosystems公司）

SOLiD技术（sequencing by oligo ligation detection）是由连接酶测序法发展而来，以四色荧光标记寡核苷酸的连续连接合成为基础，取代传统的聚合酶连接反应，采用基于连接测序的双碱基测序技术，可对单拷贝DNA片段进行大规模扩增和高通量并行测序。

SOLiD测序平台由J. Shendure等于2005年开发（Shendure，2008），测序步骤如下。

① 构建文库。首先将待测DNA分子打断，并在两端加上测序接头，连接载体，构建单链DNA文库。

② 乳液PCR扩增。和454测序类似，同样采用小水滴乳液PCR扩增，区别在于磁珠仅1μm，且扩增的同时对扩增产物的3′端进行修饰，为下一步的测序过程做好准备。打破微乳滴后，将尽可能多的磁珠在一个平玻璃板上排成阵列，以实现测序通量的最大化。

③ 连接酶测序。用连接酶代替常用的DNA聚合酶，连接标记不同颜色荧光信号的、结构为3′-XXnnnzzz-5′的8碱基寡聚核苷酸探针，每个探针第1、2位上的碱基（XX）是确定的，表征探针染料类型，并根据种类的不同在6～8位（zzz）加上了不同的荧光标记，3～5位的“n”为随机碱基；6～8位的“z”是可以和任何碱基配对的特殊碱基。当荧光探针能够与DNA模板链配对而连接上时，就会发出代表第1、2位碱基的荧光信号，从而获得待测DNA该位点的碱基信息。随后利用化学试剂切割探针猝灭荧光信号，并使用不同的

引物进入下一个位置的循环，经过5轮循环即可获得目的DNA所有位置的碱基序列，并且每个位置的碱基均被检测了两次。

由于每个碱基都会测序两次，SOLiD测序技术的原始测序准确性高达99.94%，是第二代测序技术中准确性最高的技术，对于高GC含量的样本具有很大优势。缺点是使用的逐连测序法不适用于回文序列，扩增产物存在移相，序列读取长度相对有限，后续序列拼接同样比较复杂，给从头测序拼接带来困难，由于市场竞争和公司发展等原因，目前该平台已经淡出市场。

(4) 半导体测序（Thermo Fisher公司）

半导体测序技术由Jonathan Rothberg离开454公司后创办的Ion Torrent公司开发，也称Ion Torrent测序技术，是第一个不需要光学系统的高通量DNA测序技术，介于第二代和第三代之间，先后被Life Technologies、Thermo Fisher公司收购。它采用半导体芯片测序原理，利用芯片检测dNTP聚合时产生H^+引发的变化，把化学信号转变成电信号从而完成实时测序。实验时先将芯片置于一个离子敏感层和离子感受器上，当DNA聚合酶将一个核苷酸掺入DNA分子中就会释放一个H^+，相应溶液pH值会发生改变，随后信号被离子传感器捕捉，从而读出DNA序列。该测序仪在含有克隆扩增单链模板DNA分子的半导体芯片上进行，内含需要测序的微孔，然后用DNA聚合酶和未修饰的脱氧核苷三磷酸（dNTP）依次淹没这些孔。当被单种dNTP淹没时，随着氢离子解离，核苷酸进入生长链，发生生化反应。每个微孔下方为离子敏感场效应晶体管（ISFET）定位，通过电位差检测氢离子释放导致的pH变化，并记录每个核苷酸掺入事件。在下一循环开始前，未结合的dNTP分子被洗出。随后引入下一种dNTP，从而重复循环。

Ion Torrent测序步骤如下。

① DNA文库制备。基于扩增子富集技术（Ion AmpliSeq技术），对基因组DNA经过多重PCR扩增得到目的基因序列后再加入接头（P1接头和X接头/A接头），获得最终可用于测序的文库。

② 乳液PCR（emulsion PCR）扩增。反应体系包括水相和油相。水相包括PCR反应所需的文库、离子微球颗粒（ion sphere particles，ISP）、引物（5′端标记生物素，序列与X或A接头序列相同）、酶、dNTP等；油相包裹水相将水相分隔成多个小水珠，每个小水珠中可能含有0到多个文库、0到多个微球、足量的引物、酶和dNTP。当一个小水珠中同时含有文库和微球时就会发生PCR反应，若缺少文库或微球则不能发生PCR反应。微球表面共价连接有很多PCR引物，此引物序列可与文库中P1接头序列互补，以文库为模板延伸合成互补链，双链解离后，模板链被洗去留下互补链，成为后续测序的模

板。一次优质的乳液 PCR 使微球上布满数百万条单克隆序列，只有单克隆珠子才能在测序过程中产生有用数据。

③ 微珠富集。乳液 PCR 结束后，链霉亲和素磁珠与 PCR 反应微珠混合，由于生物素和链霉亲和素结合，发生 PCR 反应的珠子会与磁珠结合，并经磁铁吸附后富集，用专门的洗脱液将珠子洗脱下来后用于后续测序，没有发生 PCR 反应的珠子则不能结合磁珠而被洗掉。

④ 测序。测序反应发生在一种布满小孔的高密度半导体芯片上，每个小孔容纳一个测序珠子，孔底端有传感器，可检测孔内 pH 变化并将化学信号转变为数字信息，因此小孔既是测序珠子的容器，又是一个微型 pH 计。将准备好的测序珠子混悬液从芯片进口注入，对芯片离心以便更好地将单个测序珠子卡在单个小孔中。芯片上小孔数量越多，测序通量越大。将分别含有 A、C、G、T 四种 dNTP 的溶液分别依次流过芯片，若加入的 dNTP 与 DNA 链上碱基成功配对，便会释放一个 H^+ 离子，导致小孔内 pH 值发生变化，被芯片底部的传感器检测到并记录下来。当连续相同的 dNTP 结合到 DNA 链上时，则会释放相同数目的 H^+，传感器上记录的信号也会相应加倍。若加入的 dNTP 与 DNA 链上碱基不能配对，就不会发生聚合反应，小孔内 pH 值不会发生变化，也就不会有碱基被记录。未被结合的 dNTP 和剩余的引物、酶等被冲走，然后加入下一种 dNTP 溶液，依次循环测序。由于进行乳液 PCR 时每个测序珠子上扩增的 DNA 链的数量不是完全一致的，故在测序初期先检测一段密钥序列（key sequence），分别是 A、C、G、T，根据这四个碱基所测到的 pH 值变化强度来确定整个珠子的信号强度基线，有了标准信号强度后，随后测得的信号与这四个信号强度对比，如果是 1 倍强度表明有一个碱基，如果是 2 倍强度表明有两个相同碱基，以此类推。

⑤ 测序结果判读。仪器自动读取每次测序反应记录的信号，经过特定的计算机软件处理，从而获得待测 DNA 的序列信息（Quail 等，2012）。

Ion Torrent 测序技术原理简单，无须利用生化反应制作核酸标记及荧光标记，不需要昂贵的激光器、成像等设备，成本低，由于直接记录碱基合成时的 H^+ 信号，测序速度快、灵敏度高，可以检测出较多的 SNP 位点。缺点是测序错误率较高、测序通量不够大，增加半导体芯片的容量将有望提高测序仪的处理能力。

1.1.3 第三代测序技术

前两代测序技术使基因组学产生革命性变化，让大规模并行数据的产生成为可能，而探索更高效技术的原动力催生读长更长的第三代测序技术（third-generation sequencing/long-read sequencing，TGS/LRS）。考虑到 PCR 的局限性和偏倚性，三代测序采用单分子测序（single molecule sequencing，SMS），在测序时不需要经过 PCR 扩增，实现对每一条 DNA 分子的单独测序，可以提高通量和序列读取长度，简化样品制备过程，减少测序时间和成本。第三代测序技术主要以 tSMS（true Single Molecule Sequencing）技术、SMRT（single-molecule real time）技术、纳米球（nanoball）技术和纳米孔（nanopore）单分子技术为代表，最大特点就是单分子测序和超长的测序读长，可以测出第二代测序难以测定的重复序列区域等。

（1）tSMS 测序平台（Helicos BioScience 公司）

tSMS 由斯坦福大学的 S. R. Quake 等科学家提出，是一种利用光学信号进行 DNA 碱基识别的、边合成边测序（SBS）技术。tSMS 测序平台由 Helicos Bioscience 公司于 2008 年推出，是第一个商品化的第三代测序仪，它的出现真正实现了单分子测序。

tSMS 测序平台的文库制备相对简单，先将待测 DNA 随机打断成约 200bp 大小的片段，然后在 3′端加上 50bp 带有荧光标记的 poly（A）尾；随后通过 poly（A）尾和固定在芯片上的 oligo dT 探针结合，将待测模板固定到芯片上，制成测序芯片；接下来，借助 DNA 聚合酶将 4 种荧光染料标记的单核苷酸掺入引物中，进行延伸，ICCD 相机采集荧光信号；最后，通过化学剪切去除荧光基团并清洗，进行下一轮反应。如此反复，最终获得完整的序列信息。

tSMS 技术能够实现单分子测序，主要依赖于高分辨率的 ICCD 相机，能够对单个分子产生的荧光信号进行识别。但是较弱的信号强度导致测序的读长较短，错误率偏高，尽管通过两次测序能够降低错误率，但同时也提高了测序成本和运行时间。由于经营不善等原因，Helicos Bioscience 公司于 2012 年正式宣布破产。

（2）DNA nanoball 测序（华大智造公司）

2010 年，Complete Genomics 公司发布了一种通过非链式连接进行测序的探针锚定杂交和连接的组合方法（combinatorial probe-anchor ligation，cPAL），后于 2013 年被华大基因收购，并成立华大智造单独发展基因测序仪。华大智造自主开发了 DNA nanoball（DNB）技术，通过滚环扩增克隆小目标 DNA 序列形成“纳米球”，在第三代测序仪中通量最高，对市场的影响巨大。

DNB 测序流程为：首先将待测序的目标 DNA 片段化成 500～600 个碱基

的序列，随后将已知序列的四个接头依次插入两侧每个基因组片段中（通过用限制性内切酶重复酶切后再进行分子内连接来完成）。然后，这些分子通过滚环复制被放大，形成DNA纳米球（溶液中原始单链DNA重复拷贝的线圈），并随机附着在一个密集阵列上，这样每个点只附着在单个纳米球上。一旦DNA纳米球附着到斑点，使用锚定探针（确定接头位点）和检测探针（解码目标DNA的序列）进行测序。检测探针由9个碱基（又称低聚物）和4个染料组成，每个染料在特定位置连接到纳米探针中的一个已知碱基。锚定探针杂交到四种接头中的一个，紧接着与锚定探针相邻的检测探针绑定。一旦检测到信号，系统重置，进入下一个循环，随后形成新的锚定-探针复合物。因此，每个碱基调用都是解链的，前一个碱基的检测与更早周期的完成无关，从而提高测序质量。这既克服了读取重复区域带来的误差，又避免了大量计算的要求。

(3) SMRT测序（Pacific Bioscience公司）

SMRT（single-molecule real time）测序依赖于单分子实时测序的原理，是Pacific Biosciences公司推出的一项专利技术，也应用了边合成边测序的原理，采用零模波导（zero-mode waveguide，ZMW）的纳米结构，以SMRT为测序载体进行测序。该反应发生在一个名为ZMW的纳米光子可视化腔中。SMRT芯片是一种带有很多ZMW孔、厚度为100nm的金属片，将DNA聚合酶、待测序列和不同荧光标记的dNTP放入ZMW孔的底部，每个ZWM孔只允许一条DNA模板进入。当DNA模板进入后，DNA聚合酶与模板结合，加入4种不同颜色荧光标记的dNTP，其通过布朗运动随机进入检测区域并与聚合酶结合从而延伸模板，与模板匹配的碱基生成化学键的时间远远长于其他碱基停留的时间，因此统计荧光信号存在时间的长短，可区分匹配的碱基与游离碱基。通过统计4种荧光信号与时间的关系，即可测定DNA模板序列。当一个dNTP被添加到合成链上时，由于在ZMW底部的停留时间较长（约200ms），其荧光信号能够与本底噪声区分开来，进入ZMW孔的荧光信号检测区，从而被识别。在延伸下一个碱基时，上一个dNTP的荧光基团被切除，从而保证了检测的连续性，提高了检测速度。根据荧光的种类就可以判定dNTP的种类，从而获得核酸的碱基序列信息。

PacBio公司基于SMRT测序技术共推出三款测序仪。第一款产品PacBio RS在2011年正式发布并商用；2013年发布升级版PacBio RSⅡ，最大读长为30kb，平均读长约8.5kb，是当时所有商品化测序仪中读长最长的；2015年推出全新升级的三代测序仪PacBio Sequel测序系统，其变得更加灵巧，体积和重量仅为原来的1/3，相对于Illumina Hiseq的体积也缩小11%，但是增大了 SMRT Cell 运作空间，大大提高了数据产出，减少了测序成本。

该技术较其他技术有两点优势。一是 SMRT 在一个核苷酸的磷酸端对所有 4 个碱基进行不同的标记，而不是对核酸碱基本身进行标记。二是 SMRT 技术在样本制备时无须 PCR 扩增，可减少基因组组装过程中的人为错误和偏差。对于某些具有极端碱基组成的核酸区域无偏好性，同时也不受回文序列的影响。PacBio 测序平台得到的序列能够较均匀地覆盖参考基因组，每个序列能够明确地比对到相应的区域，在避免了假阳性的同时，得到更加准确的变异位点和类型。但是，与 tSMS 类似，因为单分子的荧光信号较弱，SMRT 的单碱基准确率仅有 87.5%，由于错误是随机产生的，通过多重测序和校正，在 10× 的条件下，准确率可提高到 99.9%。

(4) Oxford Nanopore 测序（Oxford Nanopore Technologies 公司）

纳米孔（nanopore）的概念及其在测序技术中的应用于 20 世纪 90 年代中期兴起，是一种基于物理原理、不需要对 DNA 进行生物或化学处理的测序技术。经过多年的进步和发展，Oxford Nanopore Technologies 公司于 2008 年获得该技术的许可（Branton 等，2008），推出了 MinION、GridION 和 PromethION 等基于纳米孔测序技术的测序平台。

纳米孔是具有纳米宽度的通道，可以分为三种类型。

① 生物型：由膜中的成孔蛋白形成的孔，例如 α-溶血素。

② 固态：由合成材料或化学衍生形成的孔隙，例如硅和石墨烯。

③ 杂化：造孔蛋白等生物制剂形成的孔隙被封装在合成材料中。

与上述所有的测序仪不同，nanopore DNA 测序仪不需要对核苷酸进行标记或检测。该技术基于 DNA 分子通过纳米孔时产生的离子电流的调制原理，基本原理是利用不同碱基通过纳米孔时产生的电信号变化进行测序。测序大致过程为：首先，在核酸外切酶的作用下，待测 DNA 的碱基被迅速地逐一切割，落入直径非常小的纳米孔；其次，当碱基与孔内侧环糊精短暂地相互作用，就会产生一个阻断，影响原本通过纳米孔的电流；最后，根据阻断电流的变化就能检测出相应碱基的种类，最终得出 DNA 分子的序列信息。这有助于破译分子的各种特征，如其长度、直径和构象。最初，允许一个已知大小的离子电流流过纳米孔。由于不同的核苷酸具有不同的电阻，因此在特定的时间段阻断电流，通过测量这个时间段便可以确定所研究分子的序列。

该技术的进一步改进将导致基于纳米孔的快速 DNA 测序技术的发展。虽然该方法数据分析相对简单，成本较低，但在大规模测序时，该方法有可能读错方向，测序准确率在 92% 左右，并行测序有待突破。

1.2 基因组组装策略

基因组组装的目的是把测序片段（reads）组装为叠连群（contig）和不连续基因组骨架片段（scaffold）。由于测序技术和测序仪器限制，通过测序获取的读长相较整个基因组仍然是极小的，除少数基因组较小的DNA病毒外，绝大多数基因组无法通过单次测序就获得完整序列。基因组组装技术应运而生，其主要作用就是将这些测序产生的短片段连接起来，构建连接图，随后根据算法从连接图中获取最优组装路径，从而得到最初的contig序列。随后基于不同长度的大片段序列（Illumina测序的mate-pair文库、10×Genomics、BioNano单分子），进一步将原本孤立的contig进行方向调整并按前后顺序连接，以及对未覆盖区域的gap填充（用N表示），从而实现从contig到scaffold的延伸，最后结合遗传图谱或Hi-C测序等技术，对scaffold进行聚类、排序和定向，并最终锚定到染色体，形成染色体级别的组装。

将数量巨大的克隆组装成一个连续的、代表整条染色体的DNA序列有两种不同的策略。第一种方法是克隆重叠群方法。基因组DNA文库是通过DNA的部分酶切而产生的，片段被克隆到合适的高容量载体（例如BAC或YAC）中，并通过不同的方法确定克隆的顺序，如DNA指纹和染色体步移。为了覆盖整个染色体长度，可以选择最少数量的重叠克隆，这种克隆的支架被定义为最小平铺路径（minimum tile path，MTP）。一旦这个物理“子图”生成，MTP的每一个克隆都是片段化的，每个片段都被处理后进行测序，组成MTP个体克隆的所有子重叠群的序列被分配到它们的原始位置。该法最先被运用于海洋生物的基因组研究，随后用于梨等高等植物。它能够在没有物理图谱辅助的情况下，高质量地完成高杂合、高重复序列的基因组组装。但对于大型物种基因组而言，BAC-by-BAC策略不仅昂贵耗时，而且由于重复序列的存在，序列拼接困难。全基因组测序（whole genome sequencing，WGS）随机地将DNA片段打乱，构建随机片段文库并进行测序组装，因其具有简便高效且广泛适用的优势成为目前常用的组装策略。第二种方法称为鸟枪法（shotgun），是将高分子量基因组DNA随机断裂成片段，这些片段随后将被克隆和处理以进行测序。与克隆重叠群方法及预排序场景（MTP）允许直接在染色体上定位传入序列不同，鸟枪法完全独立于基因组的任何先前信息，故可在没有遗传或物理图谱的情况下进行。为此，鸟枪法强烈依赖于将大量重叠序列组织成重叠群所必需的计算机算法。上述两种方法不是相互排斥的，而是相辅相成，基因组计划（包括人类基因组计划）同时采用了这两种方法。鸟枪法测序比传统的克隆重叠群方法更快速，但在后续的组装过程中精确度较低，尤其是对于含有大量相同序列（如穿插重复序列约占人类基因组的50%）的高等真核生物复杂基因组。

1.3 基因组测序技术的应用

测序技术是现代生命科学研究不可或缺的部分，可帮助从一系列生物有机体中最清晰地提取遗传信息。利用测序可以从DNA样本（如从犯罪现场收集到的）解码整个基因组，预测胎儿实际出生前的各种属性，检测先天性疾病，确定给定DNA序列每个部分的功能，比较不同的基因组以及研究进化模式等。21世纪中叶，全球人口预计将突破100亿人，而地球生物基因组计划的顺利展开，有望在生物合成燃料、生物材料和食物来源等领域实现革命，以缓解未来人类的生存压力。此外，该项目对人类传染性疾病及遗传性疾病药物研发也有重要影响。除了对人类自身产生影响，地球生物基因组计划对地球生态环境保护也有重要意义。在人类生产活动与气候变暖双重冲击下，地球生物灭绝速率达到自然条件下的100～1000倍，全球脊椎动物种群数量在过去40年间下降了近60%。而地球生物基因组计划的开展有助于了解生物的多样性及其演化历程，帮助更好地理解和保护濒危物种及整个生态系统。

1.3.1 全基因组测序

1990年，人类基因组计划（Human Genome Project）的开展开启了基因组时代。由于测序技术及成本限制，前期的基因组研究主要聚焦模式生物。模式生物基因组项目的成功，加深了人类对生命科学的认知，使人类对生命的研究深入到DNA分子水平，同时促进了非模式生物的基因组项目开展，尤其是重要农作物及畜牧动物的基因组测序。此外，基因组项目的开展孕育了新的基因组学方法，促进了测序技术的飞速发展，从而形成了正向反馈和链式反应，为推动基因组学朝更深领域发展奠定基础。

1995年，第一个基因组——流感嗜血杆菌（*Haemophilus influenzae*）基因组测序成功完成（Fleischmann等，1995）。1996年，第一个单细胞真核生物——酿酒酵母（*Saccharomyces cerevisiae*）基因组序列公布。两年后，第一个多细胞生物——秀丽隐杆线虫（*Caenorhabditis elegans*）基因组序列公布。2005年，二代高通量测序技术的出现使低成本组装基因组成为可能，再加上大量基因组组装工具被陆续开发，越来越多的重要农作物及畜牧动物基因组被破译。二代测序技术虽然测序通量大、成本低，但测序序列较短，组装的基因组大多只有 contig 水平。2011 年，第三代单分子荧光测序技术 PacBio 正式商业化，其超长的测序读长可跨过二代数据中难以组装的重复序列区域，使高质量的基因组组装成为可能。2012 年，另一款基于纳米孔测序技术的单分子测序技术——MinION 系统发布，纳米孔测序相对低廉的价格进一步促进基因组测序的发展。近十年，随着万种脊椎动物基因组计划（Genome 10K)、5000 种节肢动物基因组计划（i5K)、万种鸟类基因组计划（B10K）以及由中国华大基因主导的万种植物基因组计划（10KP）等项目开展，越来越多的生物基因组完成全基因组测序与组装。迄今为止，已有 20000 多个完整的基因组被测序。数据库中存储的 WGS 数据量迅速增加是 NGS 技术的一个明显成果。2018 年 4 月，加利福尼亚大学戴维斯分校哈瑞斯·莱文等人在《美国国家科学院院刊》（PNAS）正式公布地球生物基因组计划（Earth BioGenome Project)，史上规模最大、最具雄心的生命科学项目正式拉开帷幕。该项目由美国史密森尼研究所、英国维康基金会桑格研究所、巴西的圣保罗研究基金会以及中国华大基因等机构牵头，计划耗资 47 亿美元，在十年间破译所有已知的 150 万种真核生物基因组序列，并寻找一些目前未知真核生物，包括单细胞生物、昆虫以及小型海洋生物等。

1.3.2 比较基因组学

全基因组的可获得性导致了对相关生物的广泛研究。其中，比较基因组学的影响是广泛的，例如，它帮助区分了密切相关菌株中的致病和非致病区域。随着测序数据的可获得性增加，人们能够定位新的基因和其他以前未知的功能元件。现有的原始数据有助于阐明生物分子的结构和功能的关系及其调控过程，并提供关于 DNA-蛋白质相互作用的丰富信息。

1.3.3 进化生物学

随着生物大量基因组草图和完整基因组的获得，探索详细的进化历史成为可能。全基因组序列将进化生物学研究从基于单基因的研究（16S rRNA 及其他持家基因）推进到基于基因组的研究。通过各种基因组特征可揭示基因组进化，包括基因串联、基因顺序、基于基因组的非比对系统发育等。测序为研究分子系统发育提供有价值的信息，从而有助于了解分子钟，研究分子进化的模式，检验关于驱动进化机制的假说，以及研究导致基因同源、类比和同源异型的过程。

1.3.4 水产生物遗传育种

水产养殖生物的年遗传增益在快速增长，但目前基于遗传改良的水产养殖动物产量还不足10%。随着人口的不断增长，全球渔业压力预计上升。尽管常规育种计划在50个重要水产养殖物种的遗传改良中发挥了关键作用，但这种方法效率低，不能满足人类需求。常规育种主要根据表型选择遗传排名最高的个体。这对单基因控制的品质性状选择效果较好，但对受环境影响较大的数量性状选择效果较差。随着数量遗传学理论的进步，育种学家提出最佳线性无偏估计（best linear unbiased predication，BLUP）方法，即利用所有相关信息结合系谱和表型记录来估计个体的育种值（estimated breeding value，EBV）。然而，常规BLUP对某些性状的遗传增益较低，如遗传力较低的性状（抗病性）、难以测量的性状（抗病性和行为特征）、性别限制的性状（生殖和产卵性状）和需要屠宰测量的性状（肉品质和胴体组成性状），故需要采用新的育种方法来突破。基因组学辅助的现代育种技术加快了水产养殖品种的遗传改良，随着计算技术的发展，标记辅助选择育种（marker assisted selection，MAS）被用于改善许多水产养殖物种的各种经济性状，如太平洋牡蛎（*Crassostrea gigas*）的溶藻弧菌抗性、中华绒螯蟹（*Eriocheir sinensis*）的类胡萝卜素性状（Li等，2021）、斑节对虾（*Penaeus monodon*）的鳃相关病毒抗性、尼罗罗非鱼（*Oreochromis niloticus*）的罗非鱼湖病毒抗性、罗非鱼（*Labeo rohita*）的生长和存活相关性状，以及俄罗斯鲟（*Acipenser gueldenstaedtii*）的生长和卵相关性状（Gierde等，2019）。

随着基因组测序技术的进步和相关技术成本的降低，海量的分子标记（如单核苷酸多态性标记）数据被积累，育种学家开始探索利用基因组信息提高个体选择的准确性。目前两种应用基因组信息的育种方法是标记辅助选择（MAS）育种方法和基因组选择（genomic selection，GS）育种方法。当存在对某一性状影响较大的基因时MAS才有用（例如大西洋鲑传染性胰腺坏死病抗性，单基因可导致该性状80%～100%的遗传变异），这是因为：①数量性状位点（QTL）的检测比较困难，主效基因的寻找耗费大量精力。②已知大效应QTL很少，现有的QTL只能部分解释给定性状的遗传变异（Moen等，2009）。尽管在水产养殖物种中已进行了大量的QTL检测工作，但MAS在水产养殖中的应用推广仍面临挑战（Houston等，2020）。为了克服MAS的不足，Meuwissen等（2001）提出基因组选择（GS）育种方法。与MAS育种方法不同，GS育种方法通过估计覆盖全基因组的高密度（high density，HD）

标记效应来评估育种值，能够解释更多给定性状中的遗传变异。此外，GS 育种方法比系谱数据能更好地估计个体间的真实亲缘关系，获得更高 EBV 预测精度。

基因组选择（GS）育种方法是一种利用覆盖全基因组的标记预测个体基因组评估育种值的技术，目前已应用到 20 个水产养殖品种，给动植物育种计划的设计和实施带来革命性变革，已成为加速遗传进展的有前景工具。它最早应用于大西洋鲑研究，并在鲑鱼育种计划中预测育种值方面展示出实用性和准确性。随着全基因组测序技术的发展和重测序成本的降低，水产养殖物种的基因组选择育种研究逐渐深入，并应用于重要水产养殖物种的复杂性状研究，包括大西洋鲑、虹鳟、大黄鱼（Zhao 等，2021）、尼罗罗非鱼（Penaloza 等，2020）、太平洋白虾、褐牙鲆（*Paralichthys olivaceus*）（Lu 等，2020）、岩鲷、大西洋鳕（鳕鱼）、美洲鲇鱼、太平洋牡蛎、欧洲鲈鱼和鳙鱼。在大西洋鲑中开展基因组选择育种可显著提高阿米巴鳃病抗性和收获重量的遗传增益率，具有实际应用价值（Verbyla 等，2021）。

在水产养殖物种中常用基于基因组选择育种的选择方法（GBLUP）和贝叶斯模型。近年研究表明，与基于系谱的选择方法（BLUP）相比，GBLUP 在提高水产养殖物种的遗传增益率方面具有更大潜力和更高的预测精度。新的表型组学（如机器视觉）和基因组学（如低覆盖度重测序）技术的发展，以及统计学方法和计算效率的相关进展，将促进基因组选择育种在水产养殖中的应用。此外，随着成本下降，再加上定制的方法，基因组选择育种在水产养殖物种中将得到更广泛的应用。由于生长环境存在较大差异，可能的环境和表型互作对水产养殖品种的选育具有重要意义，故在基因组选择育种模型中考虑环境和表型的相互作用，可有效提高鱼类在多个环境中的机能，帮助不同环境条件下的养殖户增收。为进一步提高基因组选择育种对多倍体物种鉴定的准确性，在基因组选择育种模型中还应考虑等位基因剂量。在基因组选择育种中整合多组学数据（如基因组学、转录组学、蛋白质组学和代谢组学）和基因组编辑，可在未来进一步加速水产养殖物种的遗传改良。总之，随着相关技术的不断进步，基因组选择育种有望在水产养殖中得到更广泛的应用，并在该领域产生深远的影响。

第2章

转 录 组 学

2.1 转录组学基础

2.1.1 转录组和转录组学

遗传学中心法则表明，在精密的调控下，遗传信息通过信使 RNA（mRNA）从 DNA 传递到蛋白质，故 mRNA 是 DNA 与蛋白质之间生物信息传递的“桥梁”。每个表达基因的特性及其转录水平通常被称为转录组（transcriptome）。狭义转录组仅指细胞中直接参与翻译蛋白质的 mRNA 总和。广义转录组是指特定组织或细胞在某一发育阶段或功能状态下所有转录产物总和，主要包括编码蛋白质的 mRNA 和各种非编码 RNA（non-coding RNA，ncRNA），如核糖体 RNA、转运 RNA、小 RNA、小干扰 RNA、长链非编码 RNA、环状 RNA、Piwi 蛋白相互作用 RNA 等。与静态的基因组不同，转录组的信息是动态的，具有时空特异性。转录组研究是研究基因结构及功能的基础和出发点，是解读基因组功能元件、揭示细胞及组织分子组成所必需的，对揭示特定生物学过程及疾病发生过程的分子机理具有重要作用。

转录组学（transcriptomics）的研究对象是转录组，它是一门在整体水平上研究细胞中所有基因转录情况及转录调控规律的学科，涉及细胞、组织或生物体在广泛生物条件下的功能。随着人类基因组计划的完成，科学家逐渐意识到对基因结构序列的研究仅仅是冰山一角，为了揭开生命的奥秘，功能基因组学应运而生，而转录组学是功能基因组学的重要组成部分，是连接基因组和蛋白质组的中间模块，既可揭示基因组学水平无法检测到的改变，又可对蛋白质组数据研究结果加以印证。全转录组分析的主要目标是：①对特定细胞/组织在特定阶段表达的所有的转录产物进行鉴定、描述特征和分类，包括 mRNA、非编码 RNA 和小 RNA；②确定基因的结构，如起始位点、5′和 3′末端、正确的剪接模式和其他转录后修饰；③量化转录本在不同发育时期或不同条件下（如生理/病理）表达水平的变化。

转录组学研究具有重要意义：①转录组谱可提供特定条件下某些基因表达的信息，并据此推断某些未知基因的功能，揭示特定调节基因的作用机制；②通过基于基因表达谱的分子标签，不仅可以辨别细胞的表型归属，还可用于疾病的诊断；③转录组的研究可以将表面上看似相同的病症分为多个亚型，尤其是通过建立原发性恶性肿瘤转录组差异表达谱可详细描述患者的生存期以及对药物的反应等。

2.1.2 转录组学发展史

1869 年，弗雷德里希·米歇尔（Friedrich Miescher）首次分离纯化了后来被称为核酸的物质。1953 年，詹姆斯·沃森（James Watson）与弗朗西斯·克里克（Francis Crick）共同提出 DNA 双螺旋结构说，这标志着分子生物学时代的到来，但 DNA 分子如何进行自我复制、如何指导蛋白质合成等问题也随之而来。1957 年，Crick 提出碱基序列编码蛋白质中的氨基酸序列，RNA 不仅是蛋白质合成的模板，而且作为“适配子（adaptor）”使氨基酸以正确的顺序彼此相连，可能是 DNA 与蛋白质之间的某种中间体。1958 年，Crick 又提出“受体”假说，认为可能存在一个中间受体，将 RNA 信息转换成蛋白质信息，不久该受体被证明为 tRNA。1961 年，弗朗索瓦·雅各布（Francois Jacob）和雅克·莫诺（Jacques Monod）将由蛋白质编码基因转录产生的、寿命短暂的中间物命名为 mRNA。随着遗传密码的破译，到 20 世纪 60 年代，中心法则在 Crick 理论的基础上得到完善，它基本揭示了蛋白质的合成过程，即遗传信息从 DNA 传递给 RNA，再从 RNA 传递给蛋白质，完成遗传信息的转录和翻译过程。

20 世纪 70 年代后期，腺病毒 mRNA 序列在基因组不连续分布的现象改变了人们对基因结构的认识，首次发现典型的真核生物基因结构包括蛋白质编码区和非编码区，其中，编码区中编码蛋白质的序列被称为外显子（exon），不能编码蛋白质的序列被称为内含子（intron），外显子被内含子隔断。内含子在转录后剪接（splicing）过程中从最初的转录本上被剪掉并降解，外显子则重新组装成不同的mRNA，这个过程即可变剪接（alternative splicing）。1979年，蚕蛾mRNA文库被组装并通过逆转录酶转化为互补DNA（cDNA），以便进行保存。20世纪80年代早期，具有催化功能的RNA被发现，“核酶”（ribozyme）的概念被提出，RNA可同时作为遗传物质和生物催化剂发挥作用。1998年，RNA干扰（RNA interference，RNAi）现象被发现，一些小的双链RNA（double-strand RNA，dsRNA）可以识别特定基因的mRNA的特定序列并导致mRNA降解，从而高效、特异地阻断特定基因的表达，后来证明引起RNAi的分子是一类长度为21～25bp的短双链RNA片段，并命名为小干扰RNA（small interfering RNA，siRNA）。后来，一系列调控RNA的发现，尤其是非编码小RNA（non-coding RNA，ncRNA）的发现及对其功能特征的研究，让人们对RNA世界有了更全面深入的了解。

转录组学是一门研究RNA的学科，其研究范围随着RNA研究的深入而不断扩大和深化。转录组学的概念由Victor Velculescu等在1995年首次提出，之前的研究主要集中在对单个或少数转录本的研究，研究方法包括RNA印迹法（northern blotting）、反转录-聚合酶链反应（reverse transcription-polymerase chain reaction，RT-PCR）、抑制消减杂交（suppression subtractive hybridization，SSH）和RNA差异显示RT-PCR（DDRT-PCR）等。然而，基于杂交技术的方法非常耗时，并只能捕获转录组的极小部分。后来，基于DNA杂交的微阵列技术（基因芯片）被用于大规模基因表达水平研究，转录组学在生物学前沿研究中逐渐崭露头角，并成为生命科学领域研究的热点。

20世纪80年代，低通量Sanger测序被用于检测从cDNA文库中提取的随机转录本，称为表达序列标签（expressed sequence tag，EST）。作为一种无须对整个基因组测序即可确定生物体基因含量的经济有效的方法，EST在20世纪90年代享有盛誉。1991年，EST方法被首次用于捕获人类部分转录组，测定了人脑的609个mRNA序列，这宣告了cDNA大规模测序时代的开始。1992年，科学家建立了EST数据库，目前较权威的基因数据库包括美国国家生物技术信息中心（NCBI）的Genbank、欧洲分子生物学实验室（EMBL）的EBI和日本核酸数据库（DDBJ）等。这些数据库的建立，极大地方便和加快了人们对生命科学的研究。虽然EST测序在当时被认为是一种非常高通量的技术，但高成本和技术限制导致无法获得完整的转录本序列。后来，各种改进传统EST的方法产生，如基于标签的基因表达系列分析（serial analysis of gene expression，SAGE）、基因表达帽分析（cap analysis of gene expression，CAGE）和大规模平行测序技术（massively parallel signature sequencing MPSS）。1997年，SAGE技术被用于描述酿酒酵母表达的60633个转录本。与 EST 方法不同，上述基于标签的方法可唯一性标识每个转录本，从而实现基因表达水平的量化，但通常无法区分特定的亚型，而且标签法多基于传统的 Sanger 测序技术，大规模应用在当时非常昂贵。

20 世纪末 21 世纪初，随着测序技术的不断发展和人类基因组计划完成，后基因组研究逐渐兴起，RNA 研究再次达到高峰。在 2008 年前后，高通量测序技术开始应用于细胞和组织转录本（主要是 mRNA）的种类和表达量研究，转录组测序（RNA sequencing，RNA-seq）这一名词开始出现并被广泛应用。RNA-Seq 不仅能检测与现有基因组序列相对应的转录本，还能发现和定量新的转录本，在选择性剪接事件、新基因和转录本及融合转录本的研究等方面更具优势，能更系统地进行转录组学研究。

2.2 转录组学的研究技术

近年来，转录组学技术研究备受关注，主要分为基于杂交和基于测序的两大类技术。前者主要指 DNA 微阵列技术，后者包括表达序列标签技术、基因表达系列分析技术、大规模平行测序技术及 RNA 测序技术等。与微阵列技术相比，基于测序的技术可直接确定 cDNA 序列。这些技术都需要提取 RNA，使其与细胞成分分离并富集 mRNA。其中，微阵列技术和表达序列标签技术是较早发展起来的技术，其余技术是高通量测序条件下的转录组学研究方法。

2.2.1 DNA 微阵列技术

DNA 微阵列技术（又称 DNA 芯片或基因芯片），是指由成千上万 DNA 样品或寡核苷酸密集排列于硅片、玻璃片、聚丙烯或尼龙膜等固相支持物上，再与模板在严格条件下杂交，最后由激光共聚焦显微镜等设备获取图像信息，通过计算机分析处理获得信息的技术集合。含有大量生物信息的固相基质称为微阵列，又称为生物芯片（biochip）。微阵列技术是早期基于杂交技术来获得和分析转录组数据的主要方法，最初被设计用于在单个实验中测量来自基因组内数千个基因的 RNA 转录本表达水平，后发展为可同时测量不同样本中数千个基因的表达水平，成为转录组研究中应用最早、最广泛的技术。该技术使生理细胞状态与基因表达模式相关联成为可能，可用于研究肿瘤等疾病的进展、细胞对刺激的反应和药物靶标识别。

微阵列技术核心原理是两条 DNA 链之间的杂交。cDNA 靶分子与固相支持物上 DNA 探针结合的过程称为杂交。微阵列支持物可分为无机支持物和有机合成支持物，前者包括半导体硅片和玻璃片，这种支持物上的探针以原位聚合方法合成，后者主要有特定孔径的硝酸纤维素膜和尼龙膜，探针在预先合成后通过特殊微量点样装置或仪器滴加到支持物上。用已知核酸序列为探针，与互补的靶核苷酸序列杂交，通过信号检测进行定性与定量分析。核苷酸序列中大量互补碱基对意味着两条链之间以更紧密的非共价键结合，洗掉非特异性结合序列后，只有强配对的链仍会保持杂交状态。目标靶序列与特定探针杂交产生的信号强度取决于杂交条件和杂交后的洗涤，杂交条件可根据探针类型、长度、GC 碱基含量等不同进行调整优化。

微阵列分析可分为两个主要步骤：探针合成和 cDNA 合成。mRNA 作为携带遗传信息从细胞核到细胞质进行蛋白质合成的中间分子，当某些基因处于表达或激活状态时，相应的 mRNA 拷贝数会增多，故评估 mRNA 可以间接评估遗传信息或基因表达水平。但由于 mRNA 容易降解，因此需要将其转化为更稳定的 cDNA。首先从待检测样品中提取 RNA，并利用标记的核苷酸将其反转录成 cDNA 靶分子。样品的标记在反转录或 PCR 扩增过程中完成，主要有荧光标记、生物素标记和放射性同位素标记等，其中，荧光标记法是目前最常用的标记方法。样品制备时，先用荧光染料 Cy3 或 Cy5 标记 dNTP，DNA 聚合酶选择荧光标记的 dNTP 作为底物对引物进行延伸，从而在新生成的 DNA 片段中掺入荧光分子。

根据探针的类型，DNA 微阵列可分为 cDNA 微阵列（cDNA microarray，又称 cDNA 芯片）和寡核苷酸微阵列（oligonucleotide microarray）。cDNA 微阵列是将大量经 3′端或 5′端测序的 cDNA 进行分类，并把代表每一类 cDNA 片段的克隆进行体外扩增，将获得的目标序列作为探针，通过芯片点样仪喷到特定的基质上，从而对各基因的表达情况进行同步分析。cDNA 微阵列的优点在于造价低、适用面广、周期短、灵活性高，但使用局限性在于，因基因大小和 GC 配对核苷酸的含量不同而导致最佳熔解温度 T_m 差异，容易引起密切相关序列、重叠基因和剪接变异体的交叉杂交。寡核苷酸微阵列是在 cDNA 芯片基础上发展起来的，主要原理与 cDNA 微阵列类似，区别在于寡核苷酸的探针片段相对较短（一般是 20～70nt 的寡核苷酸序列），避免了 cDNA 探针的缺点，最大限度地提高了对靶基因的特异性。

微阵列技术在科学发展史上有重大意义，被列为 1998 年度“自然科学领域十大进展”，在基因表达分析、基因诊断、药物筛选等诸多领域得到广泛应用，在农业、工业、食品和环境监测等方面应用甚广。微阵列技术虽有助于理解转录，但仍存在许多难以克服的问题，主要表现为样品制备、探针合成与固定、靶分子标记、数据读取与分析等在适用性方面存在限制因素：①错配率高，导致非特异性杂交，影响杂交效果；②不同时间、不同地点、不同平台的微阵列结果难以比较，需要复杂的归一化方法；③只能测量 RNA 的相对水平，不能区分从头合成的转录本和经过修饰的转录本信息；④受背景噪点影响，数据处理难度大。

2.2.2 表达序列标签技术

真核生物基因表达的基本过程是 DNA 先转录成 mRNA 前体，经剪接去除内含子后产生成熟的 mRNA，再经翻译产生有功能的蛋白质。典型的真核生物 mRNA 分子由 5′端帽子结构（5′-cap）、5′端非翻译区（5′-untranslated region，5′-UTR）、开放阅读框（open reading frame，ORF）、3′端非翻译区（3′-untranslated region，3′-UTR）和多聚腺苷酸尾［poly（A）tail］组成。对于任何一个基因，5′-UTR 和 3′-UTR 都是特定的，成熟 mRNA 反转录后的 cDNA 也具有这些结构，即每条 cDNA 的 5′端或 3′端那段长 150～500bp 的序列可特异性地代表某种组织在特定时空条件下的一个表达基因，这段序列被称为表达序列标签（expressed sequence tag，EST）。

自随机选择的 cDNA 克隆末端进行单向自动测序产生的短核苷酸序列是 EST，技术基本流程为：首先从样品组织中提取总 RNA，分离纯化出 mRNA，并在逆转录酶的作用下，用 oligo（dT）或随机引物反转录合成 cDNA，再选择合适的载体构建 cDNA 文库，然后在 cDNA 文库中随机挑取克隆进行 5′或 3′端测序，得到 5′或 3′端 EST 序列，最后对序列进行组装和拼接，用生物信息学方法与软件进行注释和分析。一个基因的表达次数越多，能够预测到的对应 EST 也越多，故可通过 EST 分析基因的表达水平和丰度。

EST 技术已广泛用于基因表达谱、基因图谱构建、可变剪接识别、基因识别、单核苷酸多态性（SNP）、系统进化分析和基因芯片技术等研究。它提供了发现新基因、获取基因表达和调控数据以及构建基因组图谱的快速途径，并为发挥生物信息学功能提供广阔空间。

2.2.3 基因表达系列分析技术

基因表达系列分析（SAGE）由 Victor Velculescu 于 1995 年首次提出，最初是为癌症研究设计，后逐渐发展为一种以测序为基础、用于全基因组表达和转录组研究的技术。它不但可在整体水平同时对细胞或组织中的大量转录本进行定量分析，还可比较不同组织、不同时空条件下的基因表达差异。

SAGE的理论基于以下三个原则：①一个短核苷酸序列标签（10～14bp）要包含足够的信息来唯一识别一个转录物；②可将25～50个短标签连接成标签多聚体并进行克隆测序，从而允许在单次测序运行中对多个标签进行连续分析；③每个独特的SAGE标签提供了RNA群体中贡献转录本的基因信息，可以用标签出现的次数对转录本的表达水平进行定量。

SAGE技术包括多重酶促、PCR扩增、纯化和克隆等步骤，主要技术流程如下。

① 建立SAGE文库。分离纯化mRNA，使用逆转录酶和5′端生物素修饰的oligo（dT）引物进行逆转录，产生一条cDNA链，然后用DNA聚合酶和DNA连接酶产生双链cDNA。利用限制性核酸内切酶*Nla* Ⅲ（锚定酶，anchoring enzyme，AE）特异识别CATG位点的特性，在双链cDNA 3′端进行酶切，随后用链霉亲和素包被的磁珠开展亲和纯化，捕获生物素化的双链cDNA片段。分离得到的cDNA被分成两部分，分别接上接头A或B，每种接头均含有CATG四碱基突出端、限制性内切酶*Bsm*FⅠ的识别序列和一个PCR引物序列（引物A或B）。连有接头的cDNA用*Bsm*FⅠ进行酶切，该酶在识别位点3′端下游的14～15bp处进行切割，产生带有接头的SAGE标签。带有A和B接头的SAGE标签分别用DNA聚合酶进行末端补平，混合后用连接酶进行连接，构成双标签后，用引物A和B进行PCR扩增，PCR产物经*Nla* Ⅲ酶切割后进行SAGE双标签片段抽提。SAGE双标签用T4 DNA连接酶连接成多聚体，选择合适的片段长度，克隆至高拷贝的载体。得到的克隆插入序列由一系列20～22bp的SAGE双标签组成，每两个双标签间由4bp的*Nla* Ⅲ酶位点分隔开。

② 对SAGE文库测序。利用质粒载体上的通用引物，对插入片段进行单向测序。由于单碱基测序错误会导致原有标签的有用信息丢失而产生一个并不存在的标签，因此，SAGE要求是质量高且读长长的序列。

③ 提取标签序列。该工作可由SAGEnet提供的SAGE提取软件包（目前为SAGE2000版）完成，也可以使用N标签的出现次数，以列表的形式给出包含每个标签及其表达丰度的报告。

2.2.4 大规模平行测序技术

大规模平行测序技术（MPSS）由Sydney Brenner等于2000年初开发，是一种以测序为基础的大规模基因分析技术，具有高通量、高特异性和高敏感性，其核心技术为MegaClone、MPSS和生物信息分析。

MPSS的理论基础是一个标签序列（一般为10～20bp）含有足够识别其对应cDNA的信息，将标签序列与某种长的连续分子连接在一起，以便克隆和测序分析，通过定量测定可以获得转录子的表达水平，每个标签序列的出现频率代表其相应基因的表达水平。该技术的特点是：①可以避免在cDNA芯片技术中出现的高度同源序列的交叉杂交，保证基因的高度特异性；②不必预先知道基因的序列，适用于任何生物体的基因表达检测；③基因组覆盖面高，能测定样品中几乎所有表达基因；④通过直接计算样品中cDNA的拷贝数目测量基因表达水平，属于非连续变量，能有效地检测差异性较小的基因。MPSS已在植物、牡蛎、真菌和原生动物病原体，以及人类和许多常见的模式生物中得到广泛应用。

2.2.5 RNA测序技术

RNA测序技术（RNA-seq）是利用高通量测序技术将细胞或组织中全部或部分mRNA、小RNA（small RNA）和ncRNA进行测序分析的技术，可用于测量转录本响应特定实验条件（如基因删除或环境改变）的表达变化，挖掘带注释的蛋白质编码mRNA等更多信息。在过去十几年间，RNA-seq成为研究差异基因表达、mRNA差异剪接不可或缺的手段（Stark等，2019）。近年来，非编码RNA，包括小RNA（如小核RNA）、tRNA、rRNA和长链非编码RNA（long non-coding RNA，lncRNA）的研究日渐发展起来。

转录组测序前须对RNA样本进行处理，先将mRNA、miRNA（microRNA）、lncRNA部分或全部反转录为cDNA，然后进行扩增，构建测序文库，再利用高通量测序平台进行测序。在测序建库的时候，通常会根据测序对象长度差异，选择建立不同大小片段的文库。对mRNA测序建库时，通常需建立几百个碱基大小片段的文库，选择双向测序较多；进行miRNA测序时，通常将miRNA分离，单独建立小片段文库后再进行单向测序；lncRNA存在正向转录和反向转录，常采用链特异性建库测序。目前最常见的RNA-seq多基于二代测序技术，以Illumina的NGS测序平台为主流，用于研究与RNA相关的各种生物学问题。当前较流行的基于RNA-seq技术的转录组学研究方法有：全转录组测序、数字基因表达谱分析（DGE）、小RNA测序、长链非编码RNA测序、单细胞转录组测序、空间转录组测序等。

(1) 全转录组测序（whole transcriptome sequencing）

全转录组测序是基因功能和结构研究的基础和出发点，通过新一代高通量测序（NGS），能全面快速地获得某一物种特定组织或器官在某一状态下的几乎所有转录本全长序列信息。它能够测定样本中全部完整的转录本，主要包括mRNA和非编码RNA（lncRNA、circRNA和miRNA）。它与常规RNA-seq的区别主要是建库方式不同。全转录组测序在建库过程中需分别建立2个文库（mRNA＋lncRNA＋circRNA文库和miRNA文库）或3个文库（mRNA＋lncRNA文库、circRNA文库和miRNA文库）。

全转录组测序是目前深入研究转录组复杂性的强大工具，具有以下技术优势：①无须预先设计特异性探针，无须了解物种基因或基因组的信息，通过全转录组数据就能够直接对任意物种进行最全面的转录组分析；②覆盖度高，可直接测定几乎所有转录本片段的序列；③分辨率高，可以检测基因家族中相似基因及可变剪接造成的单碱基差异；④检测范围广，从几个到数十万个拷贝精确计数，可同时鉴定并定量正常和稀有的转录本。

（2）数字基因表达谱分析（digital gene expression tag profiling，DGE）

数字基因表达谱分析是用来研究某一物种或细胞在特定功能状态下基因表达差异的技术。该技术将转录组测序建库的实验方法与数字基因表达谱的信息分析手段相结合，广泛应用于生理调控、生物标记、环境改造、疾病机制和药物研发等领域。

DGE具有以下技术优势：①测序后直接获得序列，无背景噪声，无交叉杂交，可鉴别序列间单个碱基的差异；②高通量，一次测序得到1000万条以上的序列；③深度测序保证了抽样随机性，重复性非常好，无须重新实验；④使用RPKM方法计算基因表达水平，定量更准确。

RPKM（reads per kilobase per million mapped reads，每百万reads中来自于某基因每千碱基长度的reads数）是Ali Mortazavi等人于2008年提出的用来估计基因表现量的方法，是将比对（map）到基因的读长序列（reads）的数量除以比对（map）到基因组（genome）的所有读长序列（reads）的数量［以百万碱基对（Mb）为单位］与RNA的长度［以千碱基对（kb）为单位］的乘积。

$$\text{RPKM}=\frac{\text{比对到基因的读长序列的数量(Exon Mapped Reads)}}{\begin{array}{c}\text{比对到基因组的所有读长序列的数量}\\\text{(Total Axon Reads)}\end{array}\times\begin{array}{c}\text{RNA 的长度}\\\text{(Axon Length)}\end{array}}$$

（3）小RNA测序

小RNA指长度在20～50nt的RNA分子，包括miRNA、siRNA、snoRNA（small nucleolar RNA，核仁小RNA）和piRNA（piwi-interacting RNA，与Piwi蛋白相作用的RNA）等。它通过参与mRNA降解、抑制翻译过程、促进异染色质形成和DNA表观修饰等多种途径来调控生物学过程。根据小

RNA 的 5′端磷酸基和 3′端羟基的结构特点，连接测序接头并筛选小 RNA 测序文库进行测序。其中，miRNA 在物种间的生物学功能较为保守，是小 RNA 测序研究的重点。

(4) 长链非编码 RNA 测序

长链非编码 RNA（lncRNA）是一类长度大于 200nt 且不编码蛋白质的 RNA 分子（不含 rRNAs），广泛存在于各种生物体内，往往具有很强的物种和组织特异性。大量研究表明，lncRNA 参与表观遗传、转录以及转录后等多个水平的调控过程，在生命活动中具有重要作用。部分 lncRNA 含有 ploy（A）尾结构，故在 mRNA 的测序结果中往往包含部分 lncRNA 序列信息。目前 lncRNA 研究从寻找差异表达的 lncRNA 分子入手，主要依据 lncRNA 与关键编码基因的位置关系，进一步预测两者之间的调控关系。

(5) 单细胞转录组测序（single cell RNA-seq，scRNA-seq）

单细胞转录组测序技术是在单个细胞水平上研究整个转录组的技术，用于评估单个细胞间的基因表达差异，能避免细胞类型混杂而引入的假阴性结果，还有可能识别出无法通过混合细胞检测到的罕见细胞群体。自 2009 年首次问世以来，scRNA-seq 技术在持续发展，尤其近几年，单细胞测序出现爆发式的发展并大大普及。和传统测序方法不同，单细胞测序技术能够检出混杂样品测序所无法得到的异质性信息，用以评估单个细胞间的基因表达差异。

目前常见的单细胞测序平台包括 Fluidigm、WaferGen、10×Genomics 和 Illumina/Bio-Rad 等。与其他 RNA 测序技术不同，scRNA-seq 需先分离并获得单个细胞内的全部转录组，故单细胞分离是 scRNA-seq 的关键步骤，通过连续稀释、显微操作分离、荧光激活细胞分选（fluorescence-activated cell sorting，FACS）和微流控技术（microfluidic technology）等实现。

(6) 空间转录组测序（spatial transcriptomics）

在多细胞生物中，单个细胞的基因表达严格按照特定的时间和空间顺序发生，即基因表达具有时空特异性。时间特异性可通过对不同时间点的样本取材，并用单细胞转录组测序技术解析时间维度上细胞类型和基因表达模式，而空间特异性信息则相对较难获得。由于常规转录组测序和单细胞转录组测序都难以还原细胞所处的原始位置信息，传统的原位杂交技术又很难实现高通量检测，空间转录组技术应运而生，并在 2020 年被《自然方法》（*Nature Methods*）评为年度技术方法。它可在组织原位同时获得基因表达特征和空间分布数据，进一步推进了对组织原位细胞真实基因表达的研究。现有空间转录组技术主要分为两类：一类是基于杂交和成像的方法，如 smFISH、Branched FISH；另一类是基于测序的方法，包括 TIVA、ISS、FISSEQ 等。

2.3 转录组测序后续数据分析

RNA 既是信息分子，又是功能分子，具有多种生物学功能，如编码基因（mRNA）、解码（tRNA）、调控（miRNA、piRNA 和 lncRNA）和表达等。每个表达基因及其转录水平通常表示为“转录组”。通过对转录组进行比较，可以鉴定不同细胞、组织或条件下的差异表达基因，从而揭示这些基因在转录调控、功能和生理/病理中的作用。随着高通量测序技术的不断发展，转录组分析的研究方法和平台也发生日新月异的变化，同时生物信息学分析的内容也在逐渐完善。下面主要介绍 RNA-seq 测序后续数据分析，包括转录组数据质量控制、测序 reads 比对分析、转录本表达定量分析、差异表达分析以及结构变异分析等。

2.3.1 转录组数据质量控制

RNA-seq 提供有关基因组中所有转录元件的大量有价值信息，如分析基因表达情况、研究可变剪接、识别新的转录本、检测异常转录本和编码变异等。根据测序技术不同，RNA-seq 可分为短读长（short-read）测序、长读长 cDNA（long-read cDNA）测序及长读长直接 RNA 测序（long-read direct RNA-seq）。一般的 RNA-seq 测序数据分析流程算法多基于短读长技术产生的数据文件，目前，SRA（Short Read Archive）数据库中超过 95%的 RNA-seq 数据由 Illumina 公司 short read 测序技术产生。数据分析的起点是获取原始测序数据（raw reads），通常 RNA-seq 测序数据使用 FASTQ 格式保存，这是一种以 ASCII 码字符形式保存的生物序列及其对应的每个碱基质量的文本文件。转录组测序所需的数据量与所研究物种的基因组大小有关，基因组越大，则所需数据量越大，常规物种一般为 6G 数据，基因组较大的物种推荐 8G 以上数据。

理想情况下，无论 RNA 的大小或出现频率如何，RNA-seq 能够直接识别和量化所有 RNA 种类。但是，和所有测序技术一样，RNA-seq 在样品制备、反转录、文库构建、上机测序及图片处理等过程中都有可能引入错误，从而直接影响 RNA-seq 的准确性。因此，为了降低和去除测序错误对后续数据分析的影响，首先需要对原始数据进行评估并进行质量控制（quality control，QC）。数据质量评估的内容包括数据产出量、GC 含量、核苷酸组成、是否存在接头、碱基测序质量、碱基分布情况和重复序列比例等。目前可用于检测测序数据质量的软件有 FastQC、FASTX-Toolkit、HTQC、BIGpre、NGS QC Toolkit 等。通常 FastQC 用于分析 Illumina 测序平台的数据，NGS QC 可用于所有平台。由于 FastQC 使用简单方便，且利用直观易懂的图片来描述数据质量，因而应用更广泛。

测序片段由以下部分组成：通用接头（universal adapter)-插入的待测目标基因（insert)-带索引/条形码的接头（indexed adapter)。adapter（接头序列）是一段已知的短核苷酸序列，用于连接未知的目标测序片段；insert 是位于两个 adapter 之间的待测目标序列；index（或 barcode）是由几个碱基组成的寡核苷酸链，用于在混合测序时区分不同样本。测序由 5′端开始，第一个 adapter 在数据输出时被去除，而由于测序读长的限制，通常测不到第二个 adapter。但是如果插入片段本身较短，则会通读到第二个 adapter 处，这时 indexed adapter 便需要去除。此外，测序读长序列（reads）的质量一般会朝着 3′端递减，如果碱基的质量太低，需要删除以提高比对率。因此，需要根据质量评估结果对原始数据进行质量过滤，从而除去低质量 reads 和接头序列。常用的原始序列过滤软件有 FASTX-Toolkit、Trimmomatic、Cutadapt 和 Trim Galore 等。Trimmomatic 软件是一个快速多线程命令行工具，可进行多种序列的剪接和接头序列的去除，适用于大样本、高通量 Illumina 数据的质量过滤。

目前的 RNA-seq 仍存在一些偏好性和局限性，如核苷酸组成偏好性、GC 含量偏好性和 PCR 偏好性，此外，文库构建质量和细菌污染等需要通过序列比对才能鉴别。因此，除了对测序原始数据进行质量评估和过滤外，还需要对数据比对的结果进一步进行质量检测和过滤，得到质控后的纯净数据（clean data），然后才能用于后续分析。根据数据比对结果，可以通过检测文库插入长度、测序饱和度、读取分布、rRNA 序列百分比和序列覆盖均一性等数据质量指标进一步评估数据质量。常用的质量检测软件有 RNA-SeQC、RSeQC、QoRTs 和 Qualimap2 等。

2.3.2 测序读长序列（reads）比对分析

转录组测序利用高通量测序技术对总 RNA 反转录后的 cDNA 测序，得到样本在该状态下的绝大部分转录本。但获得的 reads 都是片段，读长较短，无法直接进行分析。根据目标物种是否存在基因组信息，可将转录组测序分析分为有参转录组和无参转录组。如果研究物种有组装注释质量较好的基因组序列，且和该基因组序列比对的效率较高，则将测序数据与参考基因组进行比对（mapping）得到转录本信息，称为有参转录组；无参转录组则需要先把测序数据进行拼接并组装成参考转录本，再将 reads 比对到组装后的参考转录本上进行后续分析。

2.3.2.1 有参考基因组的比对分析

以已发布的相同或相近物种的基因组和基因组注释信息为参考，将测序获得的转录组读长序列（reads）比对到参考基因组序列上，根据比对结果，明确外显子间的连接方式，从而构建出转录本的结构，这是 RNA-seq 数据分析最重要的一步。常用的有参转录组数据比对软件有 Bowtie、Bowtie2、STAR、HISAT、HISAT2 等。

转录组数据主要来自基因组的外显子序列，理论上来自成熟 mRNA 的 reads 比对到外显子区的比例最高，如果比对到外显子区域的 reads 比例不高，可能是建库过程中 mRNA 以外的其他 RNA 残留较多，也可能是参考基因组本身错误较多。如果 reads 比对到内含子区域，是由于 mRNA 前体残留或可变剪接过程中的内含子被保留，如果 reads 比对到基因间区，大多是参考基因组注释不完善所致。

通过 reads 在基因组上的分布、末端配对信息以及现有基因注释结果，可以对基因结构进行延伸优化，鉴定 5′或 3′边界及 UTR 区域。现有数据库中对转录本的注释还不全面，通过 reads 的分布以及基因注释集合，可以在基因组上发现新基因。

2.3.2.2 无参考基因组的组装比对分析

对于无参考基因组序列的转录组数据，需先将测序数据通过软件进行序列组装，从而获得完整的转录本序列。常用工具包括 Trinity、Trans-AbySS 和 Velvet 等。首先，将具有一定长度重叠的 reads 拼接成较长的叠连群（contig），再将 reads 比对到 contig，通过末端配对确定来自同一转录本的不同 contig，以及它们之间的距离，未知序列用 N 补充，将这些 contig 拼接成更长、允许包含空白序列（gap，即 N）的 scaffolds，进一步利用末端配对消除 scaffolds 的错误，得到含 N 最少且两端不能再延长的序列，称为 unigene（拼接后的非冗余基因）（Martin 等，2011）。如果同一物种做了多个样品测序，则不同样品组装得到的 unigene 可通过序列聚类软件进行序列拼接和去冗余处理，得到尽可能长的非冗余 unigene。用于组装的有效数据量越大，则拼接得到的转录本数量和完整性越好，表达量较低的转录本也更容易被检测到。

2.3.3 转录本表达定量分析

RNA-seq 最广泛应用于评估基因和转录本的表达水平，这主要基于比对到转录组区间内的 reads 数量。将 reads 比对到相应的基因组位置或从头组装出转录本后，得到每个基因或转录本上的 reads 数，可在一定程度上反映其表达丰度。根据比对结果，获得每个基因或转录本的读长序列计数个数（read count）。由于测序深度异同和技术偏差的存在，需要对获得的读段个数进行标准化处理，从而准确比较不同样本间的差异，这也是后续表达分析的关键。

标准化处理后的转录本表达量一般以 RPKM、FPKM（fragments per kilobase per million mapped reads）、TPM（transcripts per million）表示。RPKM 针对早期单端测序，FPKM 是将比对到基因的测序片段数除以比对到基因组的所有测序片段数（以百万碱基对为单位，Mb）和 RNA 长度（以千碱基对为单位，kb）的乘积，是在 PE 双端测序上对 RPKM 的校正。TPM 以转录本条数代表每个转录本的表达量。目前用来确定表达量的软件有 Cufflinks、DESeq、DESeq2 和 EDGR 等。

为获得较准确的基因表达量，保证后续数据分析的准确性，实验设计时需考虑生物学重复和测序深度。一般情况下，生物学重复越多，测序深度越大，后续数据分析的准确性越高，但根据实验目的不同，所需考虑的侧重点也存在差异。例如，要研究新转录本的差异表达，对于人和小鼠来说，短测序深度要达到 100M～200M reads；但如果研究不同样本间的差异表达基因，每个实验组和对照组至少需要 3 个生物学重复，每个重复的测序量通常要达 30M。

单细胞 RNA-seq 中基因表达量的确定与常规 RNA-seq 数据一致，区别在于 scRNA-seq 的产出数据中噪声较大，且有大量的空值（dropouts），故需使用填充算法进行数据修正（Bacher 等，2016）。空值的出现可能是部分基因本身在该单个细胞中不表达所致，也可能是一些基因的表达量较低或测序深度不够导致未被检出。在数据分析中，需要谨慎对待空值，根据细胞-细胞、基因-基因之间关系对空值进行推断。

2.3.4 差异表达分析

差异表达分析（differential expression analysis）可鉴定一个基因的表达量在所选两个样本间的明显差异。由于基因表达具有时间和空间特异性，故在两个不同条件下表达水平存在显著差异的基因或转录本，被称为差异表达基因

(differentially expressed genes，DEG）或差异表达转录本（differentially expressed transcript，DET）。

差异表达基因集是通过差异表达分析得到的基因集合，使用“A _ B”的方式命名。根据两（组）样品之间表达水平的相对高低，差异表达基因可以划分为上调基因（up-regulated gene）和下调基因（down-regulated gene）。上调基因在样品（组）B中的表达水平高于样品（组）A中的表达水平，反之为下调基因。上调和下调是相对的，由A和B的顺序决定。差异表达分析常用的软件有edgeR、baySeq、EGseq、DEseq2、EBseq、NOIseq、SAMseq和PossionDis等（Robinson等，2010）。

差异表达分析是对样本间基因表达值进行比较，虽然RPKM、FPKM和TPM标准化方法消除了测序深度及基因或转录本长度因素的影响，但依赖于总的或有效的reads数，在样本具有异质性转录本分布或高表达/差异表达的特征扭曲计数（count）分布时表现欠佳。因此，进行不同样本间的基因表达量比较分析时，通常用统计学方法检验实验组与对照组之间的差异基因。由于同时对成千上万基因进行统计检验时，多重检验引入的假阳性会升高，故常用错误发现率（false discovery rate，FDR）等多重检验校正方法对比较分析的显著性进行校正。FDR是通过对差异显著性 p 值（p-value）进行校正获得。在差异表达基因检测过程中，将 $|\text{Fold Change}| \geqslant 2$ 且 $\text{FDR} < 0.01$ 作为筛选标准。差异倍数（fold change）是两样品（组）之间表达量的比值。

利用RNA-Seq对实验组和对照组基因表达量进行比较时，通常会获得上百个差异表达的基因，为了将范围缩小到几十个甚至十几个，通常与已注释功能的基因比对，进行GO（gene ontology）和KEGG（kyoto encyclopedia of genes and genomes）功能分析，那些注释到感兴趣功能通路上的基因是重点研究对象。GO分析是RNA-seq分析中常用的方法，是一个国际化的基因功能分类体系。它可以直观反映在细胞成分、分子功能和生物学过程三方面富集的差异基因的个体分布情况。KEGG是系统分析基因功能和基因组信息的数据库，把基因及表达信息作为一个整体网络进行研究。KEGG由三个数据库组成：用于表示相互作用分子网络高阶函数并储存高级功能信息的PATHWAY（整合代谢途径），用于储存所有完全测序和部分测序基因组序列的GENES，以及用于收集细胞中的化学物质、酶分子和酶反应的LIGAND。其中，PATHWAY查询十分出色，不仅提供了所有可能的代谢途径，包括碳水化合物、核苷、氨基酸等代谢及有机物的生物降解，而且对催化各步反应的酶进行了全面注解，包含氨基酸序列、PDB库链接等，是进行生物体内代谢分析和代谢网络研究的强力工具。

层次聚类（hierarchical clustering）分析用于判断差异基因在不同实验条件下的表达模式。将筛选出的具有相同或相似表达模式的差异基因进行聚类，并使用 K-means 方法对差异基因表达量水平值 $\log_2$（RPKM+1）进行聚类分析，将具有相似表达水平变化趋势的基因聚在同一类，得到差异基因在不同实验条件下的表达模式。由于同类的基因可能具有相似的功能，或是共同参与同一代谢过程或细胞通路，故可通过对同一个聚类的基因进行功能注释及富集分析，预测未知基因的功能或已知基因的未知功能。根据样品的表达谱进行聚类，可以判断重复性好坏，当样品间重复性较好时，样品通常会分在一个子群内，若样品间重复性较差，层次聚类可能会呈现无规则的聚类形式。

2.3.5 结构变异分析

2.3.5.1 可变剪接分析

可变剪接（alternative splicing）也称选择性剪接，是转录形成的前体 RNA 去除内含子并连接外显子而形成成熟 RNA 的过程，使得一个基因同时编码多种蛋白质，实现生物功能多样性。RNA-seq 的高通量和高分辨率特性为研究转录本选择性剪接提供了有力工具。

可变剪接不是一成不变的，在特定的组织或条件下，通过连接不同的外显子会产生不同的剪接同源异构体（isoform）。大量研究发现，可变剪接的变化与组织/细胞特异性、细胞重编程、发育、诱导多能性和疾病等密切相关，故研究可变剪接在不同组织中的作用非常有意义。而转录水平的差异表达分析可潜在地检测同一基因转录异构体表达的变化，RNA-seq 常用两种可变剪接分析方法：①基于读段数的软件，如 baySeq、DESeq 和 edgeR 等，跳过对异构体表达的估计，通过比较样本间基因外显子和连接点上的 reads 分布来检测可变剪接信号；②基于转录本表达量的软件，如 Bitseq、CuffDiff2、IsoDE 和 EBSeq 等，异构体表达评估与差异表达相结合，从而揭示总基因表达中每种异构体的比例变化。需要注意的是，尽管 RNA-seq 已成为转录组范围内研究可变剪接的强有力工具，但 RT-PCR 仍是定量和验证可变剪接的标准方法。

2.3.5.2 基因融合分析

基因融合（gene fusion）是原先分开的两个基因部分或全部序列相互融合形成一个杂合基因或嵌合基因的过程，可能由染色体易位、中间缺失或染色体倒置导致，可在 DNA 或 RNA 层面表达。基因融合鉴定可基于全基因组测序数据，也可利用转录组测序数据，或二者相结合。全基因组测序周期长、成本高、计算复杂，但检测覆盖度广，几乎可检测所有基于基因组层面发生某种变异引起的融合基因（启动子、内含子和外显子区）。转录组测序鉴定融合基因简单、方便、快捷，但不能检测启动子区融合现象，受融合基因表达程度影响，假阳性高。

融合基因检测的准确性与读段长度、测序深度、测序错误、双端测序数据插入长度等有关，常与通读转录本和反式剪接转录本相混淆。通读转录本也叫转录诱导嵌合体，是由转录酶在上一个基因的转录终止位点没有停止转录并继续转录到相邻转录本所致，最终成为嵌合转录本。目前为止，已相继开发数十种不同的基因融合检测软件，包括 SOAPfuse、FusionCatcher、JAFFA、Fusionmap、TopHat-Fusion 等。

2.3.5.3 RNA 编辑的鉴定

RNA 编辑（RNA editing）是指在 RNA 水平上发生的突然变化，包括插入、缺失和单碱基替代等。RNA 编辑在转录组中普遍存在，会导致可变剪接的生成、蛋白质编码区域的非同义替换乃至蛋白质的高级结构改变等，不仅对基因表达调控起重要作用，还与多种疾病相关。

RNA 编辑的鉴定主要经历三个历史阶段：①传统的单个基因 RNA 编辑的鉴定，主要通过 RT-PCR 的方法；②利用生物信息学方法的鉴定，主要通过比较基因组、cDNA 序列和基因组序列比较等方法；③基于第二代测序的 RNA-seq 方法鉴定。与传统方法相比，RNA-seq 具有全面、精确和低成本等优势，是目前最主要的 RNA 编辑鉴定方法。

自 2009 年起，新一代高通量测序技术被用于在全转录组范围内鉴定 RNA 编辑位点，目前有两种方法：一种对来自同一样品的全基因组（DNA-seq）和全转录组（RNA-seq）同时测序，通过比较两者差异找到 RNA-DNA 差异位点；另一种只需样本转录本数据就可识别编辑位点。前者可很好地区分发生在转录组水平上的 RNA 编辑位点及发生在基因组水平上的 SNP，特别对于现有数据库中未注释的 SNP 位点，但对同一样品的基因组和转录组同时测序的成本较高；后者成本相对较低，随着越来越多测序数据被公开，可以利用公共数据开展大规模、多层次 RNA 编辑事件研究，但存在难以彻底排除 SNP 干扰等缺点，鉴定结果假阳性率较高。

基于高通量测序识别 RNA 编辑事件的方法流程复杂，需综合考虑多种影响因素，对分析结果层层过滤。目前已研发多个专业分析工具，如 rddChecker、REDItools、GIREMI、RED、RDDpred 等，给科研人员研究 RNA 编辑提供了极大便利。但大部分软件都有一定的局限性。rddChecker 只支持 hg19 和 mm9，且假阳性率较高；REDItools 是一款简单易用、基于 python 的软件，可进行已知 RNA 编辑位点的鉴定、基于 DNA-Seq 和 RNA-Seq 数据的 RNA 编辑位点鉴定以及只基于 RNA-Seq 数据的 RNA 编辑位点鉴定；GIREMI 利用相邻位点的相互信息鉴定 RNA 编辑位点，适合大基因组数据，对小基因组数据（如线粒体和叶绿体的 RNA-Seq 数据）则效果较差；RED 是一款 RNA 编辑位点鉴定及可视化软件，但敏感性较差，安装过程较复杂；RDDpred 是基于机器学习的 RNA 编辑鉴定软件，可以显著降低假阳性率。

总之，转录组测序技术能确定信使 RNA 和非编码 RNA 序列和转录基因结构，定量每个转录本在不同生物学条件下的动态表达。测序技术的深入发展为转录组定性和定量研究提供多种新方法。目前 RNA-seq 仍以基于二代测序为主，但基于三代测序技术逐渐成为转录组学研究的重要方向。根据实验目的和研究对象，基于现有测序平台可在整体水平系统开展多种 RNA 分子研究，除全转录组研究外，单细胞转录组、空间转录组研究也是近来研究热点。RNA-seq 技术发展为从整体转录水平细致精确研究转录调控网络与性状间的关系提供了有效手段。

第3章

蛋白质组学

3.1 蛋白质组学基础

随着人类基因组计划的完成及各种模式生物基因组的破解，尽管基因组学为解析基因型和性状的相关性提供了有力根据，但是大部分性状实际并非仅由基因改变造成。而且，基因调控表达方式错综复杂，同一基因在不同条件、不同时期可能会起到完全不同的作用。这些问题仅靠基因组学是无法回答的，后基因组计划应运而生。在后基因组时代，生命科学的主要研究对象是功能基因组学，包括结构基因组研究和蛋白质组研究等。

迄今已经完成多个物种的基因组测序，但通常这些基因组中有一半以上的基因功能是未知的。功能基因组采用的策略（如基因芯片、基因表达系列分析等）是从细胞中 mRNA 的角度来考虑的，其前提是细胞中 mRNA 的水平反映了蛋白质表达的水平，但事实并不完全如此。DNA-mRNA-蛋白质过程存在三个层次的调控，即转录水平调控（transcriptional regulation）、翻译水平调控（translational regulation）和翻译后水平调控（post-translational regulation）（图 3-1）。如果只从 mRNA 角度考虑，实际上仅包含转录水平调控，并不能全面代表蛋白质表达水平。实验证明，组织中 mRNA 丰度与蛋白质丰度的相关性并不好，尤其对于低丰度蛋白质来说，两者相关性更差。更重要的是，蛋白质复杂的翻译后修饰、蛋白质的亚细胞定位或迁移、蛋白质-蛋白质相互作用等几乎无法从 mRNA 水平来判断。

毋庸置疑，蛋白质是生理功能的执行者，是生命现象的直接体现者，其本身的存在形式和活动规律（如翻译后修饰、蛋白质间相互作用以及蛋白质构象等）仍依赖于对蛋白质的直接研究。对蛋白质结构和功能的研究将直接阐明生物生理或病理条件下的变化机制。

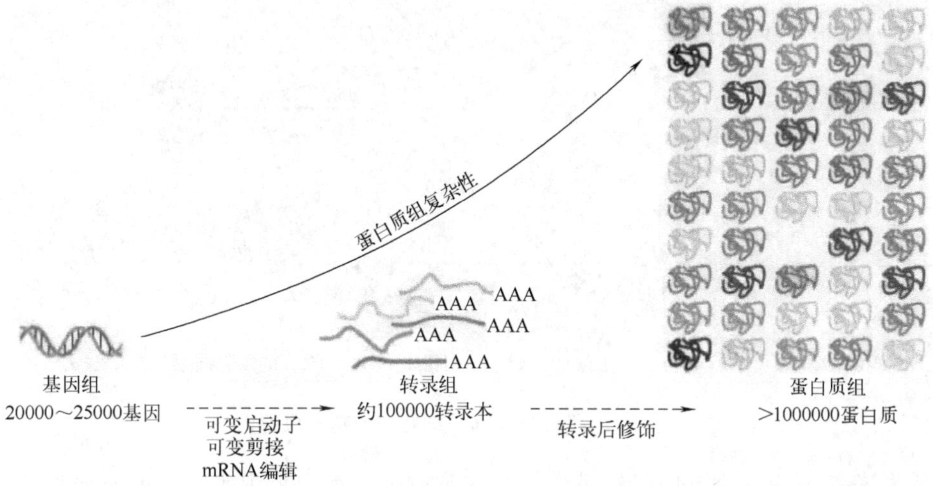

图 3-1　蛋白质组的可变性和多样性（www. piercenet. com）

由于可变剪切、RNA 编辑以及蛋白质修饰的存在，许多基因可表达出多种不同的蛋白质。因此，蛋白质组的复杂度要比基因组的复杂度高得多。广义上的蛋白质修饰是指一类化学基团小分子由专一酶催化，作用于蛋白质特定氨基酸残基上，并执行某些生物学功能，主要包括：蛋白质的磷酸化、甲基化、乙酰化、糖基化、羟化、硫化、泛素化、SUMO 化、Nedd 化、酰化。狭义上的蛋白质修饰则主要指常见的几种：磷酸化、泛素化、乙酰化、SUMO 化。蛋白质修饰又包括共翻译（co-translational）修饰和翻译后水平（post-translational）修饰。根据蛋白质的修饰位置不同又分为：侧链、N 端、C 端的蛋白质修饰

蛋白质的可变性和多样性使得蛋白质研究技术远远比核酸技术复杂和困难，对单个蛋白质进行研究的传统方式已无法满足后基因组时代的要求，这是因为：①生命现象的发生往往受多因素影响，必然涉及多个蛋白质。②多个蛋白质的参与呈现交织成网、平行发生或级联因果。③蛋白质执行生理功能时的表现是多样的、动态的，并非基因组那样基本不变。因此，要想对生命复杂活动有全面深入的认识，就要在整体、动态、网络水平上研究蛋白质（图 3-2)。

蛋白质功能方面的研究是极其缺乏的。大部分通过基因组测序新发现的基因，其编码的蛋白质功能未知，对已知功能的蛋白质而言，其功能大多通过同源基因功能类推等方法预测，而人类基因组编码的蛋白质至少有一半功能未知。随着未来至少 30 种生物基因组测序工作的完成，研究重点必将转到蛋白质功能方面，而蛋白质组研究正好可以完成这样的目标。

1994 年，澳大利亚 Macquarie 大学 Wilkins 和 Williams 首次提出蛋白质

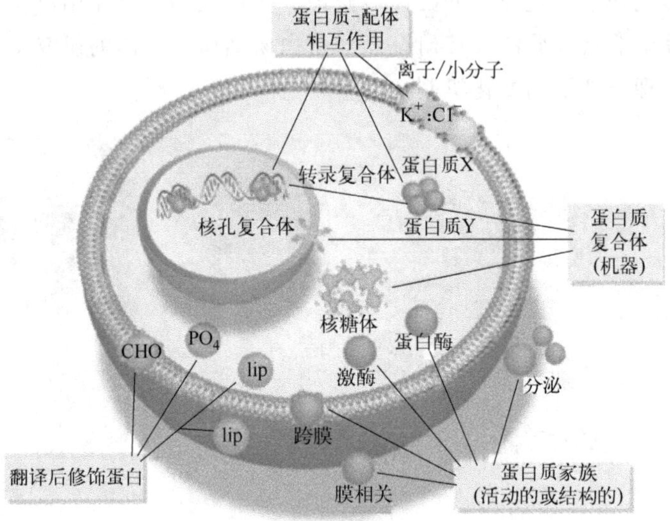

图 3-2　蛋白质在真核细胞中的功能模拟

组概念，指由一个基因组转录，一个细胞或一种类型组织表达的所有蛋白质，以细胞内全部蛋白质的存在及其活动方式为研究对象。但相关研究可追溯到20世纪90年代中期甚至更早的80年代初，在基因组计划提出之前，美国科学家 Norman G. Anderson 提出当时称为 Human Protein Index 的蛋白质组计划，旨在分析细胞内的所有蛋白质。但由于各种原因，此计划一度搁浅。直到90年代初期，技术已比较成熟，经过各国科学家的讨论，才正式提出蛋白质组的概念。国际上蛋白质组研究进展十分迅速，基础理论和技术方法不断进步和完善，并已经建立多种细胞的蛋白质组数据库，相应的国际互联网站层出不穷。1996年，澳大利亚建立了世界上首个蛋白质组研究中心：澳大利亚蛋白质组分析中心（Australia Proteome Analysis Facility，APAF）。丹麦、加拿大、日本也先后成立了蛋白质组研究中心。在巨大财力的支持下，美国各大药厂和公司纷纷加入蛋白质组的研究阵容。瑞士 GeneProt 公司由以创建蛋白质组数据库“SWISSPROT”而著称的研究人员成立，以应用蛋白质组技术开发新药物靶标为目的，建立了配备有上百台质谱仪的高通量技术平台。而 Norman G. Anderson 也成立了类似的蛋白质组学公司，以继续其多年未实现的梦想。2001年，国际人类蛋白质组研究组织（Human Proteome Organization，HUPO）在美国成立，随后欧洲、亚太地区都成立了区域性蛋白质组研究组织，试图通过合作融合各方力量，完成人类蛋白质组计划（Human Proteome Project，HPP）。可以说，蛋白质组研究不仅是生命科学研究进入后基因组时代的里程碑，也是后基因组时代生命科学研究的核心内容之一。

蛋白质组学（Proteomics）是研究细胞、组织或生物体中蛋白质组成、定位、变化及其相互作用规律的科学，涉及蛋白质表达模式和蛋白质组功能模式等，对寻找疾病的诊断标志、筛选药物靶点、毒理学研究等有重要意义。蛋白质组学本质上指在大规模水平上研究蛋白质的特征，包括蛋白质的表达水平、翻译后修饰、蛋白质与蛋白质相互作用等，从而在蛋白质水平上获得对疾病发生、细胞代谢等过程的整体全面认识。蛋白质组学的研究内容主要分为三个方面，即表达蛋白质组学、结构蛋白质组学及功能蛋白质组学。表达蛋白质组学是对细胞、组织或个体的蛋白质表达谱分析以及对其蛋白质组成含量和变化规律的检测；结构蛋白质组学侧重于亚细胞蛋白质组的分析，对于细胞组成及通路研究具有重要意义；功能蛋白质组学则是蛋白质组研究的最终目的，即阐明功能相关蛋白质的活动规律以及蛋白质间相互作用的问题。

蛋白质组学研究试图比较细胞在不同生理或病理条件下蛋白质表达的异同，并对相关蛋白质进行分类和鉴定。更重要的是，蛋白质组学研究要分析蛋白质间的相互作用和蛋白质的功能。在具体应用方面，蛋白质在疾病中的重要作用使得蛋白质组学在人类疾病研究中极为重要。例如，通过对正常个体及病理个体的蛋白质组比较分析，某些“疾病特异性的蛋白质分子”被找到并可成为新药物设计的分子靶点，或为疾病的早期诊断提供分子标识。这不仅能为生命活动规律提供物质基础，也能为众多疾病机理的阐明及攻克提供理论根据和解决途径，是生命科学进入后基因时代的特征。

3.2 蛋白质组学基本技术

生命科学作为一门实验科学，其发展极大依赖于实验技术的发展。以DNA序列分析技术为核心的基因组研究推动相关研究日新月异，以基因芯片技术为代表的基因表达研究在了解基因表达规律方面曾立下汗马功劳。在蛋白质组研究中，二维电泳和质谱技术的黄金组合在探索蛋白质表达规律过程中将再铸辉煌。

蛋白质组学囊括研究蛋白质组的技术及通过这些得到的研究结果。它集中于动态描述基因调控，对基因表达进行蛋白质水平的定量测定，鉴定疾病、药物等对生命过程的影响，从而解释基因表达调控的机制。蛋白质组学不是一个封闭的、概念化的稳定知识体系。蛋白质组学研究并非从零开始，它是已有20年历史的蛋白质（多肽）图谱和基因产物图谱技术的一种延伸：多肽图谱依靠双向凝胶电泳（two-dimensional gel electrophoresis，2-DE）和进一步的图像分析；而基因产物图谱依靠多种分离后的分析，如质谱技术、氨基酸组分分析等。目前，双向凝胶电泳技术、质谱技术、生物信息学技术构成蛋白质组学研究的三大技术支柱。

3.2.1 双向凝胶电泳技术

双向凝胶电泳技术是最经典、应用最广泛的蛋白质组学技术，基本原理是：首先根据蛋白质等电点不同，在第一向等电聚焦电泳分离蛋白质，接着将其转移到第二向 SDS-聚丙烯酰胺凝胶，根据分子量大小不同再次分离。蛋白质样品中不同类型蛋白质可通过 2-DE 分离。随着固相 pH 梯度等电聚焦电泳技术的逐步发展完善，2-DE 技术已成为首选蛋白质分离技术。2-DE 可将不同种类蛋白质按照等电点和分子量差异进行高分辨率分离，电泳后对凝胶进行高灵敏度染色（如银染和荧光染色）（图 3-3）。

在蛋白质组研究中，需在同样条件下同时跑多块胶，而对凝胶与凝胶之间的比较十分重要。如果比较两种样品之间蛋白质表达异同，可在同样条件下分别制备蛋白质样品，然后在同样条件下进行 2-DE，染色后比较两块胶；也可将二者的蛋白质样品分别用不同的荧光染料标记，然后两种蛋白质样品在一块胶上进行 2-DE 分离，最后通过荧光扫描技术分析结果。

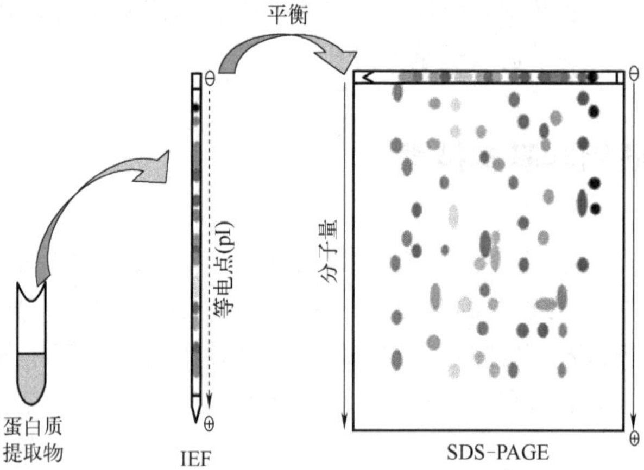

图 3-3 双向凝胶电泳技术原理示意图

双向电泳分为等电聚焦电泳和 SDS 电泳。①根据蛋白质的等电点（第一向）和分子量（第二向）的不同进行分离。②电泳后根据蛋白质的上样量对凝胶进行考马斯亮蓝染色、银染或荧光染色，然后用相关软件对电泳图像进行分析

胶染色后可利用凝胶图像分析系统成像，通过分析软件对蛋白质点进行定量分析，并对感兴趣蛋白质点进行定位。通过专门的蛋白质点切割系统，可将蛋白质点所在凝胶区域进行精确切割。接着对胶中蛋白质进行酶切消化，酶切

后的消化物经脱盐/浓缩处理后，就可通过点样装置将蛋白质点样到特定的材料的表面（MALDI-TOF）。最后这些蛋白质在质谱系统中进行分析，从而得到蛋白质的定性数据，用于构建数据库或与已有数据库进行比较分析。

(1) 样品制备

双向电泳成功的关键在于建立一套有效、可重复的样品制备方法。样品制备的影响因素包括蛋白质的溶解性、分子量、电荷数及等电点等。根据样品性质及研究目的不同，其方法也不尽相同。用于样品处理的缓冲液需在低离子强度的基础上满足：既能保持蛋白质的天然电荷，又能维持其溶解性。因此，绝大多数样品都需要通过多次实验才能摸索到最适宜的条件。样品要求：①建议使用的蛋白质溶解体系为8mol/L尿素/4% CHAPS/40mmol/L Tris（Base）/65mmol/L DTT；②样品浓度大于2μg/μL。

(2) 第一向分离——等电聚焦

蛋白质是两性分子，在不同的pH环境中可带正电荷、负电荷或不带电荷。每个蛋白质都有一个特定的pH，在此pH值时蛋白质静电荷为零，此pH值即该蛋白质的等电点（pI，isoelectric point）。将蛋白质样品加载至pH梯度介质上进行电泳时，它会向与其所带电荷相反的电极方向移动。在移动过程中，蛋白质分子可能获得或失去质子，所带的电荷数和迁移速度下降。当蛋白质迁移至其等电点pH位置时，净电荷数为零，在电场中不再移动。这种聚焦是一个与pH相关的平衡过程：蛋白质以不同的速率靠近并最终停留在各自的pI。在等电聚焦过程中，蛋白质可以从各个方向移动到其恒定位点。

(3) 第二向分离——SDS-聚丙烯酰胺凝胶电泳

双向电泳的第二向是将IPG胶条中经过第一向分离的蛋白质转移到第二向SDS-PAGE凝胶上，根据蛋白质分子量大小再次进行与第一向垂直的分离。蛋白质与十二烷基硫酸钠（SDS）结合并形成带负电荷的蛋白质-SDS复合物，由于SDS是一种强阴离子去垢剂，所带的负电荷远远超过蛋白质分子原有的电荷量，能消除不同分子之间原有的电荷差异，使得凝胶中电泳迁移率不再受蛋白质原有电荷的影响，而是主要取决于蛋白质分子量的大小，其迁移率与分子量的对数呈线性关系。

用双向凝胶电泳可以进行翻译后修饰的研究，如用^{32}P标记研究蛋白磷酸化的变化。翻译后修饰和加工对蛋白质的正常生理功能是必需的，它们的变化往往和疾病的发生有关。双向凝胶电泳常见的蛋白质拖曳现象，很可能是由一个蛋白质的不同翻译后修饰产物所造成的，而这种拖曳图像变化可能为疾病诊断提供重要信息。

3.2.2 质谱技术

促进蛋白质组学飞速发展的最大功臣非质谱技术莫属。质谱技术的应用范围非常广泛，但在此只讨论在蛋白质组学中的应用。简单地说，质谱法（mass spectrometry）就是对肽段离子的质量（质荷比，m/z）进行测量的分析方法。样品经质谱仪（mass spectrometer）检测得到质谱图（mass spectrum），比较分析质谱图实现对样品中蛋白质的鉴定和定量。质谱技术是目前蛋白质组学研究方法中发展最快和最具潜力的技术，也是蛋白质鉴定的核心技术，具有高灵敏度、高准确性、自动化等优点（Dapic 等，2019）。

在蛋白质组学中，通过质谱技术对蛋白质进行检测有两种策略：自上而下（top-down）和自下而上（bottom-up）（图 3-4）。top-down 从一个完整蛋白质出发直接进入质谱，通过碎片化处理及对碎片分子的检测推导蛋白质序列。优点是耗时少、样品制备相对简单、无须蛋白酶消化，可直接检测蛋白质分子量，收集更多翻译后修饰信息，得到更全面的蛋白质形态表征，缺点是成本高、产量较低、灵敏度较低，最近才用于大规模实验。在实际使用中，绝大多数采用 bottom-up 方法（俗称 shotgun 方法），它充分利用蛋白质自身可被特定酶在特定位点切断的特点，先用蛋白酶（通常为胰蛋白酶）将蛋白质序列酶切，再针对酶切后的肽段进行鉴定，故进入质谱的检测对象是肽段，随后根据肽段序列推导蛋白序列（图 3-5）。该法较为成熟、产量较高，被广泛用于蛋白质的鉴定和表征，缺点是序列覆盖率低、只能获得部分信息，样品制备和消化过程存在肽段丢失风险，可能因无法识别蛋白质的大区域导致 PTMs 和序列变体方面的信息丢失等。

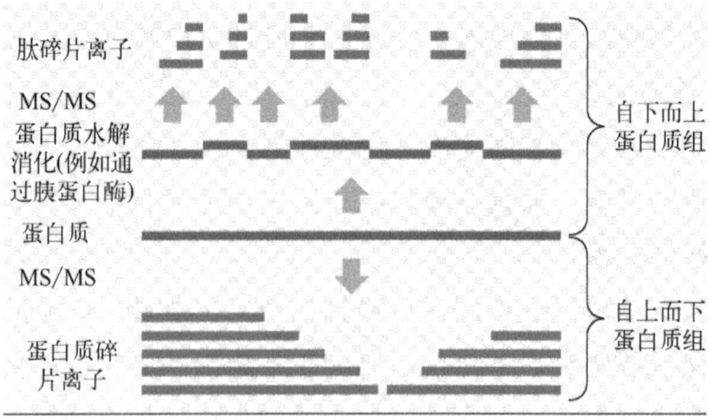

图 3-4　蛋白质组学研究中质谱技术的两种应用策略

通过各种标记或非标记手段对不同样品中的蛋白质进行定量比较是质谱最

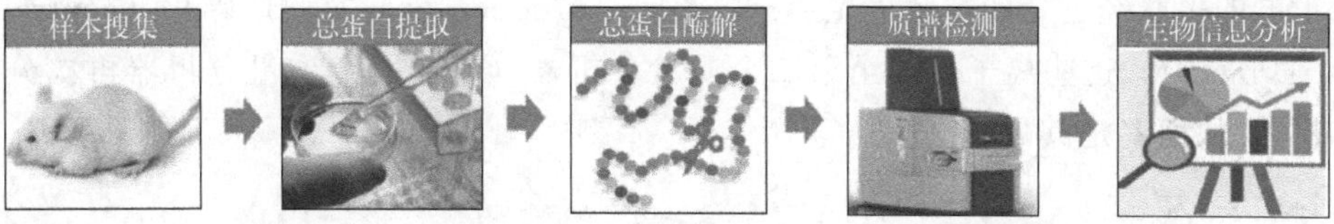

图 3-5　蛋白质组学研究中质谱 bottom-up 策略的基本流程

重要的用途。MS/MS 即串联质谱（tandem mass spectrometry），是一种利用质谱技术的分析方法，常用于蛋白质等复杂生物大分子的鉴定和结构解析。首先对样本进行一次质谱扫描（MS），生成一系列具有不同分子量的离子。然后离子通过特定的方式被二次碎裂，产生更轻的离子，以便进行第二次质谱检测（MS/MS）（Fang 等，2020）。这个过程可以反复进行，从而获得更多关于分子的信息，用所得二级质谱图（MS2 或 MS/MS）搜索数据库进行匹配，可以鉴定蛋白质。一级质谱（first-order mass spectrum，又称为母离子谱）是质谱实验的第一阶段，也是质谱分析的基本阶段。在该阶段，分子样品被电离为带电粒子，并在质谱仪中根据质荷比（m/z）分离。这些离子在质谱仪检测器上产生信号，形成一级质谱。它是一个包含离子质荷比（m/z）与相应离子相对强度（通常用百分比表示）的图表，主要用于分析样品中各种离子的质荷比分布，从而了解其分子量和离子组成。二级质谱（second-order mass spectrum，又称为子离子谱或串联质谱）是质谱实验的第二阶段，常用于对某一特定母离子进行更深入的研究。在这个阶段，选定的母离子（来源于一级质谱中的某个特定离子）在质谱仪中被进一步碎裂成子离子，并根据质荷比（m/z）分离，最后在检测器上产生信号，形成二级质谱。二级质谱是一个包含子离子质荷比（m/z）与相应离子相对强度（通常用百分比表示）的图表，主要用于揭示目标母离子的内部结构和组成，有助于深入了解分子的化学结构和反应途径（Gilchrist 等，2006）。一级质谱和二级质谱分析可从多个层面对样品进行结构鉴定和定量分析，两者联合应用可分析复杂样品。质谱鉴定蛋白质的三大方法是源后衰减（post-source decay，PSD）片段离子分析、以 MALDI 为基础的肽质量指纹（peptide mass fingerprint，PMF）及以 ESI 为基础的串联质谱（tandem-mass spectrometry）。

3.2.2.1　蛋白质酶解后的串联质谱检测

多年探索发现，多肽被 ESI 源轰击后会带上正电，而且一般带 2～6 个电荷，几乎不可能只带一个电荷。因此，基于串联质谱正电荷模式的检测是鉴定多肽的好方法（图 3-6）。选择前体离子（precursor ion）作为质量分析器，带正电的多肽经过高能裂解后生成产物离子（product ion）及中性碎片（neutral fragment），这些离子群传至第二个质量分析器（或同一个质量分析器再次分析），从而鉴定其 m/z 的值。

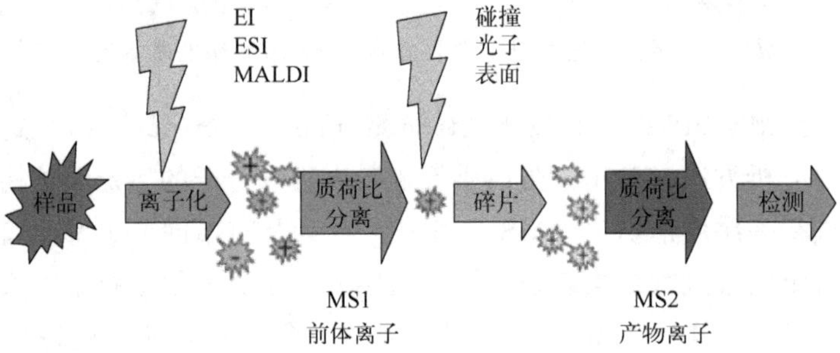

图 3-6 串联质谱流程示意图

(1) 串联质谱中离子活化的方式

肽段碎裂需要能量，虽有不同的离子活化（ion activation）方式，但基本原理都通过增加内能来断裂不同的化学键。最常用的两种离子活化方法是 HCD（高能碰撞诱导解离，higher energy collision induced dissociation）和 ETD（电子转移解离，electron transfer dissociation），也有一些高端仪器同时支持两种解离方法，称为 EThcD（图 3-7）。选择不同离子活化方式，同一条

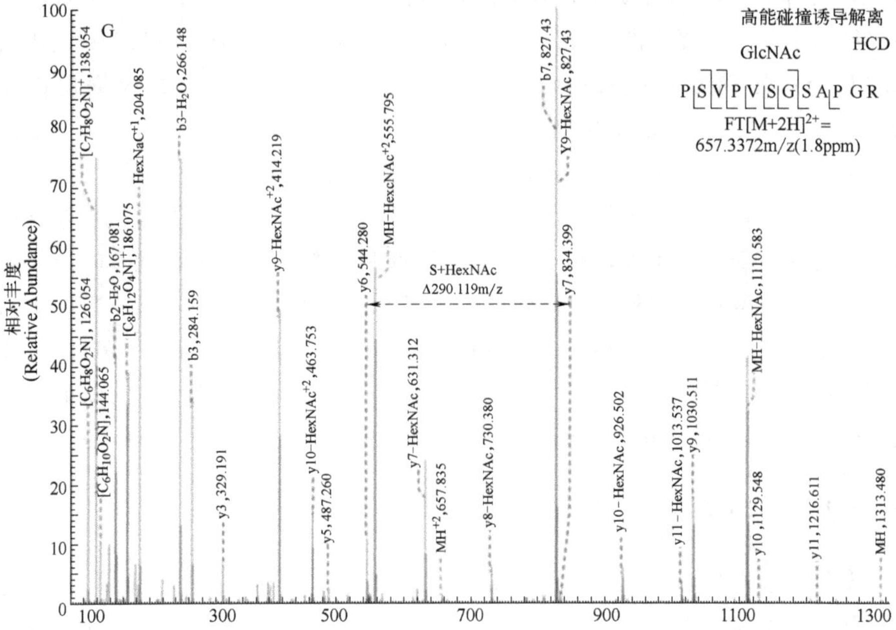

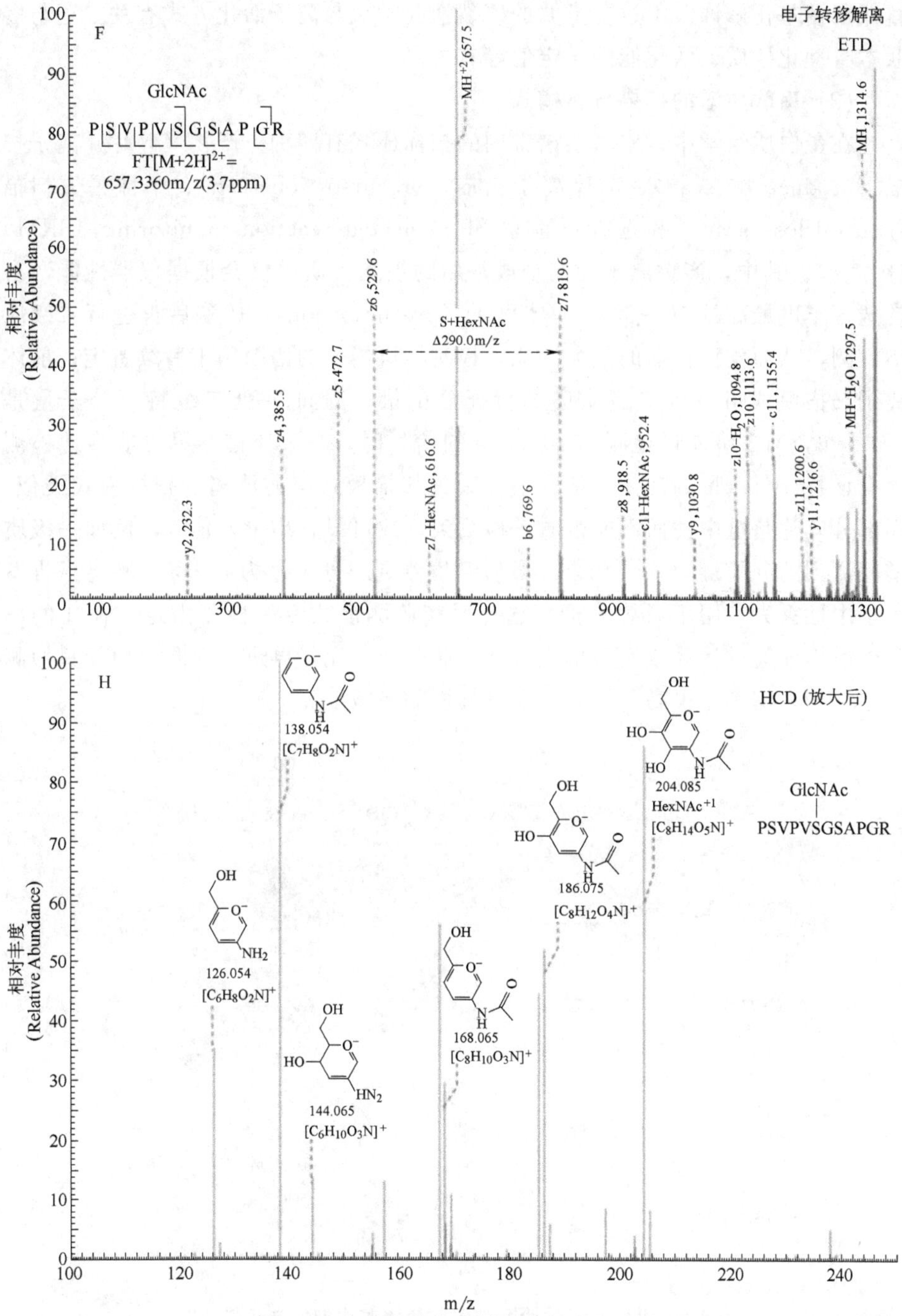

图 3-7　串联质谱中不同的离子活化方式

多肽的碎裂情况不一样。HCD 会产生 b、y 离子，ETD 产生 b、y、c、z 离子。对于翻译后的糖基化修饰，HCD 会“打碎”产生糖的碎片，ETD 则能完整保留糖基化修饰。不过，多肽的碎裂情况不仅与离子活化方式有关，还与多肽本身理化性质、活化能的设定值等有关。

(2) 串联质谱的扫描分析模式

在蛋白质组学中，串联质谱常用的扫描模式有四种：产物（碎片）离子扫描（product ion scan）、前体离子扫描（precursor ion scan）、中性丢失扫描（neutral loss scan）和选择反应监测（selected reaction monitoring，SRM）（图 3-8）。其中，产物离子扫描是最常用的模式，质谱仪会根据仪器性能，自动选择丰度最高的 10～20 个前体离子（precursor ion），碎裂后再进行二级质谱检测，从而发挥仪器的最大性能，检测尽可能多的谱图用于后续鉴定；前体离子扫描模式可设置二级质谱的特征分子量。例如 N-糖二级特征分子量是 204.086，当二级质谱检测到 204.086 的信号时，一级质谱会尽可能多地检测含有该特征分子量的前体离子；中性丢失扫描模式与前体离子扫描模式类似。因部分碎片是电中性而不能被质谱检测到，故可设置质量差值 a，例如一级质谱检测到的分子量为 m，如果二级质谱检测到的分子量为 $m-a$，则会报告发生了中性丢失，用于后续分析；选择反应监测模式专门检测指定质荷比的离子，需提前通过计算或实验得到目标多肽的质荷比，再进行检测。由于只检测特定信号，信噪比很高，提升了定量分析的灵敏度。

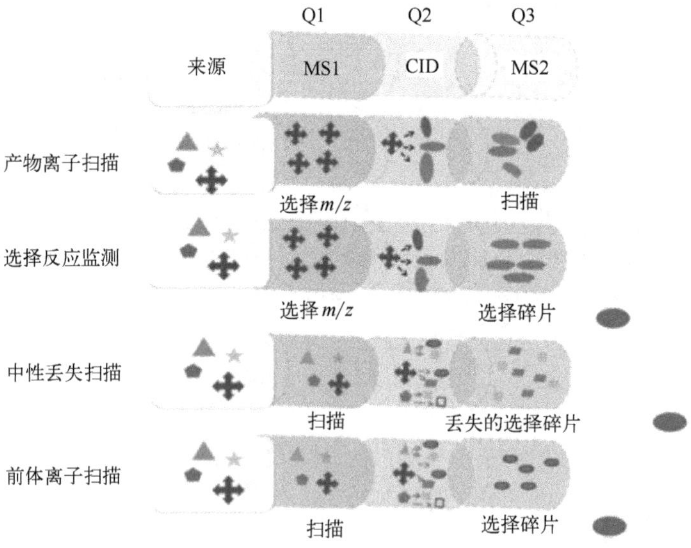

图 3-8 蛋白质组学研究中串联质谱常用的四种扫描模式

(3) 蛋白质组学中质谱法技术流程

① 样本预处理。蛋白质组学研究对象往往是各类生物样本，如细胞系、

组织、微生物菌体或各类体液。得到生物样本后，首先需要对样本进行前处理，其目的是尽可能多地提取出样品中的蛋白质。由于样本类型不同、实验目的不同，所使用的方法也有所不同。

② 蛋白酶解。用序列特异性的酶对长的蛋白进行酶切，将蛋白混合物酶解成多肽混合物。常用的蛋白酶有胰蛋白酶（trypsin）、赖氨酰基内切酶（Lys-C）、天冬氨酸酰胺基内切酶（Arg-C）和谷氨酰基内切酶（Glu-C）。其中，胰蛋白酶特异地切断C端为Arg或Lys的肽键（若Arg或Lys后紧跟Pro，酶切效率降低），生成的肽段平均长度为9个氨基酸，酶解生成肽段带电至少为正二价，易于离子化。

③ 肽段离线预分级。使用HPLC（高效液相色谱）对肽段混合物进行预分级，将一个样品的肽段混合物分成多个馏分（fraction）。肽段预分离是根据肽段的亲疏水性逐步分离的过程，以便肽段混合物进入质谱前降低样品复杂度，从而鉴定出更多的肽段/蛋白质。在一般的蛋白质组实验中，人们通常将样品先分级成10～30个馏分，再分别上质谱。当然，有些复杂度不高的蛋白样品也可不用分离。

④ 肽段在线分离。酶切后的肽段进入nano-HPLC（纳升级高压液相色谱），即我们常说的LC-MS中的LC，肽段因在色谱柱填料上保留时间的不同而被预分离，这使样品中的肽段在一定时间范围内先后进入质谱并得到检测。

⑤ 质谱解析。数据依赖型采集模式的基本工作过程是：分离后的肽段首先通过质谱软电离离子源（主要有ESI和MALDI两大类），中性肽段被电离并形成带正电荷的肽段离子，然后进入质谱质量分析器，将不同质荷比的肽段离子分离并记录，得到一级谱图。目前主流的质谱仪都是所谓串联质谱仪，即肽段母离子进入质量检测器后，质谱仪每次扫描会自动选择信号强度较高的前20～40个母离子继续碎裂，将肽段母离子碎裂成更小的片段，然后对碎片离子的质荷比和强度进行记录，从而得到二级谱图。

⑥ 数据解析。生物样本（上述提取好的多肽混合物）经过质谱仪检测，会记录对应的肽段母离子（即肽段离子）和二级子离子（即肽段的碎片离子）的质荷比、信号强度和保留时间。使用蛋白质组搜索软件对质谱图进行自动化分析，得到肽段序列和蛋白序列信息，从而完成蛋白质定性。定量蛋白质组学主要借助质谱仪记录的母离子或碎片离子信号强度来推断肽段/蛋白质表达水平及变化趋势。对于质谱数据解析，目前基本策略是将由基因组测序数据推断的编码基因所转录和翻译而来的蛋白库和质谱数据进行比对，从而实现蛋白质组鉴定（图3-9）。

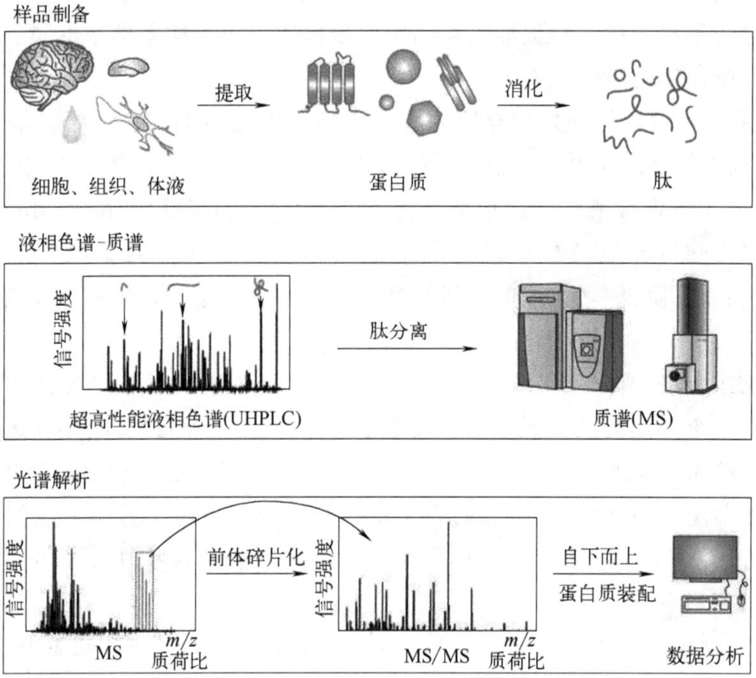

图 3-9 质谱法在蛋白质组学中的技术流程图

3.2.2.2 基质辅助激光解吸电离飞行时间质谱技术

基质辅助激光解吸电离飞行时间质谱技术（MALDI-TOF MS）综合肽指纹图谱规模大与串联质谱可直接获得肽序列的优点，可用于测定多肽或蛋白质等较大分子的精确分子量，是目前首选的蛋白质鉴定技术。工作原理是：用激光照射样品与基质形成共结晶薄膜，基质从激光中吸收能量传递给生物分子，电离过程中将质子转移到生物分子或从生物分子得到质子，从而使生物分子电离。因此，它是一种软电离技术，适用于混合物及生物大分子的测定。离子在电场作用下加速从飞行管道飞过，因待测定离子的质荷比（m/z）与离子的飞行时间成正比，故可根据到达检测器的飞行时间不同而被检测（图 3-10）。

MALDI-TOF MS 没有液相分离的过程，只能检测少量蛋白质，适合样品中蛋白数量较少，或纯度较高的样品，价格较便宜，可用于蛋白分子质量鉴定（分子质量在 20～600kDa 之间）和肽质量指纹图谱（PMF），如双向电泳胶点蛋白或纯化后的重组蛋白鉴定。LC-MS/MS 适合较复杂样品，可同时分辨成百上千种蛋白质，价格较高，可用于蛋白分子量鉴定（溶液或者冻干后的粉末，纯度大于 50%）和质谱分析，如 CoIP 实验得到的样品或者 SDS-PAGE

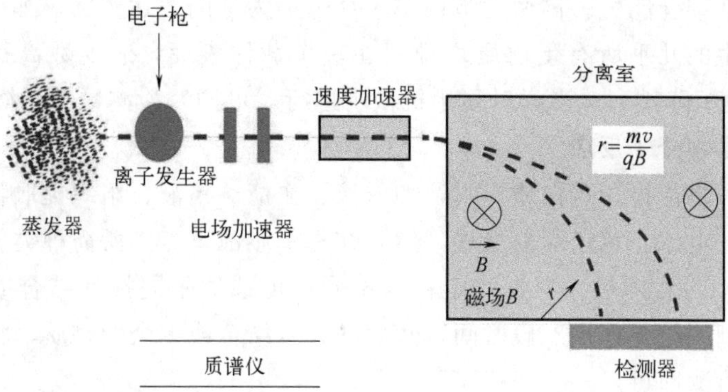

图 3-10　基质辅助激光解吸电离飞行时间质谱（MALDI-TOF MS）技术流程图

电泳切胶得到的样品（Bian 等，2021）。

3.2.3　蛋白质芯片技术

在蛋白质组研究中，可以将蛋白质组的部分或全部种类的蛋白质制成蛋白质芯片。这是一种高通量的蛋白功能分析技术，可用于蛋白质表达谱分析，研究蛋白质与蛋白质的相互作用，甚至DNA-蛋白质、RNA-蛋白质的相互作用，筛选药物作用的蛋白靶点等。

(1) 原理

蛋白质芯片技术的研究对象是蛋白质，其原理是对固相载体进行特殊的化学处理，再将已知的蛋白分子产物固定其上（如酶、抗原、抗体、受体、配体、细胞因子等），根据这些生物分子的特性，捕获能与之特异性结合的待测蛋白（存在于血清、血浆、淋巴、间质液、尿液、渗出液、细胞溶解液、分泌液等中的蛋白质），经洗涤、纯化，进行确认和生化分析。它为获得重要生命信息提供有力的技术支持，如未知蛋白组分、序列、体内表达水平及生物学功能、与其他分子的相互调控关系、药物筛选、药物靶位的选择等。

(2) 构建固体芯片

固体芯片常用的材质有玻片、硅、云母及各种膜片等。理想的载体表面是渗透滤膜（如硝酸纤维素膜）或包被不同试剂（如多聚赖氨酸）的载玻片，外形可制成各种不同的形状。

(3) 制备探针

低密度蛋白质芯片的探针包括特定的抗原、抗体、酶、吸水或疏水物质、结合某些阳离子或阴离子的化学基团、受体和免疫复合物等具有生物活性的蛋白质。制备时常采用直接点样法，以避免蛋白质的空间结构改变，保持它和样品的特异性结合能力。高密度蛋白质芯片一般为基因表达产物，如一个cDNA文库所产生的几乎所有蛋白质均排列在一个载体表面，芯池数高达1600个/cm^2，呈微矩阵排列，点样时须用机械手进行，可同时检测数千个样品。

(4) 生物分子反应

使用时将待检含蛋白质标本，如尿液、血清、精液、组织提取物等，按一定程序做好电泳、色谱等前处理，然后在每个芯池里点入所需种类。样品量一般只要2～10μL即可。根据测定目的不同，可选用不同探针结合或与其中含有的生物制剂相互作用一段时间，然后洗去未结合或多余的物质，将样品固定一下等待检测即可。

(5) 信号检测分析

直接检测模式是将待测蛋白质用荧光素或同位素标记，结合到芯片的蛋白质会发出特定的信号，可用特殊的芯片扫描仪扫描检测及相应的计算机软件进行数据分析，或将芯片放射显影后再选用相应的软件进行数据分析。间接检测模式则类似于ELISA方法，标记第二抗体分子。这两种检测模式均基于以阵列为基础的芯片检测技术。该法操作简单、成本低廉，可以在单一测量时间内完成多次重复性测量。国外多采用质谱分析基础上的新技术，如表面加强的激光离子解析-飞行时间质谱技术（SELDI-TOF-MS），可使吸附在蛋白质芯片上的靶蛋白离子化，在电场力的作用下，计算出其质荷比，与蛋白质数据库配合使用，从而确定蛋白质片段的分子量和相对含量，检测蛋白质质谱的变化。光学蛋白质芯片技术则基于1995年提出的光学椭圆生物传感器概念，利用具有生物活性的芯片上的靶蛋白感应表面与生物分子的特异性结合，可在椭圆偏振光学成像观察下直接测定多种生物分子。

(6) 分类

蛋白质芯片主要有三类：蛋白质微阵列、微孔板蛋白质芯片、三维凝胶块芯片等。

① 蛋白质微阵列：哈佛大学Macbeath等通过点样机械装置制作蛋白质芯片，将针尖浸入装有纯化蛋白质溶液的微孔中，然后移至载玻片，并在表面点1nL溶液，用机械手重复操作，点上不同的蛋白质。此装置大约固定了10000种蛋白质，可用来研究蛋白质与蛋白质间、蛋白质与小分子间的特异性相互作用。用一层小牛血清白蛋白（BSA）修饰玻片，可以防止固定在表面上的蛋白质变性。这是由于赖氨酸广泛存在于蛋白质的肽链中，BSA中的赖氨酸通过活性剂与点样的蛋白质样品所含的赖氨酸发生反应，使其结合在基片表面，将蛋白质的活性区域露出。就这样，用点样装置将蛋白质固定在表面制成蛋白质微阵列。

② 微孔板蛋白质芯片：Mendoza 等在传统微滴定板的基础上，利用机械手在 96 孔板的每个孔的平底上点样，形成同样的四组蛋白质，每组 36 个点（4×36 阵列），含有 8 种不同抗原和标记蛋白。这可直接使用与之配套的全自动免疫分析仪测定结果，适合蛋白质的大规模、多种类筛选。

③ 三维凝胶块芯片：由美国阿贡国家实验室和俄罗斯科学院恩格尔哈得分子生物学研究所联合开发。它实际上是在基片上点布 10000 个微小聚丙烯酰胺凝胶块，每个凝胶块可用于靶 DNA、RNA 和蛋白质的分析，常用于筛选抗原抗体、酶动力学反应研究。该系统的优点是：凝胶条的三维化能增加检测通量，从而加进更多的已知样品，提高检测的灵敏度；蛋白质能够以天然状态分析，可以进行免疫测定、受体和配体研究及蛋白质组分分析。

3.2.4 生物信息学技术

生物信息分析技术由数据库、计算机网络和应用软件三部分组成，可对 2-DE 和质谱实验数据进行获取、加工、存储、检索、分析、资源共享和开发等，是蛋白质研究不可缺少的手段，在蛋白质组分析中起着重要作用，是蛋白质组学研究的基础。而蛋白质组数据库是蛋白质组学知识的储存库，包含所有已鉴定蛋白质的信息。

传统研究注重单一蛋白质，而蛋白质组学研究关注参与特定生理或病理状态的所有蛋白质种类及其与周围环境（分子）的关系，故蛋白质组学研究通常是高通量的。为适应这个要求，蛋白质组学相关研究工具通常是高度自动化的系统，通量高而速度快，与相应分析软件和数据库配合，可以在最短的时间内处理最多的数据。

随着质谱分析技术的发展，蛋白质组学分析仪器精度不断提高，获得的数据日益增多。尽管详细的蛋白质数据信息有利于蛋白质组学研究的深入，但高通量检测生成的大量样本数据也给蛋白质样品特征分析带来挑战。依靠人工处理如此庞大的质谱信息和分析蛋白质特征的难度极大，因此，需要采用专业的生物信息学方法进行分析处理。生物信息学分析人员专业从事蛋白质组学数据和知识的挖掘，尤其是生物学通路和网络分析，快速发现大量的蛋白质相互作用数据。基于生物信息分析方法的研究进展，蛋白质组数据生物信息学分析平台被建立，提供一整套的生物信息学解决方案：组学数据的质量分析和差异表达分析，差异表达蛋白 GO、KEGG、COG 注释分析，蛋白质聚类分析，相互作用网络等多层次分析。

3.3 蛋白质组学在生命科学研究中的应用

蛋白质组学研究已引起国内外学者的广泛关注，差异蛋白质组学在水产养殖方向获得主要应用。差异蛋白质组学技术通过寻找、筛选和鉴定由某些因素引起的样本间差异蛋白质谱，揭示生物机体生理和病理过程以及对外界环境刺激的反应途径和调控机制，同时获得对某些关键蛋白的定性和功能分析，从分子水平上解析更多生命现象的本质。蛋白质组学主要的研究与分析方式见表 3-1。

表 3-1 蛋白质组学主要的研究与分析方式

<table>
<tr><td rowspan="11">常规样品分析</td><td colspan="2">简单蛋白质鉴定，包括蛋白质定性和蛋白质翻译后修饰鉴定</td></tr>
<tr><td colspan="2">蛋白质 N/C 端分析（利用 Edman 降解或质谱技术）</td></tr>
<tr><td colspan="2">蛋白质质量的精确测定（MALDI 和蛋白质原位质谱分析）</td></tr>
<tr><td colspan="2">蛋白质-配体的相互作用分析（基于 Biacore 分析）</td></tr>
<tr><td rowspan="3">组织或细胞的定量蛋白质组学分析</td><td>基于 SILAC 标记的相对定量蛋白质组学分析</td></tr>
<tr><td>基于 TMT 标记的相对定量蛋白质组学分析</td></tr>
<tr><td>非标记相对定量蛋白质组学分析</td></tr>
<tr><td rowspan="4">蛋白质翻译后修饰谱的质谱分析</td><td>磷酸化修饰蛋白质组学分析</td></tr>
<tr><td>乙酰化修饰蛋白质组学分析</td></tr>
<tr><td>泛素化修饰蛋白质组学分析</td></tr>
<tr><td>谷胱甘肽化和其他氧化修饰蛋白质组学分析</td></tr>
<tr><td rowspan="8">蛋白质构象变化和其他分析</td><td colspan="2">蛋白质氢氘交换质谱分析</td></tr>
<tr><td colspan="2">微量样品蛋白质组学分析</td></tr>
<tr><td colspan="2">基于质谱的 Western Blotting</td></tr>
<tr><td colspan="2">蛋白质绝对定量分析</td></tr>
<tr><td colspan="2">抗体全序列测定</td></tr>
<tr><td colspan="2">组蛋白翻译后修饰谱的鉴定</td></tr>
<tr><td colspan="2">细胞膜蛋白质组学分析</td></tr>
<tr><td colspan="2">鉴定活性分子靶标蛋白的热蛋白质组分析</td></tr>
</table>

3.3.1 蛋白质性质分析

蛋白质是一类重要的生物大分子，由一个或多个氨基酸残基长链组成。像多糖和核酸等其他生物大分子一样，蛋白质是生物的重要组成部分，参与细胞内的每个过程。许多蛋白质是催化生化反应的酶，对代谢过程至关重要。此外，蛋白质还具有结构或机械功能，如肌肉中的肌动蛋白以及细胞骨架中的蛋白质。作为生命活动的主要承担者，蛋白质一直都是生命科学、医学等领域的研究重点。在蛋白质研究分析中，样品蛋白性质分析是一项重要内容。

3.3.1.1 精确质量测定

精确质量测定可用于涉及化学和生物化学的所有领域。它可用于鉴定复杂混合物中的未知化合物，从而简化这些组分的鉴定。测量的准确度是指测量得到的值与实际真实值的符合程度。近年来，生物样品的质量测定受到越来越广泛的关注，而准确测定样品质量也遇到了新的挑战。质谱技术的进步使通过质谱进行精确的质量测量获得了更广泛的应用，精确的质量测量成为现代质谱仪的常规功能。

3.3.1.2 蛋白质鉴定

蛋白质鉴定是确定“是与非”问题。蛋白质分子非常复杂，其特征参数有很多，目前能够测定的最常用参数包括：蛋白质的分子量、等电点、结构、生物学功能以及免疫学反应。蛋白质的分子结构分为四级：一级结构指蛋白质多肽链中的氨基酸序列；二级结构指实际多肽主链上高度规则的局部亚结构，如α螺旋和β折叠；三级结构指多个二级结构空间排列所形成的三维结构；四级结构指由两个或两个以上单条多肽链（亚基）聚集而成的三维结构。在蛋白鉴定中，与蛋白质结构有关的常用参数为一级/二级结构、晶体结构、肽谱、N/C末端。

3.3.1.3 蛋白质的相互作用分析

蛋白质的相互作用指两个及两个以上的蛋白质分子结合形成蛋白质复合体的过程。一般情况下，蛋白质很难单独发挥作用，而由多个蛋白质分子相互协调共同实现复杂细胞功能。专注蛋白质相互作用的研究有利于探索疾病发生发展、找寻特定疾病的预测和治疗方法，并在新药研发等方面提供新思路。蛋白质相互作用的质谱分析主要基于液质联用技术（LC-MS/MS），对IP、CoIP及GST融合蛋白pull-down等纯化样本中的蛋白混合物进行质谱鉴定（图3-11）。

(1) 免疫共沉淀法（CoIP）

免疫共沉淀法（CoIP）是利用抗原、抗体间的特异性检测蛋白质间生理

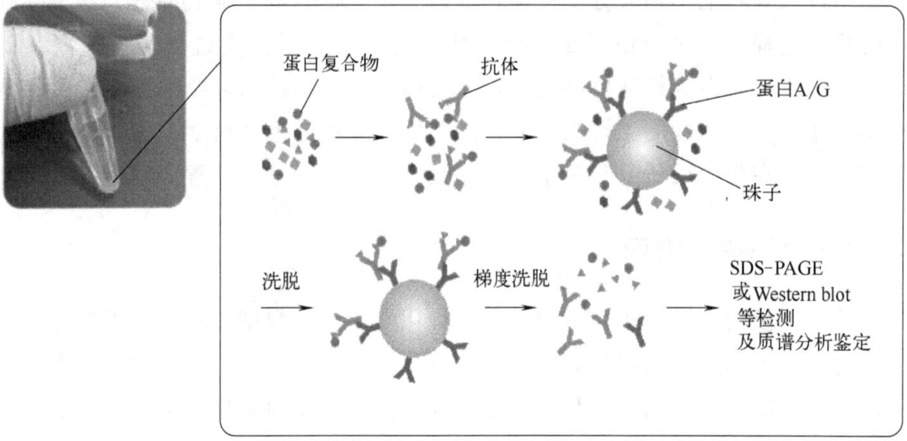

图 3-11　蛋白质相互作用分析

性相互作用的一种方式。在实验中为最大限度保留细胞中蛋白质的相互作用，首先要用非离子变性剂裂解细胞，这时细胞内蛋白质相互作用也被保存，在其中加入相应抗体，抗体与细胞中的特异蛋白质结合，再加入蛋白 A/G 形成抗体蛋白复合物，随后离心、分离，使抗体蛋白复合物沉淀，弃去上清液，最后用质谱技术鉴定沉淀下来的蛋白质，进而证明两者间的相互作用。这仅适用于分析稳定、强烈的蛋白质间相互作用，通常用来鉴定某个目标蛋白与另一个蛋白质间的相互作用或用来寻找与某个目标蛋白存在相互作用的未知蛋白，具有可分离得到天然状态下相互作用的蛋白复合物的优点，缺点是灵敏度较低，不能检测分析亲和力低、瞬间的蛋白质相互作用。

(2) GST 融合蛋白 pull-down 沉降技术

该技术利用基因重组将带有 GST 标签的载体插入目标蛋白 A 上，将谷胱甘肽包裹的磁珠与目标融合蛋白结合，加入细胞裂解液后，具有相互作用的蛋白质被融合蛋白吸附，再加入过量的谷胱甘肽进行洗脱，最后用 MS 技术分析。这种方法主要研究体外强烈、稳定的蛋白质间相互作用，可鉴定两种已知的感兴趣蛋白质之间是否存在直接相互作用，寻找可能与目标蛋白存在相互作用关系的未知蛋白质。优点是可排除细胞内其他情况的干扰，方法简单，操作方便；缺点是在细胞外进行，不能准确反映细胞内的蛋白质相互作用关系。

(3) SILAC 与免疫共沉淀质谱联用

利用 SILAC 方法分别标记实验组和对照组细胞后进行 CoIP 实验，依靠抗原与抗体之间的专一性反应，分离得到免疫复合物，再通过 LC-MS/MS 来定性/定量检测免疫复合物中的蛋白质；当实验组与对照组中某个蛋白质的含量有统计学差异时，判定该蛋白质与研究的蛋白质具有相互作用，可极大降低蛋白质互作假阳性结果的发生率。SILAC 技术和 CoIP-MS 技术结合可用于高通量定量分析特定情况下的互作蛋白网。实验流程包括细胞培养、细胞标记、蛋白提取、抗体 IP、效率检测、蛋白酶切、肽段分离、质谱分析、质谱原始数据分析、生物信息学分析。

3.3.1.4 序列分析

蛋白质由多个氨基酸经脱水缩合连接形成，氨基酸是蛋白质的基本组成单元，其排列顺序是蛋白质的一级结构（即蛋白质序列信息），决定了其他高级结构，并定义蛋白质的功能。因此，对蛋白质进行序列分析有助于蛋白质的结构和功能分析。序列分析技术主要分为质谱法和非质谱法。质谱法可用于蛋白质的末端（N 端或 C 端）测序以及全序列测定、从头测序和突变分析。非质谱法中最有名的是 Edman 降解法，主要用于蛋白质的 N 端测序（图 3-12）。

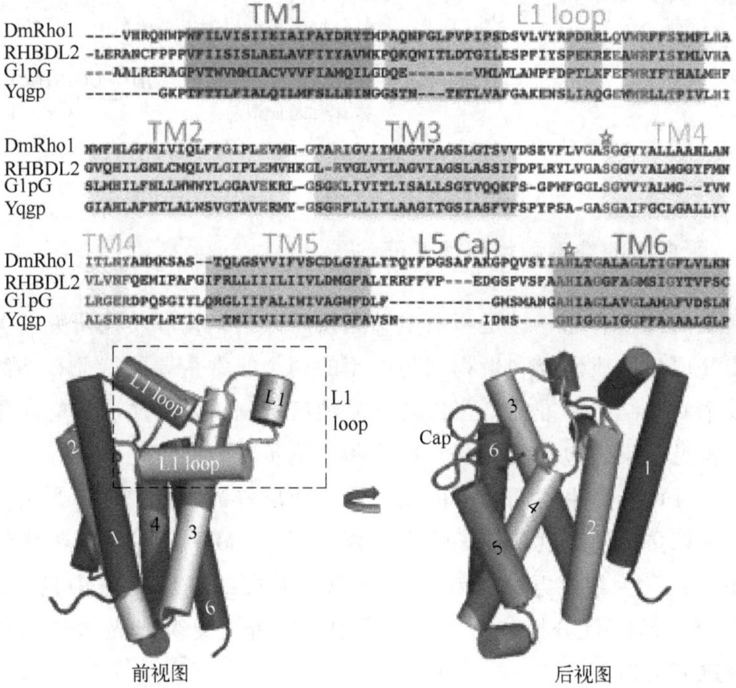

图 3-12 蛋白质序列分析

3.3.1.5 蛋白质结构鉴定

自下而上蛋白质组学分析策略的应用受到选择性剪接形式的不完全或模糊表征、多样的翻译后修饰及内源性蛋白质裂解等方面的限制。随着分析工具的进步，自上而下的策略得到更多应用（图 3-13）。除了傅里叶变换离子回旋共振（FT-ICR）质谱仪外，双压线性离子阱组合型（orbitrap）质谱仪的发明和创新推动自上而下蛋白质组学的发展。由于蛋白质在分析前不需要消化，采用自上而下策略可以保持和检测到那些采用鸟枪法时丢失的信息，如含二硫键的四级结构，这是自上而下法在蛋白质水平上表征二硫键等翻译后修饰的独特优势，从而越来越多地应用于胰岛素等蛋白质治疗剂 QC 分析重组蛋白是否正确表达、折叠和组装等方面（Santos 等，2022）。

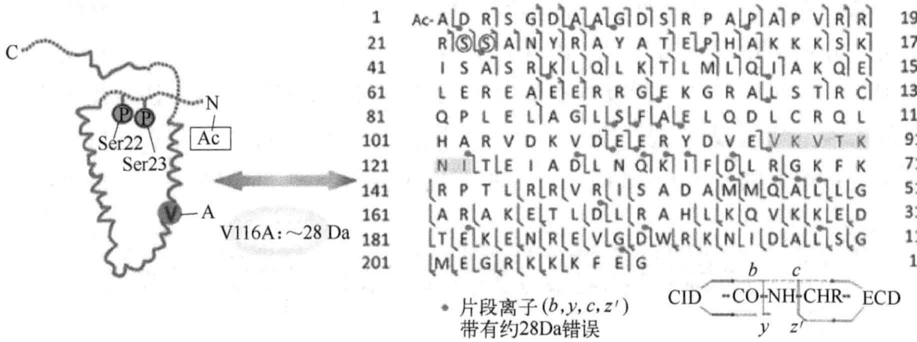

图 3-13　蛋白质结构鉴定

3.3.1.6　蛋白质的纯度和均一性表征

蛋白质的纯度和均一性是蛋白质结晶及严谨的结构和功能研究的关键，也是进一步开展蛋白质研究和生物制药应用的两个非常重要的特征。不纯净样品会导致整个实验结果不准确，蛋白质样品纯度限制了蛋白质产品的应用。蛋白质产品的常见污染物包括培养基、提取和纯化步骤中的试剂等。除杂质外，蛋白质非均一性可能是由不同细胞内反应及翻译后修饰所致。在将蛋白质进一步加工前，分析蛋白质纯度和均一性很重要（图 3-14）。纯度和完整性分析方法有 SDS-PAGE、毛细管电泳、锌反向染色、无戊二醛修饰银染色、MALDI-TOF 质谱等。均一性分析包括动态光散射、紫外可见荧光光谱、尺寸排阻色谱法、静态光散射等。

3.3.1.7　氨基酸组成分析

确定氨基酸组成的通用方法是氨基酸分析（amino acid analysis），又称氨基酸成分分析、氨基酸组成分析，用于确定氨基酸、多肽、蛋白质和抗体样品的氨基酸组成、成分、含量等，能定性及定量测定样品中的氨基酸组成（图 3-15）。

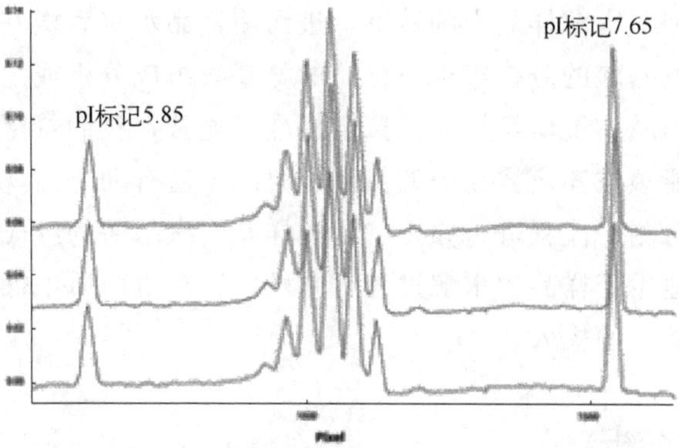

图 3-14 使用 pI 标记的蛋白质纯度和均一性表征

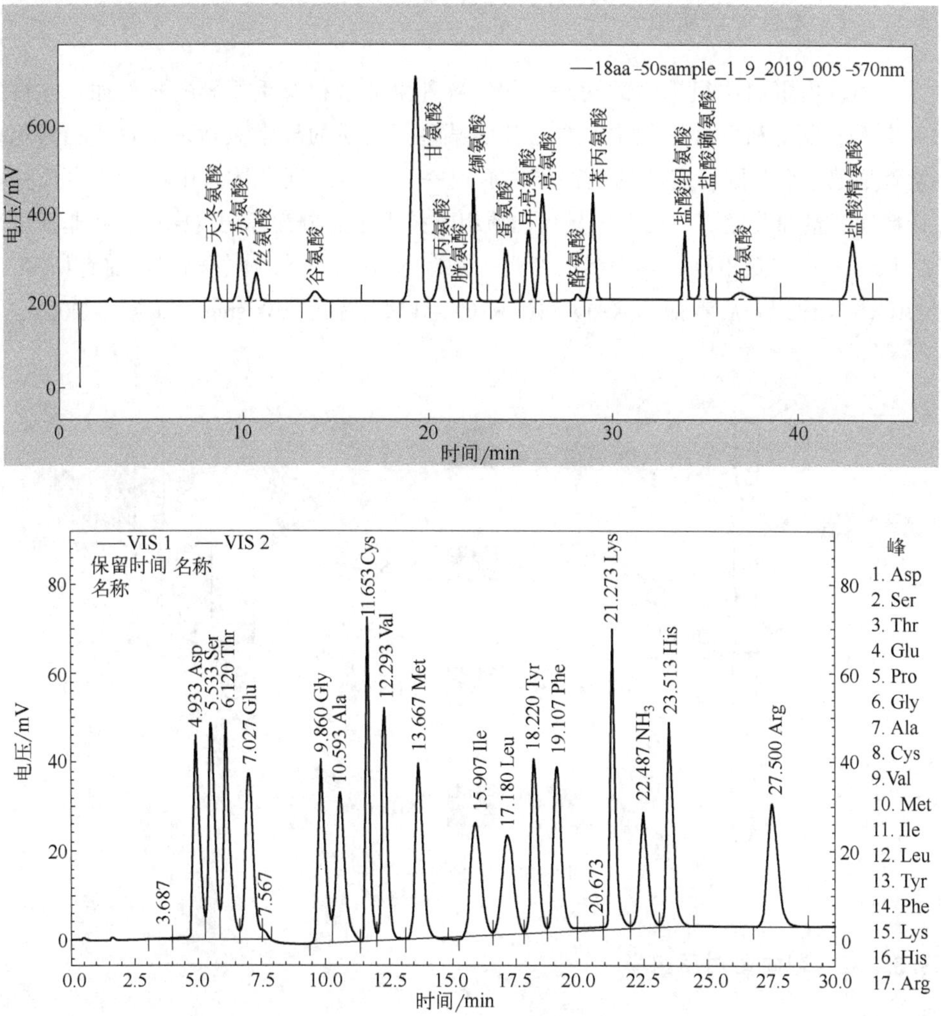

图 3-15 氨基酸组成分析

它通过强酸或强碱水解样品中的肽键，进而使样品水解为氨基酸，再通过对组成样品的各个氨基酸的分析实现对样品的氨基酸组成分析或定量分析，是准确定量多肽、蛋白质、抗体等样品的黄金标准。通常，我们希望在找到样品的序列信息之前，能预先知道样品中的氨基酸组成，这有助于发现测序过程是否存在错误，从而对测序流程进行修正。了解样品中氨基酸的组成，还可以协助判断哪种蛋白酶适用于样品的水解过程，并可以确定蛋白质中低水平非标准氨基酸（如正亮氨酸）的掺入。

3.3.2 组学分析

3.3.2.1 定量蛋白质组分析

细胞内蛋白质组丰度的动态变化对各种生命过程有重要影响。例如，在许多疾病的发生和发展进程中，常常伴随某些蛋白质的异常表达。定量蛋白质组学就是把一个基因组表达的全部蛋白质或一个复杂的混合体系中所有蛋白质进行精确定量和鉴定。目前，定量蛋白质组学技术主要分为标记（label）和非标记（label free）定量策略，其中标记策略又分为体内标记以及体外标记，前者如 SILAC、^{15}N 标记，后者如 iTRAQ（图 3-16）、TMT 标记（Wiśniewski 等，2009）。

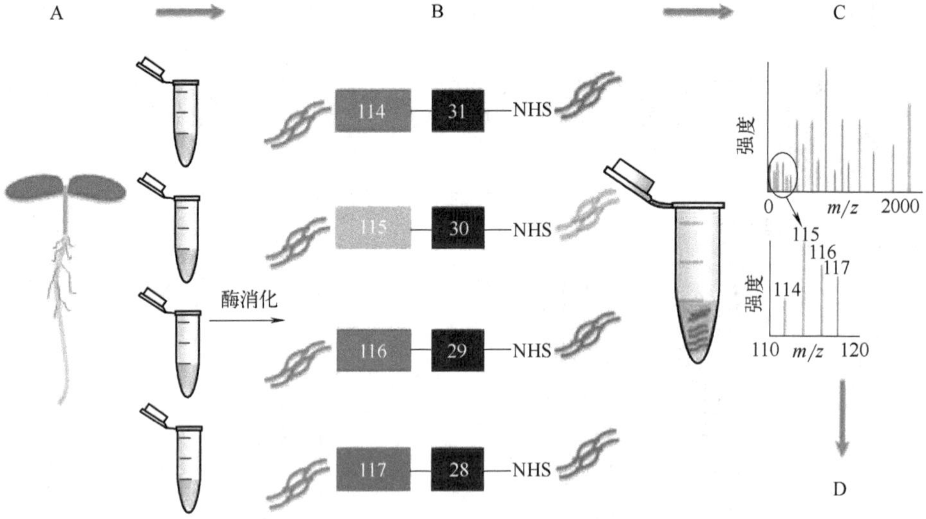

图 3-16　定量组学分析

3.3.2.2 靶向蛋白质组学

靶向蛋白质组学是在蛋白质组学基础上发展而来、专门针对特定目标蛋白质进行定量研究的一门科学。与非靶向蛋白质组学相比，它有针对性地选择离子进行质谱数据采集，故可用于分析大量样本，并具有更好的准确性、灵敏度和重现性，可应用于翻译后修饰、蛋白质构象、蛋白质与蛋白质相互作用、动力学以及代谢和信号转导途径的系统研究（图 3-17）。靶向蛋白质组学定量技术主要包括 MRM（multiple reaction monitoring）和 PRM（parallel reaction monitoring）。MRM 也称为 SRM（selected reaction monitoring），使用三重四级杆质谱（QQQ-MS）对符合目标离子规则的信号进行采集，从而实现目标蛋白质的相对或绝对定量。PRM 衍生于 MRM，结合了四级杆的高选择性以及轨道阱（orbitrap）高分辨和高精度的特性，在对选定的母离子进行裂解后会测量所有的碎片离子，具有更好的检测灵敏度和抗干扰能力。

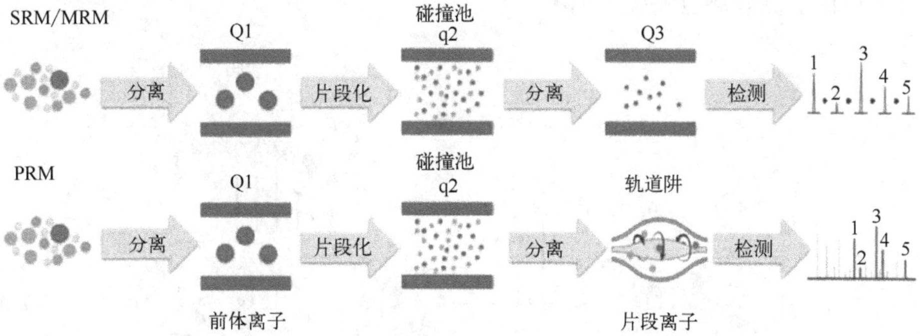

图 3-17　靶向蛋白质组学

3.3.2.3　多肽组学

多肽组指生物体、细胞或组织中所有的内源性生物活性多肽。生物活性多肽是有机体中涉及各种细胞功能的生物活性物质，包括细胞因子、生长激素和体液中某些蛋白疾病特异的降解片段等，可参与对有机体的调节，如激素调节、神经递质调节、细胞生长与增殖调节以及免疫调节等。研究多肽的结构和生理功能在生命科学中意义重大。多肽组学是从结构和功能等多方面对多肽组进行研究的学科。将质谱技术用于多肽组学分析，可以实现样品中多肽的定性和定量。多肽组学分析主要包括：肽纯度分析、多肽生物标志物鉴定、多肽质谱鉴定、基于高精度质谱的免疫多肽组学分析及新抗原发现、多肽结构测定等。

3.3.2.4　翻译后修饰蛋白质组分析

蛋白质氨基酸序列的特定位置可与化学基团或者小分子量的蛋白质共价结

合，从而发生蛋白质翻译后修饰（post-translational modifications，PTM）。相较于没有发生修饰的蛋白质，PTM 会导致特定序列分子量的增加。在鉴定过程中，蛋白质会首先被酶切成肽段，然后进入质谱进行分析，得到一系列肽段的分子质量信息。对于某一个特定肽段而言，在没有发生任何翻译后修饰的情况下，其序列信息和分子量是确定的；当它发生了某种翻译后修饰（如磷酸化修饰）后，由于序列信息和分子量是确定的，磷酸根的分子量也是确定的，在质谱检测过程中会发现其中部分肽段的分子量刚好增加了一个磷酸根的分子量，便可以假设这个肽段发生了磷酸化修饰，最后通过二级质谱图进行二次确认（图 3-18）。PTM 鉴定受到许多因素影响，过程比较繁琐。例如，大多数翻译后修饰的表达水平很低，在鉴定前须对修饰蛋白进行富集，修饰的稳定性及质谱的检测效率也是关键因素。

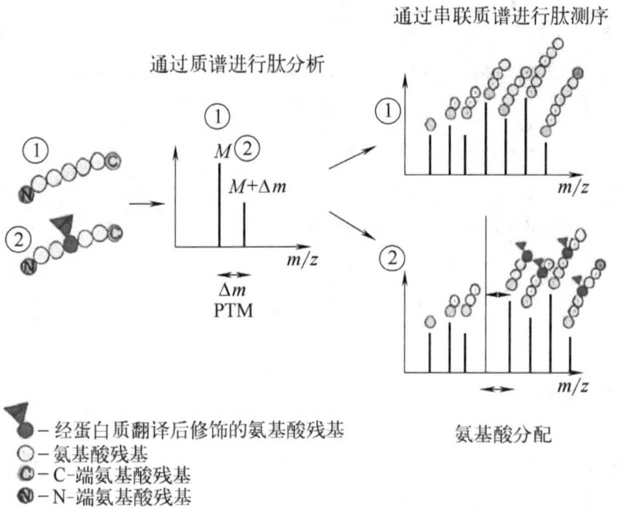

图 3-18　蛋白质翻译后修饰方式鉴定示意图

蛋白质翻译后修饰（PTM）指蛋白质在翻译中或翻译后的化学修饰过程，通过给蛋白质添加磷酸酯、乙酸酯、酰胺基或甲基等官能团来增加功能多样性，并影响正常细胞生物学和发病机理的几乎所有方面。蛋白质翻译后修饰在众多细胞过程中起关键作用，如细胞分化、蛋白质降解、信号转导和调节过程、基因表达调节以及蛋白质相互作用，通常包括磷酸化、糖基化、泛素化、亚硝基化、甲基化、乙酰化、脂化和蛋白质水解（表 3-2）。因此，PTM 的特征（包括修饰类别和修饰位点）在细胞生物学以及疾病诊断和预防研究中至关重要。

表 3-2 各类 PTM 常见功能

PTM 类别	功能	PTM 类别	功能
磷酸化	改变蛋白质形态；激活/灭活催化活性	酯化	影响蛋白质的活性和亚细胞位置
泛素化	降解靶蛋白	甲基化	影响蛋白质的组成及其对其他蛋白质的亲和力
糖基化	将蛋白质导向其目的地		
乙酰化	影响蛋白质构型及其对其他蛋白质的亲和力	蛋白质水解	去除肽序列或调节域

3.3.2.5 4D 蛋白质组学

利用质谱分析蛋白质组学的基本原理是测定被测样品离子的理化性质，并根据样品质量谱图和相关信息得到定性和定量结果。目前，蛋白质组学质谱分析一般根据保留时间（retention time）、质荷比（m/z）、离子强度（ion intensity）对肽蛋白质进行鉴定和定量，即 3D 蛋白质组学。而 4D 蛋白质组学增加第四维度——离子淌度（ion mobility），主要根据离子形状和截面对离子进行分离，能区分 m/z 差值非常小的肽段，使低丰度蛋白信号被区分和识别。4D 蛋白质组学基于 tims TOF Pro 质谱仪，结合 PASEF（parallel accumulation serial fragmentation，同步累积连续碎裂）与 TIMS（trapped ion mobility spectrometry，离子迁移谱），可重复测量所有检测离子的碰撞截面（CCS），能更快、更灵敏定性和定量蛋白质组（图 3-19）。

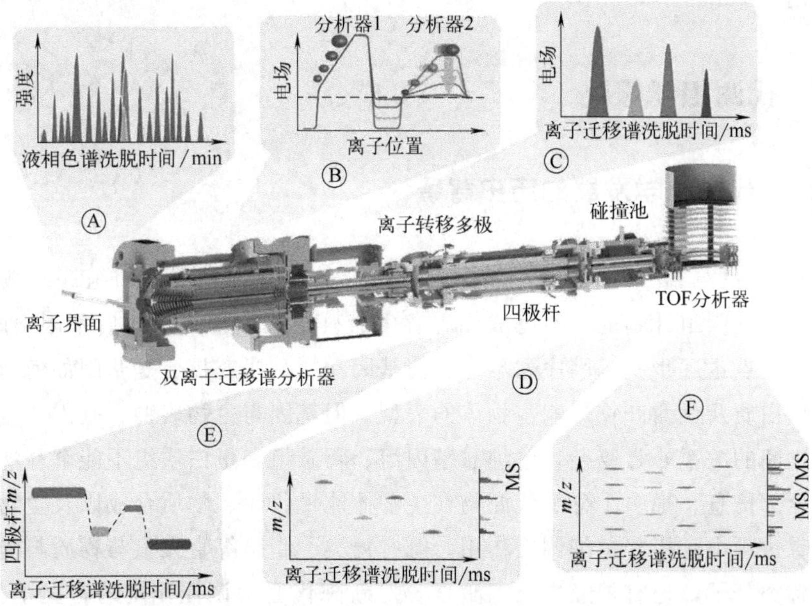

图 3-19 4D 蛋白质组学

第4章

代 谢 组 学

随着对基因认识的不断深入，人们研究的关注点更多聚焦于基因的功能。基因组学、转录组学、蛋白质组学和代谢组学各自聚焦生物体 DNA、RNA、蛋白质和代谢产物，但与其他组学不同，代谢组学的研究对象并不在中心法则范畴，而是研究生物体代谢产物随时间变化或受刺激后代谢产物的变化过程（Johnson 等，2016）。代谢组是其他几种组学的下游产物，也是组学级联的终点，最为接近表型，在生物体的生长发育、新陈代谢和维持正常机能中起着重要作用（Guijas 等，2018）。

4.1 代谢组学概述

4.1.1 代谢组学发展的历史背景

从 20 世纪 90 年代开始，包括人类在内的多个物种的基因组序列测定完成。人类基因组计划的基本完成标志着生命科学研究正式进入后基因组时代，研究关注点也逐步从基因序列本身转向基因功能，研究核心是基因如何由其表达的蛋白质及代谢产物影响生物体的表型。但基因与生物表型、基因与生物学作用之间的关系非常复杂，单纯靠基因组、转录组和蛋白质组不能解释清楚其中的全部信息。很多小分子代谢物在生物体能量代谢、物质合成以及生物体生长发育过程中承担着精细调控作用，既有糖类、脂肪等直接参与物质与能量代谢的各类分子，也有神经递质、激素等对新陈代谢起调控作用的各类小分子。这类小分子在机体中与蛋白质、核酸共同组成复杂的调控网络体系，彼此之间相互关联、相互影响，在维持机体稳态中起到非常关键的作用。传统的生理学和生物化学研究方法往往针对单分子，很难在宏观尺度上对生命体的整体进行分析。在这样的背景下，代谢组和代谢组学应运而生，为研究者们提供了很好的宏观分析工具。

广义的代谢组研究具有较长历史，最早可追溯至20世纪70年代由Devaux等人提出的代谢轮廓分析。此后，代谢轮廓分析在血、尿等生物样本研究中的应用越来越广泛，气相色谱、液相色谱、质谱等分析技术也相继得到了广泛的应用，并在疾病的筛选诊断过程中发挥了重要作用，如利用核磁共振技术发现尿液代谢物的改变与大鼠病理变化之间的相关性。1998年，Tweeddale在大肠杆菌代谢物研究中首次提出代谢组（metabolome）概念，代谢组指一个细胞、组织或器官中的所有小分子代谢组分的集合。同年，Oliver在酵母基因组功能研究中确定代谢组概念，即一个有机体所表达的全部代谢分子的集合。1999年，Nicholson系统提出代谢组学（metabonomics）概念——一门“在新陈代谢的动态进程中系统研究代谢产物的变化规律并揭示机体生命活动代谢本质”的科学；而Oliver Fiehn在植物代谢分析基础上提出另一种代谢组学（metabolomics）概念，故国际上对代谢组学的命名曾有争议。一般认为，metabonomics研究生物体在基因修饰或病理条件下代谢物质的动态变化，而metabolomics指生物体受到环境刺激或基因突变后代谢产物随时间的变化，如今两词界限已经模糊化，多数情况下可以通用（Fraga-Corral等，2022）。

4.1.2 代谢组学的研究对象及研究方法

（1）代谢组学的研究对象

一般来说，代谢组学的研究对象多为分子量在1000以下的小分子化合物。根据研究对象和研究目的不同，Oliver Fiehn将代谢产物分为四个层次。①代谢物靶标分析（metabolite target analysis）：对某个或某几个组成成分进行定性或定量分析，通常需要经过一定的预处理去除杂质干扰以提高灵敏度。②代谢指纹分析（metabolomics fingerprinting）：不具体鉴定单一成分，通过代谢物的指纹图谱进行比较分类。③代谢轮廓分析（metabolomics profiling）：对少数目标代谢物进行定量和半定量分析。④代谢组学（metabolomics）：对生物个体或者特定组织中所有的代谢物进行定性和定量分析，还可以研究代谢物与生理变化相对应的动态变化规律，如在外界干预或病理条件下的研究。严格来说，只有“代谢组分析”层次才是真正意义上的代谢组学研究。现阶段还没有不受待测代谢产物不同化学性质和分子量大小限制的技术手段和检测仪器。

随着科技的不断发展，精确度更高、分析性能更好的仪器会持续不断地为代谢组学提供更强大的技术平台。

(2) 代谢组学的研究方法

一般来说，完整的代谢组学研究包括样品采集、样品预处理、代谢组学数据采集、数据分析、生物标志物识别和通路分析等流程。代谢组学研究平台通常包括分析检测平台和数据分析平台两部分。其中，分析检测平台常用气相色谱-质谱联用（GC-MS）、液相色谱-质谱联用（LC/MS）、气相色谱-飞行时间质谱联用（GC-TOF-MS）、高效液相色谱（HPLC）、高效毛细管电泳（HPCE）和核磁共振（NMR），这些技术专注于分离、检测、表征和定量代谢物以及阐明其结构和在涉及的代谢通路上的功能。然而，由于代谢组的复杂性，在大多数情况下，仅靠单一技术无法实现全部的检测功能，有必要联合应用其中几种技术来理解整体概貌。数据分析平台往往集成高性能服务器集群，对前期分析检测平台获得的数据进行数据提取、去除噪声、化合物比对和后续生物信息学分析等。对代谢组学数据实施统计分析的工具类型非常广泛，如何选择正确的分析方法也具有挑战性。目前有很多在线工具（如 XCMS Online、DeviumWeb、MetaboAnalyst）及其他方法可供大量测试应用（Tautenhahn 等，2012）。最新进展关注提供检测错误发现率的工具以确保数据具有较高的准确性。在多组学联合分析中，通过不同的维度进行数据分析特别有助于寻找生物学相关代谢物。

在代谢组学研究中，与代谢物鉴定相关的数据库的应用非常广泛，如 METLIN、HMDB、MassBank 和 GMD，可根据质谱离子的精确质荷比（m/z）初步推定代谢物，这得益于使用全面的代谢物数据库，然后将分离的离子进行串联质谱实验，并与真实标准品匹配，以获得特征片段和保留时间信息，从而区分离子与结构异构体。对分析获得的代谢物进行生物学解释也是代谢组学关注的重要因素之一。代谢网络建模和代谢通路比对工具可帮助了解代谢物彼此之间的关系及其在生物代谢中的作用。此后，可将代谢物与上游基因和下游蛋白质放在代谢通路中进行分析，借助于已建立的代谢网络资源数据库（如 KEGG 数据库），更好地研究代谢物的作用机制和相关代谢网络（Ogata 等，1999）。依托代谢组学和蛋白质、代谢通路的数据整合可揭示代谢物之间的相互联系及其与基因、蛋白质的关系。

4.1.3 非靶向代谢组学和靶向代谢组学

代谢组学可以分为非靶向代谢组学和靶向代谢组学。非靶向（或全局）代谢组学分析可评估从样品中提取的代谢物，并揭示预料不到的新生物扰动。根据所使用的 pH、溶剂、色谱柱填料和电离技术，非靶向代谢组学可对样品中的代谢物进行详细评估，揭示广泛的代谢物类别。高分辨率质谱仪是实施非靶向分析的最有效工具，可以分析代谢物的结构表征，提供一种无偏的方法检查来自多个途径、相互连接的代谢物之间的关系。然而，由于许多因素影响代谢物的回收率，有大量未知代谢物在代谢物数据库中缺少注释，还不可能同时获得所有代谢物类别。靶向代谢组学分析测量一类特定代谢物的浓度，需制备目标代谢物浓度范围的标准曲线，以便获得准确定量。这类分析可用于获得由非靶向代谢组学鉴定到的代谢物精确浓度，从而提供分析验证。非靶向代谢组学和靶向代谢组学各自有优缺点，经常被结合使用，以发现并准确测定差异代谢物的含量，从而对后续代谢分子标志物进行深入研究和分析，在食品鉴定、疾病研究、动物模型验证、生物标志物发现、疾病诊断、药物开发、药物筛选、药物评估、临床研究、植物代谢研究、微生物代谢研究等诸多领域都有应用。

4.2 代谢组学样品制备

代谢组学最重要的研究目的是在一个实验中尽可能多地获取样品内部含有的代谢物信息。一份生物样本（如体液、组织样品等）包含的代谢物超数千种，代谢物之间的浓度差异巨大。不同的检测分析平台所能检测的代谢物数量有明显差异，其中，核磁共振（NMR）通常只能检测到 25～100 个丰度最高的代谢物，而色谱联合质谱可检测的代谢物数量高得多。除了检测分析平台差异，不同的样品预处理方法也会对实验产生很大的影响。

4.2.1 样品前处理技术

理想的用于代谢组学分析的前处理技术通常需要满足：①非选择性，避免前处理过程对样品代谢物的选择性不同而影响定量评价。②简单快速、操作步骤少，样品前处理时更少的操作步骤带来更少损耗，而快速操作也使样品尽量避免被降解。③重复性好，这也是各类检测中最重要的要求之一。④包含代谢终止过程，只有及时终止代谢过程，才能更准确地反映检测时有机体的状态。但是，当前还没有能满足所有要求的单一样品前处理方法，这就需要在不同的参数之间调整。与靶向代谢组相比，非靶向代谢组样品更多追求保持样品原始组成特征，对代谢的终止有相应需求，但增加终止操作会增加操作步骤并延长反应时间，两者相互矛盾。例如，ATP 的反应非常迅速，往往在 1s 内已经完成，诸如此类反应通常很难做到合适地终止；相反，不少酶促反应如果没有及时终止，采集的样品中残留的酶活性可使代谢物含量在测量前就发生显著变化，进而使代谢组检测的测量值和真实值之间出现一定的误差，如冷藏保存的大鼠血液中残留的酶可以使胆碱、酪氨酸和苯丙氨酸的水平增加。在水产生物代谢组学研究中，目前最常用的生物样品主要有液态的体液样品和固态的组织样品（Khanijou 等，2022）。

4.2.1.1 体液样品前处理技术

水产生物代谢组学中常见的体液样品有血清、血浆、脑脊液和其他各类分泌物。通常对血液和脑脊液进行前处理的方法是用有机溶剂沉淀其中的蛋白质，在去除蛋白质的过程中同时破除蛋白质和代谢物之间的结合，从而使处于结合态的代谢物和游离态的代谢物析出到液相，最终得到总的代谢物浓度。有机溶剂不具有选择性，最终获得代谢物的覆盖率较高。

对血液样品来说，有血清和血浆两种选择，全血由于稳定性差，在代谢组学研究过程中很少使用。血清是血液在不添加抗凝剂的情况下自然凝固并经离心分离出的上清液；血浆是在血液采集过程中加入抗凝剂以防止血液中的纤维蛋白原凝固，经离心后获得的上清液。现在很多研究表明，血清和血浆之间大多数的代谢物含量水平相同，仅有极少量的代谢物存在显著差异（Wan 等，2022）。而在血液采集和凝固的过程中，由于跨时较长，一些不稳定的化合物容易发生酶促反应或者降解，为减少由血液中酶促反应引入的代谢物组成差异，通常在血清样品采集阶段时，凝血过程应在冰上操作并严格控制凝血时间。对于血浆样品，不同的抗凝剂在使用过程中会影响代谢物的含量，EDTA 和柠檬酸盐会干扰 NMR 的检测信号，而肝素是很多基于质谱的代谢组学研究（如人血清组学计划）常用的抗凝剂。

4.2.1.2 组织样品前处理技术

组织样品在采集后一般要先洗去残留血液，并立即放入液氮中冷冻以终止代谢反应。为尽可能减少代谢物降解，组织样品匀浆和后续代谢物抽提过程一般也需在低温环境下进行（Mushtaq 等，2014）。为更高效地提取组织中的代谢物，组织匀浆要求快速、均匀、细腻，传统的匀浆方式多采用手工研磨，如今越来越多的电动均质器被投入使用。手工研磨使用研钵和研杵通过人工力量将样品粉碎和细化，若使用冻干的组织，手动研磨的效果可以改善。电动均质器通过高速旋转的刀片或珠状样品研磨头将样品细化，适用于大批量样品处理和对样品的温度控制要求较高的情况。电动均质器根据设定的参数能够提供更均匀、一致的样品细化效果，且样品的均质性较高，在短时间内能较快地实现样品细化和均匀分散，从而提高工作效率。电动均质器可以通过冷却装置或调节工作时间等方式控制样品的温度，对热敏感样品的处理更具优势。对不同组织破碎技术的综合比较表明，采用研磨珠研磨的效果最好。

4.2.2 代谢物的萃取技术

在代谢组研究中，大量样品和不同样品中代谢物的巨大差异对代谢物的萃取提出了较高要求，而基本要求主要包括：①提取效率。代谢物萃取的首要目标是实现高效率提取，确保目标代谢物能从样品中完全析出。提取效率可以通过评估目标代谢物在萃取过程中的回收率来衡量。②选择性。萃取方法需具备一定的选择性，能够有选择地将目标代谢物从样品基质中分离。可通过选择合适的萃取剂、萃取介质或调整萃取条件（如溶剂的 pH 值、极性和选择性等参数）来实现。③稳定性。代谢物在样品处理和萃取过程中应该保持稳定，避免分解、降解或改变其化学结构。这就需要注意样品的处理时间、温度，选择适合的保存条件，如低温或添加保护剂等。④重复性。这是研究结果的可靠性和稳定性的重要保证。方法应具备良好的再现性，对同一样品的重复操作应能得到一致的结果。⑤简便性。萃取方法应操作简单便捷，能适应大批量处理样品需求，并可高通量地进行操作。⑥基质干扰最小化。由于生物样品中可能存在许多复杂的基质成分，如蛋白质、脂类等，这可能对目标代谢物的分析产生干扰，故在代谢物萃取过程中，需采取适当方法去除或减少其对分析的影响（Ser 等，2015）。总之，代谢物萃取的基本要求是实现高效、高选择性、高稳定性和高重复性的样品预处理，以确保代谢物的准确分析和定量测定。萃取方法的选择具体取决于研究目的、样品性质和所需结果。

对于代谢组研究，常需要根据样品的特性和研究目的选择合适的代谢物萃取方法，以确保高效、准确地提取并保留目标代谢物，常用的代谢物萃取方式包括以下几种。①液液萃取（liquid-liquid extraction，LLE）。选用适当的有机溶剂与水相反萃，将目标代谢物从生物样品中提取出来。常用的有机溶剂有乙醚、甲醇等。该法适用于非极性或弱极性化合物的提取，但对极性化合物的提取效果较差。②固相萃取（solid-phase extraction，SPE）。使用固定在固相材料上的固定相，如 C18、SCX 等，选择性地吸附目标代谢物，并通过洗脱剂使代谢物从固相上析出。该方法具有样品净化和浓缩优势，适用于不同极性范围内的代谢物提取。③固相微萃取（solid-phase microextraction，SPME）。这是一种无需溶剂的技术，利用固相纤维的吸附能力将目标代谢物从气体或液体样品中吸附进去，然后通过热解析或溶剂洗脱将其释放出来，具有高灵敏度、简单快速的特点，适用于挥发性代谢物的提取。④顶空取样（headspace sampling）。将待测样品放入密封容器中，在一定温度下，利用目标代谢物在样品与气相之间的平衡，使代谢物从样品中扩散到气相空间中，再以气体进样的形式引入色谱质谱分析系统。⑤超声波辅助萃取（ultrasound-assisted extraction，UAE）。通过超声波的机械作用，促使溶剂中的目标代谢物与样品中的基质分离，从而实现代谢物的提取。超声波能够增加溶剂的渗透速度，提高萃取效率，并能在短时间内完成样品处理。⑥超滤（ultrafiltration）。通过选择性膜的分离作用，将目标代谢物从溶液中分离出来，常用于生物液体样品中分子量较小的代谢物提取。⑦蛋白沉淀（protein precipitation）。通过加入有机溶剂（如甲醇、乙酸乙酯等）沉淀蛋白质，并使代谢物在上清液中溶解，然后收集上清液进行进一步的分析。此法简单快速，适合高通量样品处理，但可能会引入一些杂质。⑧凝胶过滤（gel filtration）色谱。利用凝胶（如蛋白芯柱、色谱柱）的尺寸选择性分离目标代谢物，常用于去除大分子干扰物，对较大分子量代谢物的提取效果较好（Liu 等，2021）。这些方法各有优势和局限性，需根据研究目的、样品性质和实验条件等因素进行选择。同时，可根据需要将不同方法结合，如液液萃取与固相萃取相结合，以提高代谢物的提取效率和准确性。

4.2.3 代谢组学样品前处理的发展趋势

在代谢组学研究中，活体取样和微创取样一直是研究热点。代谢组学活体取样是一种在活体生物中获得高时空分辨率代谢物信息的方法，对于研究生物体内代谢过程的动态变化具有重要意义，具有很好的发展趋势和应用前景。随着技术进步，非侵入性或微创采样技术将逐渐成为主流。例如，通过体液（如血液、组织液）中的代谢产物，可以获得机体状态和健康状况信息，这些体液样品的采集相对简单，并可在实际实验群体中采集。

微流控技术的快速发展为代谢组学活体取样提供了更多可能性。微流控芯片、微流控喷雾等技术可以实现高通量、高灵敏度的活体取样，同时可减少实验操作中的样品损失和处理变异。在水产养殖中，对同一个体的代谢组学活体取样目前多数仍以单个时间点的采样为主，但未来的发展趋势将更关注在同一个体中代谢物的动态变化。通过使用连续或高频采样策略，可更好地捕捉到代谢物随时间的变化，揭示生理状态的时序性。与静态的体外实验或组织样品相比，代谢组学活体取样能提供实时和动态的代谢信息，揭示生物体内代谢过程的动态变化，包括疾病状态、药物响应、生理调控等，更准确地反映代谢物在活体生物中的变化。

微透析活体取样是一种用于获取动态时空代谢物信息的方法，通过微透析探针在活体组织或器官中实现目标代谢物的收集和采样。此法可以实时监测和定量分析细胞或组织的代谢产物，在代谢调控研究、药物研发和生物体健康状态研究等方面被广泛应用。它能够提供实时的代谢物信息，可监测细胞或组织中代谢产物的动态变化。与单个时间点的采样方法相比，微透析活体取样能够提供更多时间信息，帮助揭示代谢过程中的时序性变化，具有以下独特优势：①高时空分辨率。微透析探针能够定向地放置于感兴趣的区域，获得该特定区域的代谢物浓度信息。此法提供高时空分辨率，能够了解细胞或组织内的局部代谢变化，并具有控制位置和深度的能力。②非破坏性采样。方法相对温和，不会破坏组织结构或细胞完整性，是一种无创或微创的取样方法，可在较长时间内实施，且不会引起不可逆的损伤或影响活体系统的正常功能。③实验设计灵活。取样实验设计相对灵活，可根据研究需要选择适当的靶区、透析速率和采样时间等参数。这可以更好地调节实验条件，满足研究需求。尽管微透析活体取样有以上优点，但仍面临一些挑战，如操作复杂、纳米尺度的探针插入困难等。随着技术的不断进步和改进，微透析活体取样在生物医学研究中仍有广阔的应用前景。

代谢组学活体取样具有实时、动态、非侵入性等优势，可提供全面的代谢信息，并在个体化精准检测中发挥重要作用。它可与其他组学数据（如基因组、转录组、蛋白质组等）整合，实现多组学研究。通过整合不同组学层面的数据，有助于更全面地理解生物体的功能和调控机制，为系统生物学研究提供更全面的信息。

4.3 气相色谱-质谱联用技术在代谢组学中的应用

自 20 世纪 50 年代末气相色谱-质谱联用技术（gas chromatography-mass spectrometry，GC-MS）出现以来，经过多年发展，GC-MS 已成为目前代谢组学研究中被广泛应用的技术。它以灵敏度高、可一次性检测到大量代谢物等优点而备受青睐。进入 21 世纪后，采用 GC-MS 的代谢组研究快速增加。

4.3.1 气相色谱-质谱联用技术特点

气相色谱利用不同的被分离组分在流动相和固定相之间分配系数、吸附能力、亲和力等性质差异，根据不同化合物从色谱柱中流出的先后顺序不同而达到分离目的。根据在检测器中得到的样品检出信号与时间的关系绘图分析，可获得能作为进样样品定性依据的保留时间、能作为定量分析依据的色谱峰高或者峰下面积。气相色谱对复杂化合物有高效的分离能力和灵敏度，但通过单一气相色谱柱难以分离全部化合物，对未知复杂化合物的鉴定也较为困难。质谱是将样品分子在真空条件下转化为带电离子，带电离子在经过磁场或电场时根据离子质荷比不同而分离，最后通过离子检测器检测。质谱分析可鉴定出化合物的分子量、分子式或分子结构等信息，但往往仅针对样品的单一组分，无法对复杂样品进行分析。气相色谱-质谱联用技术综合色谱和质谱技术的优势，充分利用色谱高分离能力和质谱鉴定准确性，使色谱充当质谱系统中的进样器，而质谱充当色谱的检测器，发挥优势并弥补不足（Beale 等，2018）。

4.3.2 气相色谱-质谱联用系统组成

气相色谱-质谱联用系统主要由气相色谱仪、质谱仪和接口组成，其中，气相色谱仪一般包括载气控制系统、进样系统、色谱柱和控温系统；质谱仪由离子源、离子质量分析器、离子检测器和真空系统组成；接口是气相色谱-质谱联用的关键部位，由于气相色谱柱出口处的压力通常为一个大气压，而质谱仪在高度真空的环境中工作，两者之间的压力差高达 10^8 Pa，故接口起到匹配两者压力的重要作用。

检测过程中，样品首先进入气相色谱进样器，在气化室被气化，由载气载着样品通过色谱柱，被测样品在色谱柱中遵循气相色谱的“相似相溶”原理，在适当的色谱条件下，样品中不同组分因在色谱柱中的保留特性不同而得以分离。经分离后的样品出色谱柱后到达接口位置，载气在接口处被尽可能除去，样品得以保留，并传输到质谱仪的离子源中。待测样品与载气分离主要依赖性质不同，常用的载气主要为氦气，氦气不会发生电离进而被真空泵抽走，待测样品进入离子源后，被电离形成离子，之后被送入质量分析器。目前常用的离子源有电子轰击源和化学电离源。

质量分析器是不同气相色谱-质谱联用技术区分的关键，在代谢组学中，常用的气相色谱-质谱联用仪有气相色谱-四级杆质谱仪、气相色谱-离子阱串联质谱仪、气相色谱-时间飞行质谱仪等等。被测离子在质谱仪中经光电倍增管、微通道板等被离子检测器检测到后，将检测信息转化为电信号，并传输到计算机控制系统进行分析。

4.3.3 代谢组学中常用气相色谱-质谱联用仪器介绍

(1) 气相色谱-四极杆质谱仪

气相色谱-四极杆质谱仪（gas chromatography-quadrupole mass spectrometer，GC-QMS）可用于分离和鉴定化合物的组成和结构。气相色谱（GC）通过样品的蒸发，将挥发性化合物从复杂的样品基质中分离出来，并利用柱内静态相的选择性吸附特性，实现目标化合物的分离。GC分离出的化合物会进入质谱仪进行进一步的检测和鉴定。四极杆质谱仪（QMS）是一种常用的质谱检测器。它由四根相互平行排列的电极（四极杆）组成，两个对称的直流电压和一个射频电压被施加在电极上，形成一个稳定的静电场。当离子在四极杆内运动时，只有具有特定质荷比（m/z）的离子能够通过四极杆，并被接收器检测到（Fiehn，2016）。QMS可以用来测量各种离子化合物，并通过质量-荷电比谱图提供有关化合物的分子量和结构信息。GC-QMS将气相色谱和四极杆质谱仪相结合，可以实现对复杂样品的高效分离和准确鉴定。通过GC分离出的化合物进入QMS进行检测，可以得到样品中各个化合物的质量光谱图，进而进行定性和定量分析。GC-QMS在代谢组分析领域具有广泛应用，可以快速、准确地分析和识别样品中的化合物（Oyedeji等，2021）。

(2) 气相色谱-飞行时间质谱仪

气相色谱-飞行时间质谱仪（gas chromatography-time-of-flight mass spectrometer，GC-TOF-MS）可用于分析和鉴定复杂样品中的化合物。通过气相色谱将挥发性化合物在气相载气流动相中分离并送入飞行时间质谱仪（TOF-MS）。TOF-MS是一种高灵敏度的质谱仪，通过测量化合物离子从离子源到达检测器所需的时间将质量谱图与时间相关联。它将不同质量的离子经加速器加速到相同动能后释放，并在离子飞行过程测量离子的到达时间，根据离子的时间信息得到质量的信息。GC-TOF-MS结合气相色谱和飞行时间质谱仪的优势，可实现高分辨率和高灵敏度的分析。GC分离化合物，然后化合物进入TOF-MS进行质谱分析。GC-TOF-MS在代谢组领域的分析中应用广泛，可以快速、准确地识别和定量分析样品中的化合物，并提供详细的质谱信息，有助于鉴定化学组成和结构。

(3) 气相色谱-离子阱串联质谱联用仪

气相色谱-离子阱串联质谱联用仪（gas chromatography-ion trap tandem mass spectrometer，GC-IT-MS/MS）可用于分析复杂样品中的化合物。GC将化合物分离后，进入离子阱（ion trap）进行质谱分析。离子阱质谱仪较为常见，包含一个中心电极和几个射频电极，通过施加电压和改变频率产生复杂的电场，可用来捕获和操纵离子。离子在离子阱中进行多级质谱（MS/MS）分析，可通过施加不同电压和频率的射频电场进行激发、碰撞和解离，从而产生丰富的质谱信息，有助于准确鉴定化合物的结构和组成。GC-IT-MS/MS结合气相色谱和离子阱串联质谱优势，可实现对复杂样品的高效分离和详细结构信息的鉴定，并具有高灵敏度、高选择性和结构鉴定的能力，可以准确、快速地识别和定量分析样品中的化合物。

(4) 全二维气相色谱-飞行时间质谱仪

全二维气相色谱-飞行时间质谱仪（comprehensive two-dimensional gas chromatography-time-of-flight mass spectrometer，GC×GC-TOF-MS）是一种高级的质谱联用仪器，用于分析复杂样品中的化合物。全二维气相色谱（GC×GC）是一种强大的分析技术，通过将两个不同选择性的柱串联，实现对复杂样品的高效分离。GC×GC将样品分子在两个连续的柱上进行多级分离，能够处理复杂样品中的共振峰和重叠峰，提高样品分析的分辨率和灵敏度。GC×GC-TOF-MS联用仪结合了GC×GC的高分离能力和TOF-MS的高灵敏度与快速扫描速度。样品经GC×GC分离后，进入TOF-MS进行质谱分析。这种联用仪可提供高分辨率的谱图，同时获取大量质谱数据，并通过对复杂样品的分离和分析，提供详细的化学组成信息和结构特征，有助于准确鉴定样品中的化合物。它在分析复杂样品中具有许多优势：首先，GC×GC能够提供非常高的分离能力，通过使用两个不同选择性的柱串联分离，能够有效地分离复杂样品中的化合物，包括传统单一维度的气相色谱中难以分离的共振峰和重叠峰对应的化合物。这种高分离能力有助于准确识别和定量分析样品中的化合物。其次，飞行时间质谱仪（TOF-MS）作为检测器，具有高灵敏度和快速扫描速度，可在非常短的时间内获取大范围的质谱数据，从而提供高分辨率的谱图和丰富的质谱信息，以迅速获取详细的化学组成和结构特征信息，有助于准确鉴定和定量分析样品中的化合物。此外，GC×GC-TOF-MS还具有高通量分析的能力。通过快速的扫描速度和高分辨率的分析，提高分析效率，可在代谢组分析中用于复杂混合物的分离和鉴定，并提供更全面的化学信息，为化合物的定性和定量分析提供强力支持（Ralston-Hooper等，2011）。

4.3.4 样品的采集与制备

由于不同物种来源的生物样品差异巨大，其前处理方式有很大差异。通常将GC-MS分析样品分为两大类：不需要化学衍生的挥发性代谢物和需要化学衍生的非挥发性代谢物。前者通常指那些在分析过程中无须进行特殊方法或化学反应处理的化合物，具有一定的挥发性和稳定性，例如酮类、醇类、酯类、萜烯类化合物等。这些化合物可通过质谱分析或其他相关技术直接检测和定量，从而获得其组成分布信息。与后者相比，这种分析方法更为简便和高效，能大大减少样品处理过程中的误差和损失，并且代谢物的性质基本上不会发生改变，可更真实地反映生物样本中代谢物的实际状态。

此外，需要化学衍生的非挥发性代谢物的种类包括：①氨基酸。它是生物体内重要的代谢物之一，通过化学衍生可进行定量和结构分析，常见的方法包括二氟氨基酸衍生、二甲氨基酸衍生等。②糖类。它对于研究能量代谢、糖尿病等具有重要意义。化学衍生方法主要包括差异异构化学衍生和取代基化学衍生。③脂质类。脂质代谢物包括脂肪酸、甘油三酯、磷脂等，通过化学衍生可提高检测灵敏度和稳定性，常见的方法有甲基酯化、衍生磷酸酯等。④核苷酸。DNA 和 RNA 的基本组成单元，通过化学衍生可用于分析核苷酸含量和结构，常见的方法有磷酸基团修饰等。⑤类固醇。重要的生物活性物质，通过化学衍生可进行结构分析和代谢途径研究，常见的方法包括酯化、硫醇化等。⑥生物胺。生物胺（如肾上腺素、多巴胺等）在神经和内分泌系统中起重要作用，通过化学衍生可以提高检测敏感性，常见的方法有氨甲酰化等。除了代谢物种类，还有很多需要化学衍生的其他非挥发性代谢物，如有机酸、多肽等。化学衍生方法的选择取决于代谢物特性和研究目的。根据不同的化学反应和分析技术，可选择合适的化学衍生方法来分析和研究各种非挥发性代谢物。

4.3.5 数据分析

通过气相色谱-质谱联用仪得到的元数据是未经处理的原始数据，不能直接用于化学计量分析。要进行代谢组学分析，需对原始数据进行预处理、化学计量学分析、数据库检索等一系列处理，最终才能得到代谢组学的分析结果。一般来说需要以下几个步骤。①数据预处理：对采集到的原始数据进行预处理，包括去除噪声、平滑处理、基线校正等，以提高信号的质量和数据的可靠性。②鉴定化合物：对 GC-MS 数据进行鉴定，确定化合物的身份。可将样品谱图与数据库中的谱图进行比对，如 Mass Spectral Library（MSL）或 NIST 数据库等，随后进行鉴定时关注特征离子的相对丰度、保留时间和质谱裂解图谱等。③峰识别与峰面积计算：通过峰识别算法，将数据中的化合物峰与噪声背景分离并识别。对每个峰进行面积计算，以获得样品中各化合物的浓度或相对含量。④定量分析：根据峰面积和已知标准物质的浓度进行，可采用外标法、内标法或校正曲线法等方法来确定化合物的浓度或含量。⑤差异分析：用来比较不同样品之间的差异，可使用统计方法（如 t 检验、方差分析等）来评估样品之间的显著性差异，并找出差异较大的离子峰或化合物。GC-MS 的应用前景非常广阔，可用于代谢物的鉴定及定量、生物标志物的发现、代谢途径的研究、药物代谢和营养代谢等方面。随着技术不断发展和方法改进，GC-MS 将继续为代谢组学研究提供强大分析工具和数据支持。

4.4 液相色谱-质谱联用技术在代谢组学中的应用

液相色谱-质谱（LC-MS）联用技术将液相色谱（LC）和质谱（MS）分析相结合，适用于水溶性化合物分析。样品在液相色谱系统中分离和纯化，液相色谱（LC）利用液相流动在固定相（如柱填料）上的相互作用，实现化合物的分离，可以根据化合物的极性、尺寸、亲水性等特性进行选择性分离。然后通过接口连接质谱仪（MS）的进样口，分离后的化合物进入质谱仪进行检测和分析。

4.4.1 液相色谱-质谱联用技术特点

LC-MS 联用技术结合两种技术的优势，能够对复杂样品中的化合物进行高效、准确分析和鉴定，为代谢组学和其他相关领域研究提供了强大的分析能力和数据支持。目前液相色谱-质谱联用仪通常用高效液相色谱（high performance liquid chromatography，HPLC）进行样品分离。HPLC 拥有高分离效率和分离能力，可有效地将复杂混合物组分分离开来。选择合适的分离柱和优化分离条件可以实现高分离度。与传统的液相色谱技术相比，HPLC 仪器配备了高压泵和优化的流动相系统，具有更快的运行速度和高效的样品处理能力。HPLC 技术对于低浓度的目标物质具有高灵敏度，适用于多种样品类型和化学物质的分析。无论是小分子化合物还是大分子化合物，HPLC 都可以有效分离和检测。同时，HPLC 可以适应不同性质的样品溶剂，而且具有较好的再现性和准确性，为分析结果提供了可靠支持。

4.4.2 LC-MS 接口

接口技术是限制 LC-MS 联用的瓶颈，其发展经历了几个阶段，不断改进以满足分析需求。最早的 LC-MS 接口采用大气压电离（atmospheric pressure ionization，API）接口，最常见的是电喷雾电离（electrospray ionization，ESI）和大气压化学电离（atmospheric pressure chemical ionization，APCI）。ESI被广泛应用于生物大分子和极性小分子的分析，APCI适用于非极性和中性化合物的分析。

多级串联质谱接口（MS/MS）在LC-MS接口的基础上进一步发展而来，通过在质谱仪中使用两个或多个质谱分析器或质荷转换器（mass-to-charge converter）来实现对化合物的多级质谱分析，主要原理是通过连续离子选择和离子解离的过程，获得更丰富的结构信息和高级别的质谱数据。多级串联质谱接口的主要组成部分包括前级质谱分析器（precursor mass analyzer）和后级质谱分析器（product mass analyzer），两者之间有一个离子激发/解离区域（collision/activation cell），前级质谱分析器在该区域选出目标离子（母离子），然后通过碰撞诱导解离（collision-induced dissociation，CID）或其他方法使其解离成多个片段离子（子离子），最后由后级质谱分析器进行质谱分析。多级串联质谱接口具有以下优点：①结构信息更丰富。通过对目标离子进行解离得到片段离子的质谱信息，进一步解析和推断化合物的结构，对复杂样品的分析和结构鉴定非常有用。②高灵敏度和高选择性。MS/MS通过进一步筛选目标离子，可提高分析的选择性和灵敏度。只有经过选择并解离的离子才可通过后级质谱分析器进行检测，从而减少背景干扰和噪声。③质谱数据丰富。与单级质谱（MS）相比，MS/MS可提供更多的质谱数据，包括母离子峰、子离子峰、相对丰度、碎片组成等信息，这有助于对化合物进行定性和定量分析。④可定量性。MS/MS通过对母离子和子离子进行定量分析，提高对化合物的测量准确性。通过选择适当的内标和标准品进行校正，可以得到准确、可靠的定量结果。随着技术的不断进步，为满足更多特定的分析需求，现代质谱仪出现更多的MS/MS模式，如中性丢失解离（neutral loss，NL）和多级离子选择反应监测（selected reaction monitoring，SRM）。多级串联质谱接口在代谢组学、蛋白质组学、药物分析等领域被广泛应用，为研究人员提供了更强大的分析工具，从而能更深入了解和解析复杂化合物的结构和功能。

4.4.3 液相色谱-质谱联用技术在代谢组学中的优势及发展趋势

液相色谱-质谱联用技术在结构鉴定和特征化、多组分分析时具有高通量、高灵敏度、高选择性、分析速度快等优势，在代谢物的鉴定、定量和功能研究方面起到重要作用，是代谢组学领域最常用的强力技术手段之一。它在代谢组学中具有非常广阔的应用前景。通过对代谢物的定性和定量分析，可以深入了解代谢通路，鉴定生物标志物，评估药物疗效和毒性，揭示营养代谢等。随着技术的不断改进和研究的深入，液相色谱-质谱联用技术将继续在代谢组学领域发挥重要作用，并为水产养殖领域疾病预防、遗传育种和养殖环境的精准管理提供支持（Chen 等，2021）。

为了更好地提取和纯化代谢物，未来将引入针对不同类型样品的新样品处理方法，从而提高代谢物的检测和分离效率，解决潜在的样品缺乏问题。随着代谢组学产生的数据集越来越庞大和复杂，大数据分析和机器学习算法将被广泛应用于代谢组学数据的解析和解释，以识别特征和模式，深入理解代谢组学数据与生物学过程之间的关联。代谢组学研究与其他学科的整合将更加紧密。例如，与蛋白质组学、转录组学和其他组学领域的整合可以提供更全面、系统的生物学观察，并揭示代谢通路的调控机制。总之，液相色谱-质谱联用技术在代谢组学领域的发展与样品处理方法的改进、大数据分析和机器学习算法的应用、同其他学科的整合、精确医学和个性化治疗及新质谱技术的发展都密切相关，这些发展趋势将不断推动其在代谢组学研究中的进一步应用。

4.5 空间代谢组学

传统的代谢组学通常只考虑总体代谢物组成，而近年来新兴起的空间代谢组学关注组织或器官内代谢物的空间定位和分布。空间代谢组学将代谢组学技术与组织学技术相结合，研究细胞、组织或器官中代谢物的分布和定位。它通过对组织样本进行解剖、成像和代谢物分析等，获取不同位置或不同细胞类型的代谢物信息，并揭示组织内代谢的空间异质性及其在生理状况、疾病发展等方面的作用。它可以揭示细胞和组织代谢的调控机制，发现新的生物标志物，并提供支持细胞定位、组织功能和代谢通路等方面的空间信息，对生命科学研究和医学应用具有重要意义。

4.5.1 空间代谢组学的研究方法和技术

(1) 显像质谱技术（IMS）

显像质谱技术将质谱分析与组织学成像相结合，是空间代谢组学常用的一种方法。通过在组织切片上进行质谱分析，可获取不同位置的代谢物分布信息，并生成空间上的代谢物图像。常用的技术包括基质辅助激光解析电离质谱（MALDI-MS）和二次离子质谱（SIMS）等。

(2) 离子迁移谱（IMS）

离子迁移谱通过测量离子在电场中的迁移行为，获取样本中代谢物空间分布信息。常见技术有离子迁移率质谱（IMS-MS）、离子迁移滴定（IMS-TD）和离子迁移层析（IMS-LC）等。

(3) 单分子成像（SIM）

SIM技术利用荧光标记的探针对组织或细胞中特定代谢物的分布和浓度进行可视化和定量分析。通过特定的探针与目标代谢物的结合，可以在显微镜下观察和记录探针的荧光信号，从而揭示代谢物的空间分布。

4.5.2 空间代谢组学的研究内容和应用

空间代谢组学使用完整的组织切片，能够在原位检查复杂生物样品中数百至数千个分子的空间分布，克服传统代谢组学的局限性，研究内容和应用非常广泛（Chan等，2023）。

① 生理和病理状态下的代谢空间变化。通过比较不同生理或病理状态下组织的代谢物分布，如正常组织与疾病组织，可揭示代谢物的空间变化与生理和病理状态之间的关联。这有助于更好地了解不同状态下的代谢通路调控和代谢通路异常。

② 器官和组织内的代谢异质性。不同组织和器官内代谢物的空间分布具有差异性，了解这种异质性将有助于理解不同组织类型和功能特征，发掘新的器官功能和代谢通路。

③ 非侵入性和活体成像技术。例如光学成像、核磁共振成像（MRI）和荧光成像等，可进行实时观察并分析代谢物在活体内的空间分布，获得更贴近真实生理过程的代谢信息，有助于研究动态代谢变化。

④ 空间代谢组学与系统生物学的整合。两者的结合可以更好地理解代谢调控的网络和相互作用。通过整合代谢组学数据和系统生物学建模，可以揭示代谢网络中的关键节点和调控机制，为代谢工程和疾病治疗提供理论指导。

⑤ 临床应用扩展。空间代谢组学的研究在科学研究中已经取得了一些重要进展，但在临床应用方面还有很大的发展潜力。将空间代谢组学应用于疾病诊断、预后评估和治疗策略制定，可以进一步推动个性化医学的发展。

4.5.3 空间代谢组学的发展趋势

已证实空间代谢组学提供的空间信息在医学研究中非常有价值，特别是在药物发现、疾病状态评估以及宿主与病原体相互作用方面，未来，它的水平扩展和应用具有广阔前景（Roberts 等，2022）。

① 多组学整合。将空间代谢组学与其他组学层面的数据整合起来，如基因组学、转录组学和蛋白质组学等，可以全面了解代谢物与基因表达、蛋白质调控之间的关联，从而更好地了解生物体内的代谢调控机制。

② 代谢物的细胞定位。通过开发新的成像技术和分析工具，可以揭示细胞内不同亚细胞结构和区域的代谢物分布，以及代谢物与细胞器功能和相互作用的关系。

③ 跨尺度分析。除了关注组织内的代谢物分布，在更大的尺度上（如整个器官、整个生物体）也可以进行空间代谢组学研究。例如，通过非侵入性成像技术，如正电子发射断层扫描（PET）、磁共振成像（MRI）等，可以观察整个器官或生物体内代谢物的分布情况。

④ 数据分析和建模。针对空间代谢组学数据的复杂性，需进一步开发、应用适合的数据分析和建模方法。这些方法应能够处理大规模数据集，包括代谢物的分布图像和组学数据集的多维关联。同时，还需要考虑如何处理和解释样本间的异质性和技术变异性。

⑤ 水平扩展和应用。目前，大部分空间代谢组学研究仍处于实验室阶段，需要将其扩展到更广泛的领域和实际应用中。例如，在医学领域中，可以将空间代谢组学应用于肿瘤诊断、个体化治疗和药物开发等方面。

总之，空间代谢组学是一个不断发展的领域，它将代谢组学与空间信息相结合，揭示生物体内代谢空间分布模式和调控机制。空间代谢组学的进一步研究和发展，将有助于更全面、深入地了解代谢物空间分布和调控，为水产养殖研究和应用带来更大的价值和潜力。

第5章

多组学技术在鱼类研究中的应用

5.1 鱼类基因组学研究

5.1.1 鱼类基因组学研究概述

得益于人类基因组计划的完成和全基因组测序技术的进步，许多物种的基因组研究在过去十余年间取得巨大进展。鱼类作为地球脊椎动物中种类最多、具有较高生物多样性水平的类群，在形态学、生态学以及行为学方面拥有巨大的可变性，成为生物学相关领域中极具吸引力的研究对象。对鱼类基因组进行研究，不仅可以获得基因组大数据和重要功能基因序列信息，而且对于理解鱼类生物学特征、性别分化、生殖方式和调控模式的基本原理乃至阐明整个脊椎动物的遗传进化历程都具有重要意义（石琼，2015）。因此，在基因组学研究领域中，鱼类基因组受到高度关注。自2002年报道世界首个鱼类基因组以来（Aparicio等，2002），不断有新的鱼类基因组测序完成并公开发表，包括模式物种青鳉（Kasahara等，2007）和斑马鱼，具重要经济和商业价值的大西洋鲑、大西洋鳕（Star等，2011）、日本鳗鲡、太平洋蓝鳍金枪鱼以及在生物进化领域具有特殊研究意义的腔棘鱼、肺鱼（Meyer等，2021；Wang等，2021）和弓鳍鱼。

中国虽然在鱼类基因组学领域的研究起步较晚，但发展十分迅猛。2011年，中国水产科学研究院、深圳华大基因研究院等以鲤鱼雌核发育纯系个体作为测序对象，启动了中国第一个鱼类全基因组测序计划，也是世界上第一个鲤科经济鱼类基因组计划，并于2014年完成鲤鱼全基因组测序（Xu等，2014）。同年，中国测定了世界上第一个鲽形目鱼类——半滑舌鳎（*Cynoglossus semilaevis*）的全基因组序列，并结合高密度遗传连锁图谱，完成Z染色体和W染色体序列图谱的绘制（Chen等，2014）。目前，全球已测定的鱼类全基因组数据中，大约半数以上由中国主导完成，部分研究成果已达到国际先进或领先水平。自2019年由青岛华大基因研究院联合中国科学院水生生物研究所、中国科学院海洋研究所等共同启动"万种鱼基因组计划（Fish10K Genome Project）"以来，涵盖软骨鱼纲11个目和硬骨鱼纲56个目，囊括大约500余种鱼类的基因组测序已经完成，表明中国对全球性鱼类基因组学的发展作出了巨大贡献。这为解析鱼类生物多样性以及系统进化、水产养殖和水域生态保护提供了重要数据基础，对人类社会的可持续发展具有重要意义。

5.1.2 基因组技术在鱼类系统发育和亲缘关系研究领域的应用

过去主要通过形态学对鱼类系统发育关系进行研究，随着分子生物学的发展，线粒体基因、核基因片段获得应用，但有时会出现形态学与分子标记不同导致系统发育关系的不一致，这可能由于采用的分子标记单一，不能完整反映物种的系统发育关系。因此，利用多种分子标记构建系统发育树来解析鱼类的系统发育关系就显得十分重要。近年来，随着高通量测序技术和基因组学研究的快速发展，传统分子系统学研究发生彻底性变革，从原本依靠单个或几个基因信息发展为利用全基因组数据进行系统发育研究，使得许多难以解析的复杂生物类群进化关系更加明确。随着测序成本的快速下降和越来越多的鱼类全基因组测序的完成，科学家从基因组水平上获取了海量序列数据，为深入理解鱼类基因组的分化和适应进化提供了丰富的遗传资源。这些基因组技术主要包括简化基因组测序、目标序列捕获测序、通用单拷贝同源基因基准、直系同源外显子分析、线粒体DNA分析。

5.1.2.1 简化基因组测序

简化基因组测序（reduced-representation genome sequencing，RRGS）是指利用限制性内切酶或超声波打断基因组DNA，然后对特定片段进行高通量测序，从而获得海量遗传多态性标签序列测序策略，可充分代表目标物种的全基因组信息。该方法步骤简单、成本低，不依赖参考基因组就能获得全基因组范围内的遗传多态性标签，因而在生态学、群体遗传学和系统进化学等相关领域的研究中被广泛应用。其中，RAD-seq（restriction-site associated DNA sequencing）技术是一种利用限制性内切酶的特异性剪切和基于 Illumina 平台的 DNA 测序技术来标记基因组 DNA 片段的方法，可同时鉴定大量单核苷酸多态性（SNP）位点，为构建遗传图谱或基因型数据提供有力支持。首先，选择一个或多个限制性内切酶，将基因组 DNA 剪切为片段。其中大部分片段包含识别酶切位点，小部分是非识别酶切位点的随机片段。接下来，通过连接接头在每个样本的 DNA 片段上引入 Illumina 平台所需的序列，随后每个样本被 PCR 扩增。通过高通量测序得到的序列，可以获得并比较多个样品中的 DNA 序列标记，从而研究种群分化、种群动态、基因组演化等。与其他技术相比，RAD-seq 技术具有更高的覆盖率和信息含量，能够比较同一物种不同亚种或不同物种之间的遗传多样性。此外，该技术还具有非常高的灵敏度，可以检测多达数百万个位点，也可以检测到极为罕见的突变事件，故在鱼类中应用广泛。Jones 等（2013）利用 RAD-seq 技术对剑尾鱼属（*Xiphophorus*）的系统发生关系进行探讨，基于 66000 个 SNP 位点构建了剑尾鱼属进化树，解决了先前存在争议的剑尾鱼属的系统发育关系。Takahashi 等（2015）将形态学方法和简化基因组测序技术相结合，探讨了 64 种山鳉属（*Orestias*）鱼类系统发育关系，利用简化基因组测序数据并基于最大似然法进行分子系统发育分析，证实山鳉属鱼类为单系起源。Longo 等（2015）使用限制性位点相关序列标记构建 RAD 简化基因组文库，利用与直系同源基因标记对应的 523 个多态位点信息构建海鲫科（Embiotocidae）所有属 22 种鱼类的系统发生关系树，表明海鲫鱼类在中新世中期（13-18MYA，Million Years Ago）分化成泥沙底型和珊瑚礁型两种栖息地环境的生态类群，随后发生珊瑚礁型生态型的种群扩张。Díaz-Arce 等（2016）利用 RAD-seq 技术揭示了金枪鱼属（*Thunnus*）的单系性，推翻了依据形态特征将其分为两个亚群的结论。Meier 等（2017）对 156 个慈鲷科（Cichlidae）鱼类进行 RAD-seq 测序，基于 436166 个 SNP 位点建树，表明利用 RAD-seq 能够很好地解析慈鲷的适应辐射进化过程。刘涛（2018）利用限制性酶切位点 DNA 测序技术对金线鲃属鱼类进行系统发育关系研究，从基因组水平上探究了该类群鱼类系统发育问题。

5.1.2.2 目标序列捕获测序

目标序列捕获测序技术基于 DNA 杂交原理，通过专门设计的探针与基因组序列进行杂交，富集基因组中特定区域并进行高通量测序。该法对 DNA 质量要求较低，并且实验操作技术和设计捕获探针的生物信息学流程较为成熟，数据回收率和利用率较高，近年来成为系统发育学分析的重要手段。其中，超保守序列元件（ultra conserved element，UCE）是一类在进化过程中极度保守的基因组序列，在相对较远的物种之间依然完全相同，在物种进化过程中起到重要作用，能作为一种重要的基因标记来辅助系统发育分析。Faircloth 等（2013）富集了辐鳍鱼类 489 个超保守元件及其侧翼序列并用于系统演化分析，有助于理解发生辐射进化类群的系统发育关系。Chakrabarty 等（2017）用 350 个超保守元件（UCE）对 35 个代表性骨鳔鱼类的高阶元系统发育关系进行探讨，认为脂鲤目鱼类是并系起源。Longo 等（2017）利用 UCE 数据集在进化时间尺度上有效解决了海龙目鱼类之间的系统发育关系，并验证了传统长吻海龙目鱼遗传谱系的单系性。Ochoa 等（2020）从 141 尾毛鼻鲇科（Trichomycteridae）鱼类和 12 个外群物种的基因组 UCE 中收集序列数据进行分析，评估了毛鼻鲇科鱼类的系统发育关系，表明其为单系群。

5.1.2.3 通用单拷贝同源基因基准方法

通用单拷贝同源基因基准（benchmarking universal single-copy orthologs，BUSCO）是对转录组和基因组的组装质量进行评估的软件，根据 OrthoDB 数据库构建了真核生物、节肢动物、鱼类、脊椎动物、鸟类和哺乳动物等多个物种进化分支的单拷贝基因数据集，既可以评估基因组完整性，也可以进行系统发育研究。2021 年，深圳华大生命科学研究院与中国科学院武汉水生生物研究所等单位联合解析了高质量染色体级别的塞内加尔多鳍鱼基因组以及其他三种原始辐鳍鱼（匙吻鲟、弓鳍鱼和鳄雀鳝）基因组，并利用 BUSCO 方法挖掘直系同源基因进行系统发育关系研究，不仅揭示了陆生脊椎动物起源的生理及分子机制，也在分子水平揭示了许多脊椎动物重要器官的同源关系，解析脊椎动物从水生到陆生的演化之谜。Han 等（2021）首次利用 PacBio 读长测序和 Hi-C 技术构建了分布于中国黑龙江流域的江鳕（*Lota lota*）的染色体水平基因组，通过筛选 13 种鱼类的 22247 个单拷贝同源基因构建系统进化关系，发现江鳕与亲缘关系较近的大西洋鳕（*Gadus morhua*）早在 4380 万年前就已发生了遗传分化。Zhao 等（2022）利用双带缟虾虎鱼（*Tridentiger bifasciatus*）基因组 Survey 数据中的 856 个单拷贝同源基因构建虾虎鱼科（Gobiidae）部分鱼类的系统发育关系树，发现 11 种虾虎鱼类聚类为两个不同分支，真吻虾虎鱼（*Rhinogobius similis*）和双带缟虾虎鱼的亲缘关系最近。Liu 等（2022）首次采用高通量测序技术获得日本笠鳚（*Chirolophis japonicus*）基因组草图，基于 OrthoFinder 查找 16 种硬骨鱼共有的 694 个单拷贝同源基因并构建系统进化树。Surachat 等（2022）对短体羽鳃鲐（*Rastrelliger brachysoma*）和羽鳃鲐（*R. kanagurta*）进行高通量测序和基因组组装，与 13 个近缘物种比对后获得 305 个单拷贝同源基因并构建邻接系统树，结果发现两种鲐鱼与黄鳍金枪鱼（*Thunnus albacares*）、南方蓝鳍金枪鱼（*T. maccoyii*）聚为一支，表明该类群鱼类具有较近的亲缘关系。

5.1.2.4 直系同源外显子分析

Hughes 等（2018）整合 144 种鱼类的基因组数据和 159 种鱼类的转录组数据，采用生物信息学分析方法筛选 1105 个直系同源外显子（orthologous exon）序列作为分子标记并构建系统演化树，通过时间校准分析，发现许多现存鱼类在距今 6500 多万年前的中生代就已经存在。研究者对雀鳝目（Lepisosteiformes）所有 7 个物种进行低覆盖度基因组测序，结合大量化石记录，基于鉴定到的 1105 个直系同源外显子系统分析雀鳝目鱼类的物种分化及其生物地理学过程，发现雀鳝科现生属大雀鳝属（*Atractosteus*）和雀鳝属（*Lepisosteus*）起源于新生代的北美洲东部，于 1 亿年前发生分化，完美重现了中生代的重大地质构造事件。Han（2022）利用该法对石首鱼科 10 属 12 种鱼类的基因组和转录组数据中的直系同源外显子进行分析，发现存在西大西洋分支和东大西洋-印度洋-西太平洋分支两个显著的进化枝。

5.1.2.5 线粒体 DNA 分析

作为基因组测序的副产物，共价闭合的环状双链线粒体 DNA 分子具有分子结构简单、遵循严格的母系遗传、几乎不发生重组、进化速度快且不同的区域进化速度存在差异等优点，已成为分子系统学研究的重要标记。Zhao 等（2021）从鳄鲬（*Cociella crocodilus*）基因组 Survey 测序数据中挖掘了长度为 16648bp 的线粒体 DNA 全序列，并利用 12S rRNA 基因序列构建系统树，探讨了 24 种鲬科（Platycephalidae）鱼类的发育关系。Jia 等（2022）对 3 种菖鲉属（*Sebastiscus*）鱼类进行了全基因组 Survey 测序，获得基因组相关信息并挖掘线粒体 DNA 全序列，利用 13 个蛋白质编码基因分别构建邻接系统树和最大似然树，揭示菖鲉属单系群属性。Liu 等（2016；2019）、Wang 等（2018）、Ning 等（2020）测序了北极茴鱼、叶尔羌高原鳅等新疆特有鱼类的线粒体基因组，开发了许多高多态性的 DNA 分子标记。

5.1.3 基因组技术在鱼类群体遗传学研究领域的应用

群体遗传学（population genetics）是根据遗传学原理，采用数学、统计或其他方法来研究生物群体的遗传结构及其变化规律的一门学科。它依赖不同的遗传标记（genetic marker）区分不同个体或群体中能够稳定遗传的物质或性状，与目标性状紧密连锁并共同分离，是易于识别的、可遗传等位基因变异，具备多态性高、共显性遗传、对主要性状没有影响、经济方便等特点。随着生命科学技术的不断发展，遗传标记技术经历从表到里、从现象到本质的发展过程，可归纳为形态学标记（morphological marker）、细胞学标记（cytological marker）、生化标记（biochemical marker）和分子标记（molecular marker）。20世纪60年代以来，蛋白质、DNA等生物大分子与物种进化、群体遗传变异关系的研究将生物大分子的变异与群体遗传变异结合起来，旨在揭示生物的群体进化过程。其中，DNA多态性是由DNA分子发生插入、缺失、易位、重组或存在长短与排列不一的重复序列造成的，直接反映DNA水平的遗传变异，具有数量众多、多态性高以及不受组织特异性和环境变化影响的特点，不受基因是否表达限制。常用的DNA标记包括：限制性酶切片段长度多态性（restriction fragment length polymorphism，RFLP）、随机扩增多态性DNA（random amplified polymorphic DNA，RAPD）、扩增片段长度多态性（amplified fragment length polymorphism，AFLP）、线粒体DNA（mitochondrial DNA，mt DNA）、微卫星DNA（microsatellite DNA）、简单重复序列间扩增（inter-simple sequence repeat，ISSR）、表达序列标签（expressed sequence tag，EST）、单核苷酸多态性（single nucleotide polymorphism，SNP）等。传统的分子标记开发方法效率不高，最终应用于群体遗传研究的标记的数量十分有限，对群体结构的解释能力也受到限制。近年来，高通量测序技术的飞速发展极大促进了群体遗传学研究，在此背景下，在全基因组水平上进行遗传变异鉴定变得越来越简单、容易、可操作，群体基因组学（population genomics）这门将基因组概念技术与群体遗传学理论体系相结合的新兴学科应运而生，并得到飞速发展。群体基因组学是群体遗传学的一种新型表现形式，从全基因组层面分析基因组进化对种群结构的影响，探索位点特异性效应（选择、突变、选型交配及重组等）和全基因组效应（遗传漂移、迁徙及近亲繁殖）的关系，从而更好地帮助理解进化过程中影响基因组和种群变异的因素。目前，群体基因组学研究的主流方法基于高通量测序，主要采用简化基因组测序和全基因组重测序策略，从全基因组范围开发大量SNP或微卫星DNA，进而开展群体遗传进化分析。

5.1.3.1 简化基因组测序

简化基因组测序不受基因组限制，能降低基因组的复杂度，高效地开发出成千上万的可用标记。该技术操作简便、节约成本，特别适合大样本量的遗传学研究，对群体结构的估测能力也得到极大的提升。现阶段主要包括简化代表库测序（reduced representation libraries，RRLs）、简化多态序列复杂度测序（complexity reduction of polymorphic sequences，CRoPS）、特异性位点扩增片段测序（specific length amplification fragment sequencing，SLAF-seq）、基于测序的基因分型技术（genotyping by sequence，GBS）（Elshire 等，2011）、多元鸟枪法基因分型（multiplexed shotgun genotyping，MSG）（Andolfatto 等，2011）、基于限制性酶切位点 DNA 测序（restriction-site associated DNA sequencing，RAD-seq），以及在其基础上发展起来的双酶切 RAD 测序（double digest RAD，ddRAD-seq）和基于ⅡB 型限制性内切酶的 RAD 测序（2b-RAD-seq）、ezRAD 测序（ezRAD-seq）。

目前，简化基因组技术已在鱼类群体遗传学研究领域中得到广泛应用。Catchen 等（2013）利用 RAD-seq 技术研究海水和淡水生境中三刺鱼（*Gasterosteus aculeatus*）的群体结构和定殖史，根据检测到的 SNP 位点分析其遗传结构，发现三刺鱼形成 5 大类群，其河流种群明显与海洋种群和淡水种群有分歧，证实海洋种群和淡水种群之间存在丰富的渐渗杂交。有研究者用 GBS 技术检测多倍体湖鲟（*Acipenser fulvescens*）的群体遗传结构，发现 5000 余个 SNP 信息位点，并利用这些位点探讨了不同年龄组群间的遗传关系。Nunez 等（2015）利用 GBS 技术对茉莉花鳉（*Poecilia latipinna*）进行群体遗传分析，发现群体内部存在显著的遗传多样性。有研究者利用 RAD-seq 技术发现太平洋细齿鲑（*Thaleichthys pacificus*）不同种群之间的基因流可能受到有限的淡水环境、局限的洄游路途和空间分布格局的影响。有研究者利用 2bRAD-seq 技术对印度洋、大西洋和太平洋的黄鳍金枪鱼（*Thunnus albacores*）种群结构进行研究，检测到 6772 个高质量基因组 SNP 位点，通过主成分分析发现这些海域的黄鳍金枪鱼是独立遗传进化的。Carreras 等（2017）通过 GBS 技术筛选获 4155 个多态性 SNP 位点，对分布于地中海 6 个地理群体的 176 尾丁卡扁隆头鱼（*Symphodus tinca*）进行群体遗传结构分析，探查到两个影响基因流动的屏障，表明在进行生物多样性评估时，应考虑生境破碎化和正选择作用对种群遗传结构产生的复杂性影响。有研究者利用 ddRAD-seq 技术揭示远纹丽鱼属（*Teleogramma*）鱼类种群分歧的主要动力来自复杂的水文因素和地理障碍。有研究者对来自 8 个地理种群的 156 个间下鱵样本进行 ddRAD-seq 测序，基于开发的 5498 个 SNP 探讨环境和遗传对表型分化和种群差异的影响。群体历史动态分析表明，间下鱵种群遗传结构在一定程度上呈现地理分布差异，从高原湖泊发生迁移后，分化为两个主要群体。从表型来看，南部群体和其他群体背鳍和臀鳍的特征差异很大，表明种群分化和非生物因素影响促使间下鱵群体表型多态性以及遗传变异发生。

此外，利用简化基因组测序技术还可检测到传统分子标记难以鉴别的遗传差异。例如，线粒体控制区序列和 AFLP 分子标记研究结果显示，中日沿海不同地理种群的卵胎生鱼类褐菖鲉（*Sebastiscus marmoratus*）无明显谱系结构、群体间遗传分化较小，但有研究者用 GBS 技术在不同地理分布群体间检测到显著的遗传变异，且不同群体间受到强烈的本地适应压力影响。

5.1.3.2 全基因组重测序

全基因组重测序（whole genome resequencing，WGR）是针对已公布参考基因组序列或组装出高质量参考基因组的物种进行多个样本或者群体的全基因组测序，将重测序数据与参考基因组序列进行比较，并结合生物信息学方法对测序结果进行分析的技术。它可以鉴定大量遗传变异，包括单核苷酸多态性位点（SNP）、拷贝数变异（copy number variation，CNV）、插入缺失（insertion/deletion，InDel）、结构变异（structure variation，SV）等，以较低的成本发掘遗传特征或不同个体基因组间的结构差异，不仅可以实现群体内部或群体之间的多态性以及分离程度的计算分析，还可以推测群体进化的遗传多样性、群体历史动态和适应性遗传分化。

目前，群体基因组重测序技术在农林作物和畜牧业领域已有大量研究，但鱼类方面报道不多。有研究者对许氏平鲉（*Sebastes schlegelii*）、朝鲜平鲉（*S. koreanus*）和裸平鲉（*S. nudus*）进行基因组重测序，检测到 46624 个 SNP 位点，基于 PSMC 模型的种群历史动态分析表明，许氏平鲉的有效种群数量在末次冰期呈增长趋势，后两者呈递减趋势，推测与气候变化有关。Kon 等（2021）对从浙江舟山和福建宁德海捕与养殖的 198 尾大黄鱼（*Larimichthys crocea*）样本进行基因组重测序，发现 4 个群体的有效种群规模均呈下降趋势，遗传多样性较低，且养殖群体的遗传多样性下降更明显。有研究者用 WGR 评估中国沿海小黄鱼（*L. polyactis*）不同地理种群的遗传多样性和遗传结构，从 40 尾小黄鱼个体（3 个黄海群体、1 个东海群体）中获得 6645711 个高质量 SNP 标记，未发现与地理分布模式相对应的群体遗传结构，揭示不同地理群体的小黄鱼有高度的遗传相似性。Han 等（2021）用 WGR 对中国和日本海域的少鳞鱚（*Sillago japonica*）群体遗传结构和本地适应性进行分析，通过大约 548 万个 SNP 位点揭示中、日群体间的遗传分歧可能由地理阻隔和局部适应造成。有研究者对 149 尾大口黑鲈（包括美国原种和引入中国经繁殖改良后的 4 个群体）进行基因组重测序分析，检测到基因组区域含有与生长（*psst1* 和 *grb10*）、早期发育（*klf9*、*sp4* 和 *sp8*）和免疫（*pkn2*、*sept2*、*bcl6* 和 *ripk2*）等性状相关的重要基因，可作为驯化和选择性育种的潜在分子标记。大口黑鲈遗传多样性现状和种群结构分析表明，改良后的品种经历更严格的遗传变化。这项研究绘制了大口黑鲈遗传变异和可供筛选性状的全基因组图谱，为加速其遗传改良奠定坚实基础。

5.1.4 基因组技术在高密度遗传连锁图谱构建与 QTL 定位中的应用

遗传连锁图谱是基因或分子标记在染色体上的线性排列，以基因或遗传标记的重组交换为基础构建，是一些重要经济性状和数量性状位点（quantitative trait loci，QTL）的定位，有助于发现与育种、生长、发育、免疫等相关的基因。20 世纪 80 年代以前，生物遗传作图是在几种表型遗传连锁分析的基础上进行，而用 DNA 分子标记进行遗传作图成为基因组作图研究中具有划时代意义的事件。遗传连锁图谱的成功构建和数量性状的精确定位都离不开分子标记的应用。分子标记由于其多态性高、分布广、种类多、易操作等特性，为人类及其他物种的基因组研究作出了重大贡献。可用于遗传作图的分子标记有很多，如 RFLP、RAPD、AFLP、SSR、EST 和 SNP 等，但常用于鱼类高密度遗传连锁图谱作图的标记主要有两种：简单重复序列（simple sequence repeat，SSR）标记和单核苷酸多态性（SNP）标记。SSR 标记又叫微卫星 DNA，是由几个固定的核苷酸单元组成的一段串联重复序列，重复单元的数目在不同个体中不一样，因而呈现为不同长度的片段。SNP 标记是在基因组水平上由单个核苷酸的变异引起的 DNA 序列多态性，一般可通过测序或芯片杂交进行检测，在物种之间具有高度的保守性，稳定性较好。这两种标记广泛分布在基因组上，由于标记的性质不同，两者在多态性、稳定性、检测手段等方面存在一定差异。

与利用有限数量的分子标记构建遗传图谱的传统方法相比，基因组测序技术拥有开发分子标记的强大能力，可获得分辨率更高的遗传图谱，有利于更准确地进行 QTL 定位。近年来，随着从基因组数据中获取大量分子标记的难度降低，鱼类遗传连锁图谱构建研究得到极大促进。1997 年，美国农业部率先启动 5 种水产养殖动物（虹鳟、罗非鱼、斑点叉尾鮰、牡蛎、南美白对虾）的基因组计划。其他国家紧随其后，陆续开展水产经济动物基因组研究。这些遗传图谱的构建对研究鱼类的繁殖、遗传育种、免疫、生长和环境适应具有一定的指导意义，可为鱼类种质资源的保护提供参考依据。

自 1994 年模式鱼种斑马鱼（*Danio rerio*）的遗传连锁图谱构建以来，越来越多的鱼类遗传连锁图谱被解析。2014 年，法国科学家绘制了虹鳟（*Oncorhynchus mykiss*）第一个全基因组组装版本。次年，美国 Palti 团队构建了虹鳟第一张高密度 SNP 芯片，涵盖全基因组范围 57501 个 SNP 位点，为后续开展虹鳟种群遗传学评估、全基因组关联分析及基因组选择育种奠定坚实基础。Gonzalez-Pena 等（2016）采用加权单步最佳线性无偏差预测法（weighted single-step genomic best linear unbiased prediction，wssGBLUP）对连续三代培育的 299 个虹鳟全同胞家系的 1447 尾样本进行表型记录，并对其中 196 个全同胞家系的 875 条虹鳟进行基因分型，筛选出不同染色体上与出肉率相关的基因位点。赵紫霞等（2018）用 57K SNP 芯片对中国 6 个虹鳟养殖群体 48 尾样本进行检测，获得有效 SNP 位点 50201 个，并通过系统发育分析、主成分分析和群体遗传结构 STRUCTURE 分析发现，来自中、美的虹鳟群体可分为 3 个祖源类群，在部分中国养殖群体中存在显著离群个体，群体的遗传背景不均一。Wang 等（2015）利用 RAD-seq 技术构建了包含 6647 个 SNP 标记的大菱鲆（*Scophthalmus maximus*）高密度遗传连锁图谱，定位了 220 个与生长、体重和性别等性状相关的基因座，在开展标记辅助选择（marker assisted selection，MAS）和比目鱼类基因组学研究方面应用前景广阔。Shao 等（2015）用全基因组测序技术构建牙鲆的高分辨率遗传图谱，共鉴定均匀分布在牙鲆基因组上的 13362 个 SNP 位点，对其中 12712 个高可信度的 SNP 位点进行高通量基因分型后，分为 24 个连锁群（LGs），并检测到与鳗弧菌病抗性相关的 9 个阳性 QTL 位点。对基因组组装上的 QTL 区域进行共线性分析，发现 12 个免疫相关基因，其中 4 个与鳗弧菌病抗性强烈相关，构建的遗传连锁图谱的总长度为 3497.29cM（centimorgan），基因座之间的平均距离为 0.47cM，位于遗传图谱上的大多数 LGs 饱和，具有均匀分布的 3 类 SNP（母系杂合、父系杂合和双杂合的 SNP）。Gonen 等（2014）以两个大西洋鲑群体为参考，利用 RAD-seq 技术构建了鲑鱼高密度遗传连锁 SNP 图谱，并与大西洋鲑参考基因组草图重叠群进行整合，其中 112 个基因组重叠群映射到两个或更多个连锁群，与三刺鱼参考基因组进行比较基因组学分析发现，预测基因与大量的 SNP 密切相关，表明大西洋鲑和三刺鱼基因组之间存在直系同源性障碍。

除了海水养殖鱼类，部分重要淡水经济鱼类的遗传连锁图谱研究也有进展。草鱼（*Ctenopharyngodon idella*）是中国“四大家鱼”之一，也是中国目前产量最高、养殖规模最大的淡水养殖鱼类。Xia 等（2010）构建了包含两个 F1 代家系共 192 尾后代的第一代草鱼遗传连锁图谱，将草鱼基因组中的 16 个 SNP 和 263 个微卫星标记定位到 24 个连锁群，其数量与草鱼单倍体染色体数量相对应。雌鱼和雄鱼的性别特异性图谱长度分别为 1149.4cM 和 888.8cM，而性别平均图谱跨度为 1176.1cM，图谱的平均分辨率为 4.2cM/位点。Yu 等（2020）用上述研究数据筛选出 99 个微卫星位点，并在 7 个连锁群中定位到 15 个与体重、体长、体高和体宽有关的 QTL。还有学者利用 2b-RAD 技术获得草鱼基因组 6429 个 SNP 位点，并构建了平均标记间隔为 1.92cM 的草鱼中密度连锁图，但分辨率仍不足以进行精细尺度的 QTL 定位。Guo 等（2022）以草鱼全同胞 F1 代为基础，基于高通量 GBS 测序技术，构建了由 24 个连锁群的 3979 个 SNP 组成的草鱼高密度连锁图谱，总长度为 1752.742cM，平均标记分辨率为 0.44cM，并定位到与 5 个生长性状（体重、体长、体宽、体高和肥满度）相关的 21 个 QTL，为草鱼的标记辅助选择育种及相近物种的比较基因组研究奠定了坚实基础。鲤鱼（*Cyprinus carpio*）是世界三大淡水养殖鱼类之一，在中国具有悠久的养殖历史。鲤的生长性状与产量有直接关系，影响鲤鱼的经济效益。采用高通量测序技术获取基因组中的 QTL 信息，可为鲤鱼的分子育种与选育提供重要遗传信息。有研究者使用不同的统计方法（同胞对和半同胞模型）对 8 个全同胞家系 522 尾鲤鱼的形态计量性状进行基因组扫描分析，在 10 个连锁群的 25 个不同区域共检测到 194 个 QTL，并注释到与体型分化相关的候选基因。有研究者将 2b-RAD 测序和微卫星标记相结合，构建了长度为 4586.56cM，平均标记间隔为 0.57cM 的鲤鱼遗传图谱，从 12 个连锁群检测到 21 个生长相关性状的 QTL。Wang 等（2018）基于 2b-RAD 技术构建黄河鲤高密度遗传连锁图，在 50 个连锁群中检测到 6230 个 SNP 和 65 个 SSR，覆盖约 98.2%的黄河鲤鱼基因组（平均长度 0.59cM），并检测到 12 个与生长相关的 QTL，这些 QTL 散布在与性别相关的 8 个连锁群上。曹景龙等（2021）以团头鲂（*Megalobrama amblycephala*）自交得到的 197 个 F1 代个体为研究对象，通过 RAD-seq 技术构建包含 24 个连锁群、10795 个 SNP 标记的团头鲂高密度遗传连锁图谱，全长为 2578.54cM，平均标记间隔为 0.24cM，并通过基因功能注释筛选到参与团头鲂生殖过程的关键候选基因。有研究者利用 RAD-seq 技术开发了大量 SNP 标记，构建了南方鲇（*Silurus meridionalis*）高密度遗传连锁图谱。

5.1.5 基因组技术在鱼类基因组编辑研究领域的应用

基因编辑技术是在 DNA 水平上通过删除、插入等方式对特定序列进行改造的技术（Esvelt，2016）。随着全基因组测序成本的降低，多种养殖鱼类的基因组被测序，这为基因编辑在养殖鱼类中的应用提供了丰富的遗传信息资源，基因编辑技术在水产生物领域得到较快发展。鱼类是优质蛋白重要来源，开展养殖鱼类基因的功能研究，从而揭示其遗传发育规律，发掘和利用遗传资源并培育高产、抗病、抗逆品种，不仅具有重要科学意义，还可以提高水产养殖的经济效益。

2021年，日本在世界范围内首次批准基因编辑鱼类真鲷（*Pagrosomus major*）上市。科研人员使用合成生物学中的基因编辑技术，修改真鲷体内一个调控肌肉生长的“肌肉生长抑制素（myostatin）”基因，使鱼肉含量上涨20%，肌肉纤维变粗，口感更加筋道。随后，另一种基因编辑鱼类红鳍东方鲀（*Takifugu rubripes*）上市销售，科研人员采用基因编辑技术破坏掉与调节食欲有关的基因，使其食欲旺盛、体重能快速增长，在同样养殖周期内平均体重可达普通河豚的1.9倍。

中国科学院水生生物研究所孙永华课题组在斑马鱼中建立并优化了鱼类基因编辑配子的“借腹生殖”技术，快速高效获得纯合突变致死基因的母源合子突变体，为斑马鱼母源基因的功能研究开辟新途径。他们选择跨亚科两个鱼类物种——稀有鮈鲫（*Gobiocypris rarus*）和斑马鱼分别作为精原干细胞移植（spermatogonial stem cells transplantation，SSCT）的供体和受体，将生殖细胞靶向CRISPR/Cas9基因编辑和SSCT“借腹生殖”技术进行有机整合和优化，在受体斑马鱼中快速高效获得供体稀有鮈鲫经基因编辑的精子。“借腹生殖”斑马鱼产生的SSCT精子核基因组完全来源于供体稀有鮈鲫，而且只能让稀有鮈鲫卵子受精，但其形态学特征和游动行为更接近受体斑马鱼的精子。

团头鲂俗称武昌鱼，是中国主要养殖的大宗淡水鱼之一，肉质鲜美但肌间刺较多，食用时易出现卡喉咙的危险，严重影响其经济价值。华中农业大学高泽霞团队从斑马鱼研究出发，首先利用单细胞转录组测序技术（scRNA-seq）定义野生型斑马鱼肌间刺所在区域的18个细胞类群，筛选到与肌间刺形成显著相关的肌腱祖细胞、肌腱分化细胞、成熟肌腱细胞和成骨细胞类群。根据基因在细胞轨迹上的表达模式，进一步筛选到10个与肌间刺形成密切相关的功能基因，并在斑马鱼上运用CRISPR/Cas9基因编辑技术分别构建基因突变品系，确定了3个能够调控鱼类肌间刺发生发育的基因，发现只有*runx2b*基因突变后能导致斑马鱼肌间刺的完全缺失并可以稳定遗传，且不对个体生长、肌肉脂肪酸和氨基酸含量等性状造成显著不良影响。随后，该团队将CRISPR/Cas9基因编辑技术应用于团头鲂，构建了*runx2b*基因F0代突变体，发现*runx2b*突变体团头鲂的肌间刺发育亦受到显著影响，部分个体肌间刺数目减少30%以上，表明*runx2b*基因对其他经济鱼类的肌间刺形成亦具有重要调控作用。2022年，该团队进一步选取F0代有突变的雌雄个体交配繁育出F1代群体，选育出完全没有肌间刺的团头鲂个体。X光片显示，无刺团头鲂体内完全看不到横向生长的肌间刺。这种无刺团头鲂经过严格的养殖评估和国家审定后，有望进入生产性推广和养殖阶段。鲫鱼（*Carassius auratus*）也是一种肉质鲜美但肌间刺较多的淡水经济鱼类。中国水产科学研究院黑龙江研究所科研人员筛选出与肌间刺相关的1600多个候选基因，在2018年利用基因编辑技术鉴定到*bmp6*基因，首次获得无肌间刺斑马鱼突变体，后将*bmp6*基因应用于鲤科鱼类无肌间刺种质创制，并使用基因编辑育种方法培育出无肌间刺鲫鱼的第三代群体。近年来，中国科学院水生生物研究所桂建芳院士团队在全基因组解析银鲫为双三倍体的基础上，开拓完善了在“双三倍体银鲫”和“双二倍体金鱼”中利用基因编辑快速创制关键基因突变体的方法，合作发现了双三倍体银鲫的两个部分同源基因（*Cgrunx2b-A*和*Cgrunx2b-B*），并追踪了肌间刺的产生、骨化过程。这些研究标志着中国水产动物基因编辑在遗传育种领域理论和技术层面取得重大突破。

5.2 鱼类转录组学研究

5.2.1 鱼类转录组学研究概述

随着一系列模式生物基因组测序的完成，基因组学的研究领域逐步拓展。依据模式生物的参考序列，科研人员能够对该物种的全基因组转录情况、不同个体之间的SNP、基因拷贝数差异等进行研究（张春兰等，2012）。2013年，华大海洋和国家基因库联合发起“千种鱼转录组计划”（Fish-T1K），计划在未来3到5年内完成约1000种鱼类转录组的测序、组装工作，并构建高质量的鱼类转录组数据信息平台，旨在解密鱼类起源、进化、生殖、发育、性别调控和免疫等活动机制，以更好应对鱼类育种、疾病防控、海洋食品安全和生物多样性保护挑战。截至目前，Fish-T1K已规范收集和保存高质量样本8000多份，涵盖硬骨鱼类59个目（总68个目，占86.76%），183个科（总398个科，占45.98%），已完成其中300余份样品的转录组测序和组装。随着越来越多鱼类转录组测序的完成，研究者们可以从整体上对基因的功能、信号通路、基因的表达模式等方面进行全新研究。目前，转录组分析被广泛用于分析鱼类系统发育和适应性进化、发育生物学、免疫学、环境胁迫对基因表达的影响等。

5.2.2 转录组技术在鱼类系统发育和适应性进化研究领域的应用

遗传进化和对环境的适应性一直都是鱼类进化生物学研究热点，清楚阐述其分子基础是进化生物学的一个巨大挑战。转录组技术提供了对生物体不同状态下的基因差异表达进行深入探究的方法，近年来在鱼类的系统发育和适应性进化研究方面得到应用。

2018 年，“千种鱼类转录组计划”（Fish-T1K）项目团队从鱼类不同分类单元中挑选 303 种代表性鱼类，囊括所有硬骨鱼 72 个目中的 66 个目，占总分类单元的 91.66%，并将 144 种鱼类的基因组数据和 159 种鱼类的转录组数据整合，采用生物信息学分析方法筛选出 1105 个直系同源外显子序列作为分子标记，构建了当时覆盖度最广、最可靠的鱼类系统演化树，解答了鱼类起源和进化研究中存在的争论和难题。此外，Fish-T1K 团队利用这些组学数据，并结合多个鱼类化石出现的时间，有效地估算了鱼类不同类群的起源时间。发现现存的绝大部分鱼类类群早在白垩纪末期之前就已经形成，其中最早出现的类群起源于 3 亿 7 千 9 百万年前。

裂腹鱼是鲤形目（Cypriniformes）、鲤科（Cyprinidae）、裂腹鱼亚科（Schizothoracinae）鱼类统称，广泛分布于青藏高原及其周边水域，在高原淡水生态系统中居重要地位，对高海拔、低温、低氧和强紫外线辐射等极端环境具有很强的适应性，是研究高原生物适应性进化的理想研究模型。俞梦超（2017）对高、中、低三个海拔裂腹鱼类的转录组进行比较分析，阐述其系统发育关系及其高原适应性进化的机制，发现高海拔裂腹鱼、亚高海拔裂腹鱼及平原鲤科鱼类各自聚为一个类群，高海拔和亚高海拔裂腹鱼亚科鱼类在青藏高原隆起过程中面对不同选择压力，有 27 个基因既为差异基因又为正选择基因，可能在适应青藏高原环境过程中起重要作用。吴蓉蓉（2019）以青藏高原裂腹鱼亚科鱼类为研究对象，通过 Illumina 测序技术获得 13 种裂腹鱼类肝胰脏、肌肉、肾脏、脑组织的混合转录本，基于转录组数据获取了蛋白家族成员、低氧诱导因子、促红细胞生成素和受体以及血管内皮生长因子编码区完整序列，并进行分子进化分析，发现这些基因不同程度地经历了正选择，挖掘了 9 个在适应性进化中发挥重要作用的免疫相关候选基因。

金线鲃是鲤形目、鲤科、金线鲃属（*Sinocyclocheilus*）鱼类的统称，为中国特有淡水鱼类，常见于云贵高原东部地区。金线鲃多生活于水面较开阔的静水湖泊，也有部分种类生活于积水较深处或洞穴，因终年生活在暗无天日的环境中而退化为仅保留眼痕的盲鱼。赵胤丞（2019）用二代测序技术对软鳍金线鲃（*S. malacopterus*）和犀角金线鲃（*S. rhinocerous*）的脑组织进行转录组测序，筛选得到 20344 个差异表达基因，3289 个显著差异表达基因，其中 2598 个显著下调表达，691 个显著上调表达。发现洞穴种犀角金线鲃的脑在适应性进化过程扮演重要角色。

哲罗鲑（*Hucho taimen*）是分布于中国新疆和黑龙江部分流域的冷水性鱼类。由于过度捕捞和生态环境破坏，野生哲罗鲑的数量已经十分稀少，被列入《中国濒危动物红皮书·鱼类》和《世界自然保护联盟濒危物种红色名录》中的易危物种。Tong 等（2018）对 10 尾哲罗鲑样本的 12 种组织进行混池转录组测序，从头组装得到 N50 大小为 1060bp 的高质量转录组，随后从 11 个硬骨鱼类（8 种鲑科鱼类、白斑狗鱼、青鳉、斑马鱼）中挖掘出 134 个保守单拷贝直系同源基因，通过多重比对并使用最大似然法（用 PhyML 软件）和贝叶斯法（用 MrBayes 软件）重建物种系统发育树。研究发现，两种系统发育树的拓扑结构一致，物种系统发育和分歧时间表明，鲑科鱼类起源于距今 6300 万年前的第三纪新生代晚期，哲罗鲑发生物种分化的时间大约在距今 3700 万年，为追溯鲑科鱼类起源及哲罗鲑的物种形成提供了参考依据。

长江是中国乃至亚洲第一大河流，也是世界第三大河流，全长约 6300km，流域面积约 180 万 km^2，孕育着 400 多个不同的鱼类物种，其中长江特有鱼类多达 170 余种。黄玉（2020）从长江流域源头、上游、中游及下游等 12 个采样地点共采集鱼类样本 93 份，涉及 77 个物种，并进行转录组测序和从头组装，将其中 73 个（61 种）鲤形目鱼类的转录组数据和前期获得的 359 份数据组成包含 432 个鲤形目鱼类（19 科 383 种）样本的数据集，并基于并联法和串联法分别构建进化树，探讨鲤形目鱼类的系统进化关系，证实鲤亚目鲤科是鲤形目最基本的类群，而其他鲤亚目聚成一个单系类群，为研究整个鲤形目系统演化提供了可靠的依据。

近年来，由于“温室效应”的影响，海洋从大气中吸收了过量二氧化碳，海水 pH 值逐渐降低，酸性逐渐增加。为探究酸化环境对鱼类的影响，香港大学等机构的科研人员采集巴布亚新几内亚一个天然火山的二氧化碳渗溢区及其邻近区域的六种珊瑚礁鱼类，包括五种雀鲷鱼（Damselfish）和一种天竺鲷鱼（Cardinalfish），并对脑组织进行转录组测序。研究显示，高二氧化碳分压导致与昼夜节律和免疫功能相关的基因发生转录变化，从而使鱼类更灵活地应对酸化环境。研究还发现，在二氧化碳浓度升高的影响下，多刺棘光鳃鲷（*Acanthochromis polyacanthus*）较其他几种鱼类进化速度更快，pH 调节基因、昼夜节律的核心基因及离子运输相关基因的选择性进化更积极，从而适应环境改变。

5.2.3 转录组技术在环境胁迫研究领域的应用

环境胁迫指环境对生物生存状态产生的压力，又称环境应激。根据胁迫作用持续时间的不同，分为急性环境胁迫及慢性环境胁迫。生物对环境适应性的高低对种群生存和发展至关重要。不同环境会对鱼类组织生理生化水平造成不同程度的影响，尤其随着水产品需求日益增加、集约化养殖模式推广以及药品投放和经营管理模式不当，养殖水质日益恶化，水产动物处于各种环境因素压力下，导致养殖个体病害频发，养殖效益下降。因此，分析鱼类组织在环境胁迫下的转录组变化及调控机理可揭示鱼体针对不同环境所做出的生长发育、物质代谢、免疫调控及相关信号通路响应，已应用于鱼类对温度、盐度、低氧胁迫响应机制的研究。

5.2.3.1 温度胁迫

鱼类作为一种变温动物，其循环系统和呼吸系统与温度的关系最为密切。温度是影响鱼类生存的重要指标，与鱼类的生长发育、繁殖代谢、免疫功能、行为活动等都有密切联系。随着全球变暖的不断加剧，大部分地区平均水温上升，大量鱼类将无法适应其地理范围内的温度。虹鳟（*Oncorhynchus mykiss*）是世界范围内重要的养殖经济鱼类，对夏季高温的耐受力十分有限，常因高温导致大面积减产或死亡，是研究鱼类热应激反应的理想模型。李永娟等（2018）将受热激后的虹鳟与对照组同时进行转录组测序，获得 27796 个 mRNA，其中 2332 个为热激组独有，以 q-value＜0.05 为临界阈值，筛选到 128 个肝脏基因的表达水平在热应激后出现明显差异，有助于揭示虹鳟热应激反应的分子调控机理。银鲳（*Pampus argenteus*）是中国主要的海洋捕捞鱼种之一，也是名贵的食用鱼类。在银鲳近年养殖过程中，由于气候变化或人为因素等导致的水温突变会对其造成急性温度胁迫。刘磊等（2017）对银鲳肝组织进行转录组测序，并分析温度胁迫下银鲳转录组基因差异表达，探索银鲳通过基因表达模式变化应对温度胁迫的过程。邓素贞等（2018）利用 Illumina Hiseq 2500 测序平台分别对大黄鱼高温处理组和常温对照组进行转录组测序，检测到 1259 条显著差异表达基因，其功能与氧化还原反应、蛋白质折叠和去折叠、糖和脂代谢以及某些疾病发生相关，有助于深入研究大黄鱼高温适应的调控机制。储天琪等（2021）分析温度胁迫下小黄鱼肝脏组织转录组的表达变化，从热休克蛋白家族、脂质代谢和神经元调节中获得与温度应激相关的基因并克隆和测定组织表达，探究了小黄鱼温度胁迫的分子机制。

5.2.3.2 盐度胁迫

盐度是影响鱼类生长代谢等各种生理活动的重要环境因素。盐度对鱼类生态生理学作用的直接效应是引起鱼体对渗透压的调节，使其生长存活与摄食、呼吸代谢、酶和激素水平及胚胎发育等相关生理指标产生相应变化。Ronkin等（2015）测定耐高盐度的莫桑比克罗非鱼（*Oreochromis mossambicus*）和耐低盐度的尼罗罗非鱼（*O. niloticus*）前肠和后肠的转录组数据，经过对比发现，盐度变化基因的表达在前肠组织中高度相似，而在后肠组织中差异较大。GO注释分析表明与转运蛋白和离子通道功能相关的基因占比很高，推测前肠组织盐度依赖基因与两物种耐盐性差异有一定关联。崔文晓等（2017）对受盐度50海水胁迫及正常盐度养殖的大菱鲆幼鱼肾组织进行转录组测序，构建与盐度胁迫相关的转录组数据库，筛选出与盐度相关的候选基因，并与其他鱼类代谢通路和基因功能分析对比，鉴定大菱鲆16个盐度相关基因显著富集的信号通路，通过荧光定量表达分析验证了部分盐度相关基因。暗纹东方鲀（*Takifugu obscurus*）是中国及东亚重要的洄游性经济鱼类，其渗透压调节能力强，盐度耐受范围广。王骏等（2018）对不同盐度环境下生长的暗纹东方鲀的鳃、肠和肾组织进行高通量测序，在转录水平分析了暗纹东方鲀渗透压调节分子机制。随着外界环境盐度的增加，与物质转运、神经内分泌激素调节、能量代谢和物质代谢等通路相关的部分基因呈显著上调趋势。鲟鱼作为辐鳍亚纲中最原始的类群，有很强的生理可塑性，能适应不同的盐度环境。吴斌等（2018）采用Illumina Hiseq 2000测序平台对高盐胁迫下的杂交鲟（史氏鲟*Acipenser schrenckii*♀×俄罗斯鲟*A. gueldenstaedtii*♂）鳃组织进行转录组测序，筛选到11380个受盐度胁迫时的差异表达基因，其中，6969个基因表达量上调，4411个基因表达量下调，并用qRT-PCR验证了5个上调和3个下调基因的相对mRNA表达水平。孟玮等（2021）通过转录组测序探讨了急性盐度胁迫下日本黄姑鱼的基因表达水平差异，发现盐度变化能影响肌肉组织的离子通道、离子转运体、蛋白降解和免疫系统功能。虹鳟是中国养殖产量最高的广盐性鲑鳟鱼类，尽管海水养殖虹鳟在生长速度、抗病力和肉质等方面更具优势，目前中国虹鳟仍以淡水养殖为主，故虹鳟的盐度驯化是养殖面临的主要问题之一。周启苓等（2022）用Illumina HiSeq 4000测序平台对经盐度28海水驯化7d（实验组）和常规淡水养殖（对照组）虹鳟的鳞组织进行转录组测序，筛选出1714个差异表达基因，其中484个显著上调，1230个显著下调。研究表明实验用的驯化盐度对虹鳟骨代谢和鳞组织代谢相关基因的表达水平没有显著影响，也没有让鱼体产生较强的应激反应，采用的驯化模式较合理。

5.2.3.3 低氧胁迫

氧气是所有有氧生物的生命活动所必需的，也是鱼类生长发育和代谢过程中不可缺少的物质。鱼类具有一定的适应溶解氧波动的能力，但长期低氧胁迫会导致生理状态和器官形态结构发生变化，造成鱼类损伤甚至死亡。水产养殖中高密度养殖和气温升高都会造成水体缺氧，低氧胁迫已成为鱼类面临的主要环境胁迫因素之一。目前，大量研究聚焦于鱼类耐低氧机制的转录组研究。大弹涂鱼（*Boleophthalmus pectinirostris*）是少数能在低氧时正常呼吸的鱼类，朱婷芳等（2020）分析了低氧胁迫 8h 的大弹涂鱼头肾源单核巨噬细胞的转录组变化，在低氧处理组中获得 4487 个差异表达基因，其中血管内皮生长因子和 3-磷酸甘油醛脱氢酶基因转录本的表达上调。GO 和 KEGG 信号通路富集分析发现糖酵解/糖异生和氧化磷酸化可能在应对短时低氧胁迫中具重要作用。宋汝浩等（2022）将 1 月龄野生型斑马鱼低氧胁迫 2 个月后，对其肝脏组织进行转录组测序和比较分析，发现铁离子储存相关基因 *fthl*28 和 *fthl*31 变化显著，铁代谢调节是斑马鱼低氧胁迫下的重要响应过程，低氧会导致细胞内铁代谢紊乱，延长低氧时间会形成新的铁稳态。傅强等（2017）以斑点叉尾鮰（*Ictalurus punctatus*）为研究对象，选取低氧胁迫后的幼年（4 个月）和成年（2 年）鱼及对照组鱼鳔组织分别构建转录组文库，并采用 Illumina HiSeq v4 高通量测序平台进行转录组测序，发现幼鱼中参与氧气存储、氧气运输等功能的差异表达基因远远多于成鱼，从基因表达层面证明该鱼的鱼鳔有辅助呼吸功能。赵永丽等（2018）对正常氧气和低氧胁迫处理后的花斑裸鲤混合组织样本进行转录组测序，比较低氧适应相关基因的差异表达及其富集通路，发现花斑裸鲤应对低氧环境时会增强糖酵解通路功能、糖异生作用和 HIF-1 信号通路功能，强化抗氧化防御系统，抑制细胞生长及促进受损细胞凋亡，从而提高机体的低氧耐受和存活能力。HIF-1α 和 HIF-2α 的表达水平随低氧程度不同表现出明显的组织特异性，表明花斑裸鲤通过两种不同机制应对中度低氧和重度低氧环境。袁晨浩等（2021）利用 Illumina 测序技术对饲养温度 23℃和 5℃时的红鳍东方鲀肾脏和心脏组织进行转录组测序，发现 3 个心脏抗原相关通路基因，2 个肾脏精氨酸、脯氨酸相关通路基因以及 2 个肾脏昼夜节律基因呈显著上调趋势，探究了红鳍东方鲀的生态适应机制。

5.2.4 转录组技术在分子标记开发领域的应用

分子标记是基于个体间遗传物质核苷酸序列变异的遗传标记，是 DNA 水平遗传多态性的直接反映。分子标记的开发是将分子生物学应用于生产实践的重要手段，筛选合适的分子标记进行遗传多样性分析或在良种选育中应用，能有效推动种质资源开发与创新利用。简单重复序列（SSR）分子标记开发方法包括直接文库筛选法、磁珠富集法、数据库检索法、种间转移扩增法等，但这些方法不仅耗时长、花费高，且不能完全反映微卫星分布情况，开发的分子标记的数量十分有限。近年来，随着转录组测序技术的逐渐成熟及成本的不断降低，利用转录组测序平台可一次性获得大量的分子标记。与传统技术手段相比，从转录组数据中挖掘分子标记具有通量大、周期短、成本低、直接与某些功能基因相关联的优点。利用转录组开发最多的两类标记是 SSR 和 SNP 分子标记，特别是 SSR 分子标记在水产动物中得到广泛应用。瞿春梅（2013）以翘嘴鳜（♀）×斑鳜（♂）杂种 F1 的转录组序列为基础，设计合成了 388 对微卫星引物，对多种鳜属鱼类进行多态性检测，43 对多态性引物能够成功在大眼鳜、波纹鳜、暗鳜和少鳞鳜中跨种扩增，表明引物的种间通用性和可移植性很高，这些微卫星标记促进了鳜属鱼类遗传多样性和种群结构的评估、保护遗传学研究、高密度连锁图谱的构建以及分子标记辅助育种技术的建立。Li 等（2019）利用高通量测序技术对赤眼鳟（*Squaliobarbus curriculus*）204027 个转录本数据中的微卫星序列进行分析和挖掘，鉴定出 51426 个候选 SSR 标记，从中随机挑选并设计 50 对引物，在 32 尾赤眼鳟样本中进行了 PCR 验证，发现其中 20 对引物具有多态性。圆口铜鱼（*Coreius guichenoti*）是长江上游水域重要的经济鱼类和主要捕捞对象，也是长江珍稀特有鱼类保护区指标性物种，但近年来资源量锐减，已被列入《中国生物多样性红色名录——脊椎动物卷》中的极危（CR）等级。李学梅等（2021）对室内循环水养殖的圆口铜鱼肝脏组织进行高通量转录组测序，利用 MISA 软件对测序获得的 Unigene 进行微卫星位点挖掘和特征分析，随机挑选微卫星位点设计合成 50 对引物并验证，表明通过转录组测序开发圆口铜鱼 SSR 标记具有较高的可行性。

通过转录组测序获得微卫星标记大量应用于海洋鱼类微卫星开发与资源保护利用研究。黄姑鱼（*Nibea albiflora*）是分布于中国沿海、朝鲜半岛及日本南部沿海的重要经济鱼类。龚诗琦等（2016）用 MISA 软件从黄姑鱼转录组测序数据中检索到 12254 个微卫星位点，随机挑选位点并设计的 80 对 PCR 引物中有 38 对可获得目的条带，并对其中 18 个有多态性的 SSR 位点进行扩增效果验证和评价，发现利用转录组测序数据开发微卫星标记比传统方法更加省时、高效。星斑川鲽（*Platichthys stellatus*）是营底栖生活的鲽科鱼类，是中国北方重要的海水人工养殖对象。李青等（2016）以星斑川鲽脑垂体和下丘脑组织为材料进行转录组测序，使用 MISA 软件对转录组测序所得的 Unigene 序列进行 SSR 预测，挑选与生长或免疫功能相关的 20 个微卫星标记在星斑川鲽不同地理群体、石鲽和黄盖鲽及其杂交一代中进行 PCR 扩增，发现四种鲽科鱼类具有较低的遗传多样性水平，应加强渔业资源保护。张维炜等（2019）

通过对人工雌核发育的棕点石斑鱼（*Epinephelus fuscoguttatus*）进行转录组测序，共获得24359个微卫星位点，随机筛选93个EST-SSR位点进行引物合成和多态性检测，最终开发了48个具有多态性的微卫星标记，并在不同的棕点石斑鱼群体中均表现出较高多态性。

龙头鱼（*Harpadon nehereus*），俗称豆腐鱼、水潺或狗母鱼，广泛分布于中国黄海南部、东海以及南海河口的中下层。20世纪80年代以来，以龙头鱼为代表的中小型鱼类生物量呈迅猛增加趋势，已成为近海渔业优势种。由于海洋生态环境破坏和捕捞压力增大，部分海区龙头鱼群体呈现低龄化、小型化趋势，亟待开展龙头鱼生物资源保护与合理开发利用。黄新芯等（2021）用Illumina HiSeq 2500高通量测序平台对采自舟山近海的龙头鱼肌肉组织进行转录组测序，从获得的Unigene序列中识别出5652个完美型SSR位点，表明龙头鱼转录组SSR位点含量丰富、基元的重复类型众多、重复次数较高，具有良好的分子标记开发潜力。白带鱼（*Trichiurus lepturus*）是中国较早开发应用的海洋经济鱼种，也是单鱼种产量最高的经济鱼类，20世纪80年代以来，由于过度捕捞和产卵场环境的破坏，东海带鱼种群一度出现小型化、低龄化和低质化现象。刘玉萍等（2022）从舟山带鱼肌肉组织的转录组测序数据中挖掘微卫星标记，从50482条Unigenes中检测到18873个SSR位点，其中超过75%的SSR位点具有中度及以上水平的多样性。

尽管转录组测序在分子标记开发方面具有明显优势并得到广泛应用，但过短的拼接结果导致引物设计困难，错误的拼接也会造成标记扩增失败。随着第三代测序技术的发展，后续拼接的准确性和完整性大幅提升，转录组技术将被应用于非模式水产物种的分子标记开发。

5.2.5 转录组技术在鱼类免疫研究领域的应用

免疫系统由免疫组织与器官、免疫细胞和免疫因子组成，是鱼类发挥免疫防御功能的重要系统。鱼类通过适应性免疫和先天性免疫共同构成完整的免疫系统来维护自身稳态。在水产养殖过程中，细菌性、病毒性以及寄生虫性鱼病对鱼类的危害极大，再加上集约化高密度养殖，各类疾病高发导致鱼类机体抵抗力差，生长缓慢，病害严重甚至死亡。高通量测序技术的应用能帮助深入理解鱼类受病原体感染后的生理机制以及免疫应答，有助于进一步挖掘鱼类生长发育、物种进化、抗病免疫等分子机制，并为减少病原感染、提高鱼类养殖效率提供理论依据。目前，在鱼类免疫研究领域的转录组研究主要集中于检测受到细菌、病毒和寄生虫等病原体感染后的鱼类相关基因的差异表达和分子标记方面。

大黄鱼是中国特有重要海水经济鱼类，但嗜水气单胞菌、多种弧菌等海洋细菌引发的疾病往往造成大黄鱼养殖业的巨大经济损失。Mu 等（2010）对受嗜水气单胞菌（*Aeromonas hydrophila*）感染 12h 后的大黄鱼脾脏进行转录组分析，结果显示，感染前后的脾脏中有 1996 个差异表达基因，其中 727 个显著上调，489 个显著下调。细菌感染影响 Toll 样受体（Toll-like receptors，TLR）、JAK-STAT（Janus kinase-signal transducer and activator of transcription）和 MAPK（mitogen-activated protein kinase，丝裂原活化蛋白激酶）等免疫相关信号通路的基因表达，编码参与 T 细胞受体（T cell receptor，TCR）信号转导因子的基因也受到细菌感染调节，证实多个免疫相关基因在大黄鱼感染后的免疫调节中发挥重要作用。程安怡等（2022）通过转录组测序及生物信息学分析，在转录组水平分析被溶藻弧菌（*Vibrio alginolyticus*）感染 24h 大黄鱼头肾基因表达水平变化，共获得 1903 个差异表达基因，641 个表达上调、1262 个表达下调，通过基因富集分析发现先天性免疫相关基因显著表达上调，而获得性免疫相关基因显著表达下调，表明大黄鱼先天性免疫在抵御溶藻弧菌感染早期发挥重要作用，但获得性免疫受到抑制。

较高的死亡率（>90%）是太平洋鳕（*Gadus macrocephalus*）幼鱼饲养过程中存在的主要问题。Mao 等（2015）用 Illumina 测序平台从头组装获得太平洋鳕 77561 条转录组序列，首次报道 27 个与造血或淋巴器官发育和免疫受体体细胞多样化有关的基因，并选择 *Rag1* 基因和 *Igμ* 基因为免疫系统发育的生物标记，利用 RACE 聚合酶链反应获得各自全长 cDNA 序列，绝对定量 PCR 显示 *Rag1* 基因的表达显著早于 *Igμ* 基因，成为太平洋鳕免疫系统遗传学研究起点。

中华鲟（*Acipenser sinensis*）是现存最古老的鱼类之一，也是中国极度濒危水生动物，具较高的进化、经济和保护价值。Zhu 等（2016）首次用 Illumina 深度测序对中华鲟免疫组织进行转录组测定和分析，得到 91739 条序列，其中 25871 条序列在公共数据库有注释，但仅 2002 条序列与鲟属现存鱼类相关序列匹配成功。这种软骨硬鳞鱼类拥有与哺乳动物及硬骨鱼类免疫途径相同的中间体，有效拓展了该鱼免疫遗传学领域研究，促进了中华鲟保护和管理。

Li 等（2017）使用 Illumina 测序技术分别对一龄和三龄草鱼的脾脏组织进行转录组测序，从头组装得到平均长度为 1264.51bp 的 8970 条 Unigenes。基因表达水平的比较分析显示，共有 38254 个基因被表达，其中 1782 个基因（903 个下调基因和 879 个上调基因）存在显著性差异表达，广泛参与草鱼的免疫和应答调节机制，鉴定到 6 条免疫相关通路，为研究草鱼脾脏发育的分子机制提供了基础。

斜带石斑鱼（*Epinephelus coioides*）是一种重要的海水经济养殖鱼类，但病害是限制其养殖产量的一个重要因素。近年来，β-葡聚糖作为一种新型天然免疫增强剂在水产养殖业中被广泛应用。张海艳等（2018）用腹腔注射β-葡聚糖刺激斜带石斑鱼，在刺激6h、72h后分别取头肾、血液淋巴细胞、胸腺和脾脏组织进行转录组测序，组装得到平均长度1507bp的175568条Unigene。根据基因差异表达分析，筛选出6类71个免疫相关的显著性差异基因，GO富集分析筛选出7条免疫相关条目。随机挑选7个具有显著性差异的免疫基因进行qRT-PCR验证，结果与测序结果变化趋势一致，为研究β-葡聚糖调节鱼类免疫系统的作用机制提供数据参考。

Meng等（2019）通过全长转录组从细菌侵染后的淡水花羔红点鲑（*Salvelinus malma*）中得到27829个转录本，其中25809个被成功注释，包含大量先天免疫相关基因。功能富集分析发现，参与Toll样受体（TLR）信号通路的基因多于补体和凝血级联通路，表明TLR在被细菌侵染的淡水花羔红点鲑中发挥重要的免疫作用。

5.2.6 转录组技术在鱼类发育生物学研究领域的应用

发育生物学（developmental biology）是一门研究生物体从精子和卵子发生、受精、发育、生长到衰老和死亡规律的科学。鱼类的生长与发育研究是苗种培育的理论基础，开展鱼类发育生物学研究，不仅对鱼类生活史和进化研究很重要，而且在渔业生产实践中具有应用价值。

西伯利亚鲟（*Acipenser baerii*）是软骨硬鳞总目（Chondrostei）、鲟形目（Acipenseriformes）、鲟科（Acipenseridae）、鲟属（*Acipenser*）的代表性鱼类，具有抗病能力强、易驯化、苗种培育成活率高、生长快等特点，已成为中国鲟类养殖的主要种类之一。作为地球演化历史中最早发展出来的硬骨鱼类，鲟形目鱼类是研究鱼类进化发育的重要材料。尤其鲟形目鱼类是少数具有类似软骨鱼电感受器的硬骨鱼之一，研究其侧线系统发育对探讨电感受器的进化起源有重要意义。Song等（2016）运用Illumina二代测序技术对西伯利亚鲟胚胎发育的大卵黄栓期、宽神经板期、尾牙分离期以及胚后的1日龄仔鱼、11日龄仔鱼、64日龄仔鱼的壶腹器官进行转录组学研究，全面分析了西伯利亚鲟早期发育的基因表达图谱，发现在西伯利亚鲟胚胎时期就表达侧线系统发育相关基因。

目前，大黄鱼养殖产业由人工授精到成鱼养殖的完整体系已经形成，但对大黄鱼胚胎发育时期各种基因的表达转换研究有待深入。霍洁颖等（2017）利用 HiSeq 2000 测序平台对大黄鱼受精卵不同发育时期的胚胎进行测序，对比发现胚胎基因表达在囊胚期和原肠期之间出现较大变化，囊胚期和咽囊期的差异基因最多，推测由合子基因启动和母源因子降解造成，进一步分析发现，母源因子参与调控多种胚胎发育事件。这项研究展示了大黄鱼从受精卵到咽囊期的早期胚胎发育过程，有助于未来开发利用大黄鱼发育相关基因及指导繁育工作。

棘头梅童鱼（*Collichthys lucidus*）是中国重要的小型底栖经济鱼类，其生殖细胞发育及相关调控机制研究对于阐明遗传基础和产业化开发具有深远意义。李羽（2019）基于 Illumina HiSeq 500 测序平台对棘头梅童鱼成熟精巢和卵巢进行转录组测序，*de nove* 组装得到与生殖发育相关的基因及信号通路，筛选出生殖细胞特异基因 *dnd*、*dmrt1*、*foxl2* 和 *vasa*，经克隆得到 cDNA 全长序列并分析表达模式和功能，结果表明，这些基因在结构和进化关系上都具有极高保守性，其中 *dmrt1* 基因和 *foxl2* 基因具有明显的性别二态性，在精巢和卵巢发育以及性别分化过程中起重要作用；*vasa* 和 *dnd* 基因不仅在生殖细胞发生过程中各自起重要作用，相互间还存在协同作用。这丰富了棘头梅童鱼的转录组学信息数据库，为深入研究其生殖细胞发育机制提供了理论基础，并为种质资源保护和合理开发提供了重要依据。

卵形鲳鲹（*Trachinotus ovatus*）是分布于中国南海、东海和黄海的广盐暖水性海洋鱼类，具有无肌间刺、肉质细嫩、味道鲜美、抗逆性强、营养价值高等优点，是重要的海水养殖经济鱼类。李蔚等（2022）挑选处于卵巢发育Ⅰ期和Ⅲ期的雌性卵形鲳鲹，分别构建卵巢 cDNA 文库，并用 Illumina HiSeq 2500 技术进行转录组测序。在卵巢 2 个发育时期共鉴定到 17737 个差异基因，其中 8169 个在卵巢Ⅲ期上调表达，9568 个下调表达。发现 *GnRHR*、*FSHR*、*FSHβ*、*CYP11A*、*SIRT3* 和 *PEG3* 等差异表达基因及 PI3K-Akt（phosphatidylinositol-3-kinase，磷脂酰肌醇-3-激酶）信号通路和 VEGF（vascular endothelial growth factor，血管内皮生长因子）信号通路与卵形鲳鲹卵巢发育密切相关，共同调节卵巢发育和成熟，在卵巢性成熟过程中起重要作用，有助于揭示卵形鲳鲹卵巢性成熟过程的分子机制。

5.3 鱼类蛋白质组学研究

5.3.1 鱼类蛋白质组学研究概述

蛋白质组学技术已应用于生命科学的众多领域，成为研究鱼类等生物的蛋白质在不同条件下动态变化的有力工具，目前主要用于鱼类的物种鉴定和免疫学研究、鱼类生鲜食物的理化评价、贮藏加工过程的品质变化、批次质量差异检验和鱼类产品标准化等方面。

5.3.2 蛋白质组技术在鱼类鉴定和质量安全方面的应用

随着贸易全球化和水产品供应链的复杂化，受经济利益驱动的食品掺假和误用标签等问题时有发生。用低廉品种替代高价值鱼类或给不适宜人类消费的食品贴上错误标签会影响食品行业信誉并侵犯消费者权利。未标识的食品成分往往是潜在的安全隐患，如过敏原及有毒成分会影响消费者健康，错误的标签可能违背特定群体的饮食习惯。因此，食品成分的检测变得越来越重要。基于DNA的检测方法主要有聚合酶链反应（PCR）、基因测序技术、基因芯片技术等，这些方法虽在识别水产食品的地理来源、鉴定不同鱼类种类中被广泛应用，但仍存在一些局限性。而蛋白质组学方法能够通过寻找物种间的差异氨基酸序列来鉴别肉类食品中的动物源性成分，而且蛋白质氨基酸序列比DNA序列具有更强的稳定性，能很好地耐受外界环境（高温、高压和酸碱度等）干扰，尤其在深加工制品的检测分析中具有更大优势。

Martinez等（2004）首次将双向电泳技术用于不同种属鱼类和组织鉴定，研究了北极和热带海域鱼类死亡后的蛋白质变化特征及某些添加剂在鱼肉加工过程中的影响。金枪鱼属（*Thunnus*）一些鱼类因优异的性状特征而具有较高的商业价值，而另一些则品质和价值较低，但加工成鱼片和鱼糜后，无法根据鱼类的外部解剖和形态特征识别，故金枪鱼类食品的欺诈行为时有发生。Pepe等（2010）利用简易蛋白质组学方法，通过单、二维电泳结合和质谱技术，对三种金枪鱼属鱼类肌肉的提取物进行鉴定，检测到地中海金枪鱼特异性地含有一种分子质量约为70kDa的蛋白质，可有效区分地中海金枪鱼与厄瓜多尔及巴勒莫金枪鱼。鱼胶被广泛用作绘画或手稿作品等各种艺术品的黏合剂，但来源鉴定仍然十分具有挑战性。Dallongeville等（2013）用SYPRO Ruby蛋白凝胶染色技术探测17世纪艺术作品横截面中可能存在的蛋白质成分。发现艺术品夹层中含有多个蛋白质层，其中位于银箔和釉料之间较薄的蛋白质层为鱼胶涂层，并基于高分辨率质谱法和生物信息学工具成功鉴定了七种鱼类胶原蛋白特异性肽。Nessen等（2016）通过LC-MS/MS进行非靶标数据采集及光谱数据库匹配数据分析，成功区分欧鲽、石斑鱼等5种比目鱼样品，可在比目鱼亲缘关系识别中推广应用。Varunjikar等（2021）将开发的新型高通量鸟枪测序方法用于混合样品鱼类物种鉴定和丰度计算，发现可高精度区分和预测混合样品中不同鱼类的相对丰度，认为将DNA和蛋白质组学方法相结合可更准确用于水产品检验和检测。Chien等（2022）针对利用低价格陵兰大比目鱼冒充鳕鱼销售的现象，开发了一种基于蛋白质组学的鱼类渔业产品认证方法，使用超高效液相色谱-四极杆飞行时间质谱（UPLCQTOF-MS/MS）和SWATH（sequential window acquisition of all theoretical fragment ions）质谱扫描模式，对阿拉斯加鳕鱼、大西洋鳕鱼和格陵兰大比目鱼肉的蛋白质生物标志物进行鉴定，可用于鳕鱼及相关产品的判定和检验，能有效防止消费者买到假冒鱼类产品。蒋冰雪等（2022）用超高效液相色谱-四极杆飞行时间质谱比较不同产地的南美白对虾、斑节对虾、鳕鱼和大西洋鲑鱼蛋白质组，发现小清蛋白和乳酸脱氢酶A可作为鳕鱼潜在的产地蛋白生物标志物，而肌间蛋白1样亚型X2等19种显著差异蛋白质可作为大西洋鲑鱼潜在的产地蛋白生物标志物。

5.3.3 蛋白质组技术在鱼肉品质研究方面的应用

鱼类是重要的人类饮食蛋白质来源，其紧实、具有良好水分保持能力的肉质性状主要由蛋白质决定和调控。随着后基因组时代的到来，蛋白质组技术被用于鱼肉品质研究，从蛋白质水平筛选与肉质相关的标记蛋白。这有助于探索肉类品质形成的影响因素并进行肉质改良。

水产品的品质取决于饲喂标准和饲养条件，这些差异会影响其死后的生化过程，反过来又影响质量变化。动物死前的蛋白酶活动能影响肉的品质和质地，而死后蛋白质分解对鱼类等水产品的品质和安全同样具有重要意义。鳕鱼肉质白细鲜嫩，厚实刺少，肉味甘美，清口不腻，成为世界上许多国家都喜爱的主要食用鱼类。Kjaersgard等（2003）通过二维凝胶电泳（2-DE）评估大西洋鳕肌肉冷冻储存过程中的蛋白质变化，发现11个蛋白质点发生显著变化，其中2个强度显著降低，9个表达强度增加，尤其8个蛋白质点在宰杀后的前2h内显著增加。此外，通过2-DE和串联质谱（MS/MS）分析评估了鳕鱼死后肌肉的蛋白质组，揭示了肌球蛋白轻链、磷酸三糖异构酶、甘油醛-3-磷酸脱氢酶、醛缩酶A、α-肌动蛋白片段和核酸酶二磷酸激酶B片段的丰度变化。金枪鱼素来以纯天然、营养价值高而享誉国际，是生鱼片的主要原料之一。金枪鱼的鱼肉品质直接影响产品的营养价值和经济价值，其中新鲜度是重要的衡量指标。赵巧灵等（2015）以大眼金枪鱼（*Thunnus obesus*）为研究对象，利用双向电泳技术对4℃冷藏不同时间（0d、3d和6d）的鱼肉样品进行蛋白质分离，并结合MADLI-TOF/TOF技术进行鉴定分析，成功鉴定15个差异蛋白点，其中10个可作为金枪鱼新鲜度指示蛋白，为探讨鱼肉蛋白质变化规律及鱼肉鲜度品质下降机理提供了理论依据。

Martin 等（2003）使用蛋白质组学方法研究虹鳟（*Oncorhynchus mykiss*）肝脏的蛋白质特征，发现饲喂豆粕比例更高的饲料的鱼蛋白质消耗和蛋白质合成率较高，但合成蛋白质的保留效率较低，氨排泄增加，肝脏谷氨酸脱氢酶和天冬氨酸氨基转移酶活性增加，导致虹鳟的代谢变化而影响鱼肉品质。Veiseth-Ken 等（2010）测定受到拥挤压力的大西洋鲑肌肉和血浆蛋白质组，在实验组检测到 17 种发生丰度变化的蛋白质，肌肉组织中结构蛋白（即原肌球蛋白、肌动蛋白、重链肌球蛋白和轻链肌球蛋白）和肌质蛋白发生变化，而血浆中载脂蛋白 A-Ⅰ、血管紧张素原补体组分 C3 发生变化。这些蛋白质参与不同的二级和三级应激反应，改变能量代谢、渗透调节和免疫功能，不仅与鱼类的生理应激反应相符，还导致肌肉 pH 下降，影响水产制品的品质。王彦波等（2010）利用质构仪和双向电泳技术对比不同宰杀方式对异育银鲫肌肉质构和蛋白质组的影响，发现直接打头致死与氮气致死宰杀方式影响鲫鱼肌肉蛋白质含量与代谢，进而导致肌肉的硬度、咀嚼性和胶黏性等质构指标变化。欧洲鲈（*Dicentrarchus labrax*）是欧洲和地中海地区的重要养殖经济鱼类。Terova 等（2011）通过双向荧光差异凝胶电泳（2D-DIGE）和质谱研究发现，欧洲鲈肌肉核苷二磷酸激酶 B 和磷酸甘油酸变位酶 2 在冷藏条件下显著减少。山楂酸（maslinic acid，MA）常用作饲料添加剂，可刺激鱼类的生长、蛋白质周转率和增生。Rufino-Palomares 等（2011）使用 2-DE 技术分析了金头鲷（*Sparus aurata*）养殖饲料中加入山楂酸后的幼鱼肝脏差异表达蛋白质，发现 49 个蛋白质点丰度发生变化，并通过 MALDI-TOF/TOF 分析鉴定到 29 个蛋白质点，表明在饲料中添加山楂酸可刺激鱼类生长并影响鱼肉质量。

5.3.4 蛋白质组技术在鱼类生物活性评价方面的应用

生物活性化合物是自然界存在的、对人类健康有影响的一类必需和非必需的化合物（如维生素或多酚），也是食物链的重要组成部分。海洋类食品不仅富含蛋白质，含有人体所有必需氨基酸、多不饱和脂肪酸（尤其是 EPA 和 DHA）、钙、碘、维生素和其他营养素，还富含众多生物活性化合物，主要是蛋白质和多肽类。这些生物活性肽作为食物的衍生成分，不仅具有营养价值，通常还对人体产生一定生理作用和影响。它们的长度通常为 2～20 个氨基酸，部分活性肽需在肠道消化过程中通过酶活性激活或在食品加工/熟制过程中通过发酵释放后才能发挥作用，可通过肠道被吸收，进入循环系统并发挥各种生理作用。目前已从食品中发现大量生物活性物质，如麻醉药物、抗血栓药物、抗高血压药物、免疫调节药物、抗氧化药物、抗菌药物、回肠收缩药物、抗癌药物和促生长药物等。

生物活性肽的鉴定和发现流程：①选择合适的植物或动物蛋白来源；②通过酶加工、发酵或胃肠消化进行蛋白水解；③靶向生物活性的初步体外筛选；④通过色谱法或膜分离将多肽分离成更小亚类；⑤进一步生物活性筛选，通过Edman降解法和质谱法鉴定生物活性肽；⑥制备合成肽类似物并分别在体外和体内验证生物活性。尽管作为生物活性肽和蛋白质来源的海洋脊椎动物尚未被充分研究，目前遵循这一流程已鉴定海鲜食品多种生物活性肽。

蛋白质组学方法在海洋生物科学领域的应用较少，鱼类生物活性化合物主要用于防治与饮食密切相关的慢性疾病（如肥胖、心血管疾病）或癌症方面。抗高血压肽，又称血管紧张素转换酶（ACE）抑制肽，是研究最广泛的鱼类生物活性肽。Qian等（2007）用几种蛋白酶（碱性蛋白酶、R-糜蛋白酶、中性酶、木瓜蛋白酶、胃蛋白酶和胰蛋白酶）的混合物对金枪鱼的红肌进行酶促水解，通过两种色谱（离子交换和反相高效液相色谱）预分离水解产物并纯化血管紧张素转换酶抑制肽，再使用电喷雾飞行时间质谱（ESI-TOF-MS/MS）鉴定，最后基于PepSeq实验平台从头测序获得肽序列，发现该肽被自发性高血压大鼠服用后能有效降低血压。Lee等（2010）使用6种蛋白酶（碱性蛋白酶、α-糜蛋白酶、木瓜蛋白酶、胃蛋白酶、中性酶和胰蛋白酶）进行酶水解，在两个色谱分离步骤（离子交换和反相高效液相色谱）后实现肽的纯化。通过ESI-TOF-MS/MS进行氨基酸序列分析，发现另一种具有血管紧张素转换酶抑制作用的生物活性肽含有21个氨基酸“GDLGKTTTVSNWSPPKYK-DTP”，被自发性高血压大鼠服用后同样呈现显著降压活性。Wu等（2008）用蛋白酶SM98011消化鲨鱼肉并通过超滤、凝胶过滤和反相高效液相色谱（RP-HPLC）也获得了具有高ACE抑制活性的四种肽。

此外，在鱼类中还鉴定到具有抗氧化特性的肽。Bougatef等（2010）采用大小排阻色谱法和反相高效液相色谱法对金色小沙丁鱼（*Sardinella aurita*）粗酶提取物的水解产物进行分级，分离出7种抗氧化肽（LHY、LARL、GGE、GAH、GAWA、PHYL和GALAAH），并通过电喷雾电离质谱仪（ESI-MS）和电喷雾串联质谱（ESI-MS/MS）测定分子量和氨基酸序列。Carrera等（2013）对15种高商业价值鱼类（6种底栖、9种远洋）的肌浆蛋白质组进行了高通量分析并构建参考数据集，用计算机软件预测了潜在生物活性肽（抗微生物肽、生物活性胶原肽和抗高血压肽）。Capriotti等（2015）从欧洲鲈肌浆和肌原纤维蛋白组分中鉴定到200多种潜在的生物活性肽。这表明用生物信息学工具可加快潜在靶肽的研究。

在癌症研究中，蛋白质组学工具可用来研究鱼油对前列腺癌细胞生长的作用。Narayanan 等（2006）评估了低剂量 DHA 与 Celecoxib 联合使用对大鼠前列腺癌细胞蛋白质水平的分子靶点的影响。使用 2D 凝胶电泳和 MALDI-TOF-MS/MS 鉴定到 12 种通过两者联合作用调节的蛋白质。其中，参与蛋白质折叠和合成的蛋白质显著增加，如 dnaK 型的分子伴侣 GRP78、热休克蛋白 70 以及蛋白质二硫化物异构酶前体（protein disulfide-isomerase precursor，PDI）。Zhao 等（2016）基于蛋白质非标记定量技术（label-free shotgun）和生物信息学分析发现，鱼油可激活脂肪酸合成酶分子通路的下调，从而抑制前列腺癌细胞的活性。此外，鱼油在降低乳腺癌风险方面也有积极作用。Fabian 等（2015）用蛋白质组学技术研究发现，患者连续 6 个月每天摄入 1860mg EPA 和 1500mg DHA 乙酯，能够对与分裂素信号转导和细胞周期阻滞相关的几种蛋白质产生显著效果，表明服用高剂量 EPA 和 DHA 乙酯有望用于乳腺癌的早期预防。Blanckaert 等（2015）基于 2-DE 凝胶和 MALDI-TOF-MS/MS 技术研究添加 DHA 对抵御三阴性乳腺癌细胞系 MDA-MB-231 侵袭的作用，发现 DHA 增加了三种膜蛋白（角蛋白Ⅱ型细胞骨架 1、过氧化氢酶、层粘连蛋白 A/C）的表达水平，其中角蛋白Ⅱ型细胞骨架 1 直接参与 DHA 在乳腺癌细胞中的抗侵袭活性。Chang 等（2007）基于 2D 液相色谱法分离大鼠肺蛋白并用 MALDI-TOF-MS/MS 方法鉴定不同调控蛋白，发现大鼠食用鱼油后载脂蛋白 A-Ⅰ和 Clara 细胞分泌蛋白的水平降低，可作为检测烟草致癌物诱导肺癌发生的潜在生物标志物。

5.3.5 蛋白质组技术在鱼类应答环境胁迫研究领域的应用

鱼类主要通过体内生理代谢的变化维持正常生命活动，并对外界环境的变化产生一定的适应能力。通过蛋白质组学技术寻找差异蛋白质，可阐明鱼类对环境变化的生理适应机理，为养殖水环境调控提供科学依据。甲基对硫磷（methyl parathion，MP）是一种典型的有机磷农药，具有高毒、高效、广谱、持久等特点，不仅对消化系统、生殖系统、泌尿系统、循环系统和神经系统的功能造成影响，还会造成器质性病理损伤，已被世界卫生组织列为Ⅰa 类（剧毒）农药，也是列入中国《危险化学品目录》的农药。那宏坤等（2009）用双向聚丙烯酰胺凝胶电泳（2D-PAGE）和气质联用（GC-MS）技术，经肽质量指纹图谱和数据库比对鉴定到金属镉胁迫下的褐牙鲆（*Paralichthys olivaceus*）肝脏差异蛋白质和 MP 胁迫下的褐牙鲆脑组织差异蛋白质，预测了可监测评价镉盐和 MP 污染程度及危害性的指示蛋白质。黄清育等（2011）用比较蛋白质组学技术分析了 MP 胁迫下斑马鱼脑组织全蛋白质组表达差异蛋白质，发现 6 个蛋白差异表达，其中 4 个表达下调，2 个表达上调。进一步采用膜蛋白质组学技术研究 MP 胁迫下斑马鱼脑组织膜蛋白差异表达后筛选出 16 个差异膜蛋白，功能涉及氧化还原平衡、信号转导、代谢、蛋白质合成与降解、神经发育与功能等，有助于进一步深入探索 MP 的毒理机制。

作为鱼类的主要呼吸器官，鳃在参与新陈代谢和渗透压调节方面具有重要功能，对低氧环境也最为敏感。徐湛宁等（2018）用双向电泳（2-DE）结合液相色谱串联质谱（LC-MS/MS）技术对草鱼鳃组织在低氧胁迫下的差异蛋白质进行鉴定和功能分析，筛选出 15 个表达量显著变化的蛋白点，通过质谱鉴定及数据库搜索比对，发现其中 6 个蛋白质在低氧诱导因子 1 信号通路中存在，表明草鱼鳃组织在应答低氧胁迫时涉及能量产生、代谢、细胞结构、抗氧化、免疫、信号转导等过程，有助于了解鱼类应对低氧胁迫时在蛋白质水平的分子反应机制。瓦氏黄颡鱼（*Pelteobagrus vachelli*）是黄颡鱼属个体最大的一种，具有生长速度快、食性杂、容易驯养、肉味鲜美等优点，具有较高的营养和经济价值，但该鱼耐低氧能力较差，高密度养殖造成的低氧环境会致其死亡。张国松等（2018）基于同位素标记相对和绝对定量（isobaric tags for relative and absolute quantification，iTRAQ）蛋白质测序分析低氧胁迫的瓦氏黄颡鱼肝脏，共获得 511 个差异蛋白并部分验证，表明瓦氏黄颡鱼肝脏在低氧适应中改变由过氧化物酶体（peroxisome）和 PPAR 信号通路主导的过氧化物降解和代谢以及脂质代谢过程，模式为有氧代谢转换至无氧代谢，并减少能量消耗和生物合成。

李明云等（2010）对大黄鱼经 8.5℃急性低温胁迫处理后的肝脏组织进行蛋白质组双向电泳，检测到 16 个蛋白点的表达量发生显著变化，对其中 4 个差异点进行鉴定，发现 *N*-乙基马来酰亚胺敏感结合蛋白、角蛋白 18 和过氧化物酶家族 2-cysperoxiredoxins 的表达显著下调，而肌球蛋白重链（MHC）的表达显著上调，表明大黄鱼体内环境的动态平衡在急性低温胁迫时被打破，当超过大黄鱼的机体调节能力时，会引起大黄鱼的各种生理反应甚至死亡。他们从耐受 5.5℃低温的大黄鱼群体中筛选部分样本，与对照组大黄鱼进行肝脏蛋白质组双向电泳分析，发现经低温选择后 19 个蛋白点表达量显著变化。从中挑选 3 个差异蛋白点进行肽指纹图谱 MALDI-TOF-MS 和液相色谱-串联质谱（LC-MS/MS）分析，发现低温选择组的大黄鱼肝脏 MHC 和 CFL2 蛋白表达显著上调，而 2-Cys Prxs 蛋白表达显著下调，表明低温选择组的大黄鱼机体抗细胞凋亡能力明显增强，预示低温选择后留下的大黄鱼在低温环境中生存能力更强。

5.3.6 蛋白质组技术在免疫研究领域的应用

蛋白质作为生物学功能的执行者，是免疫细胞发挥作用的主要功能分子。对于水产动物免疫系统而言，蛋白质除了发挥执行者作用外，还具有调节免疫系统、清除病毒或微生物病原体感染等重要功能。蛋白质组学方法成为在分子水平进行免疫学研究的理想工具。开展水产动物免疫学分子基础研究并揭示免疫反应规律及免疫分子机制，不仅可以深化对以鱼类为代表的低等脊椎动物免疫系统的认识，也为养殖经济鱼类病害防治提供重要的理论依据。

聚肌苷酸胞苷酸［Poly（I∶C）］是一种人工合成的双链 RNA（double-stranded RNA，dsRNA）类似物，在体内细胞诱导下能产生干扰素，故有广谱抗病毒和免疫调节功能，广泛用于模拟鱼类细胞外 dsRNA 的作用。万翔（2008）利用高通量高分辨力的蛋白质组学分别研究 Poly（I∶C）注射 24h 组、注射 48h 组以及对照组的大黄鱼肝脏样品，比较对照组和注射组肝脏样品的双向电泳图谱后找到 30 个差异点。使用 MALDI-TOF-MS 对差异点进行肽质量指纹图谱分析，并对其中 16 个差异点进行串联质谱 MALDI-TOF-TOF 分析，鉴定到 13 个点的肽段，初步查明这些差异点的功能与免疫相关蛋白、代谢酶类、调控蛋白、转录/翻译蛋白类、结构蛋白类相关。余素红（2008）用双向电泳分析 Poly（I∶C）诱导不同时段的大黄鱼脾脏组织差异表达蛋白，结合 PMF 和 MALDI-TOF-TOF 质谱技术鉴定到 38 个差异点，构建差异蛋白互作网络图后发现许多差异点同时参与免疫调节与凋亡调节。将溶藻弧菌、副溶血弧菌及嗜水气单胞菌经甲醛灭活并混合后，注射入大黄鱼体内，分析找到 24 个差异蛋白位点，其中许多与免疫应答及炎症调节相关，尤其是抗氧化蛋白酶家族成员，如 PRDX Ⅰ、PRDX Ⅱ、PRDX Ⅳ。

传染性脾肾坏死病毒（Infection spleen and kidney necrosis virus，ISKNV）导致的传染性脾肾坏死病，俗称鳜暴发性出血病，是以脾、肾坏死为主要病理特征的一种病毒性疾病，对鳜的养殖造成严重影响。王景（2008）以 ISKNV 感染第 6 天的黑青斑河鲀（*Tetraodon nigroviridis*）脾脏为材料，通过蛋白质组分析发现 60 个差异蛋白点并进行生物信息学分析和功能分类，从而了解免疫机制。刘国勇（2006）利用比较蛋白质组学方法研究强、弱柱状黄杆菌毒株感染草鱼鳃后分泌黏液中的胞外差异表达蛋白，鉴定到滑动蛋白 K、腺酐甲硫氨酸合成酶和假定膜蛋白，认为是柱状黄杆菌的毒力因子。新加坡石斑鱼虹彩病毒（Singapore grouper iridovirus virus，SGIV）是从患病石斑鱼中分离获得的高致病性虹彩病毒，发病死亡率达 90%以上，给石斑鱼养殖业带来严重经济损失。Chen 等（2008）研究感染该病毒前后石斑鱼胚胎细胞系（GEC）蛋白质表达差异，用 iTRAQ 标记法和 LC-MS/MS 法鉴定到 49 种病毒蛋白质，有助于进一步研究病毒与宿主相互作用及阐明发病机制。

5.4 鱼类代谢组学研究

5.4.1 鱼类代谢组学研究概述

代谢组学从整体关注代谢产物变化，是生物对环境、疾病及遗传变异等因素的最终应答。代谢组学在水生生物中的应用还处于起步阶段，但凭借无创、高效、灵敏等优势，正逐步成为重要研究工具，涉及的领域主要包括病害学、毒理学、营养学、环境胁迫和胚胎发育等。

5.4.2 代谢组学技术在鱼类疾病方面的应用

代谢组学可从分子水平系统全面地揭示疾病病理变化和发病机制，发现由疾病引起的代谢异常，为疾病的预防和治疗提供理论基础。近年来，代谢组学技术在水产动物疾病防治中的应用越来越受到关注，尤其在病害发生机制及防控研究方面。利用代谢组学技术分析鱼类在感染病原菌、病毒或者寄生虫后体内代谢水平的变化，可以发现一系列生物标志物，并通过外源添加生物标志物来调节机体的代谢水平，提高鱼体对各种病原菌的抗感染能力。

细菌性鱼病指由各种致病菌引起的鱼类疾病，具有发病急、传播快、发病率和死亡率高等特点，在微生物引起的鱼病中危害最大，故一直受到国内外关注。Guo 等（2014）用 GC-MS 分析被迟缓爱德华氏菌（*Edwardsiella tarda*）感染的鲫鱼代谢产物变化，通过代谢轮廓发现棕榈酸的增加和 D-甘露糖的减少是影响感染迟缓爱德华氏菌鱼类存亡的关键代谢物，可明显提高鲫鱼感染后的存活率。无乳链球菌（*Streptococcus agalactiae*）引发的细菌病具有高发病率和高死亡率，对罗非鱼产业造成巨大影响，制约罗非鱼养殖业的可持续健康发展。温度是影响罗非鱼链球菌病暴发的重要环境因子之一。胡文婷（2017）研究致病菌株在 25℃、30℃和 35℃的生长情况和部分毒力因子变化，用代谢组学技术检测宿主尼罗罗非鱼在不同水温时的血清非特异性免疫指标，发现高温下稳定期的无乳链球菌代谢活性降低，但对环境适应性增强，对宿主黏附、定植、入侵和抵抗免疫清除能力也随之增强，并且高温环境使罗非鱼能量代谢受到扰动，氨基酸分解增强，蛋白质合成减慢，脂肪分解加速。通过腹腔补充注射木糖可提高罗非鱼血清总抗氧化能力和碱性磷酸酶活性，预防高温期链球菌病发生。基于GC-MS的代谢组学研究发现，外源添加生物标志物*N*-乙酰葡萄糖胺和L-脯氨酸能显著提高罗非鱼感染链球菌后的存活率。这有助于揭示链球菌致病机制并寻找有效的罗非鱼链球菌病防控方法。杀鲑气单胞菌（*Aeromonas salmonicida*）是一种嗜冷、无动力和兼性厌氧的革兰氏阴性菌，可引起鱼体疖疮病。该菌除感染鲑鳟鱼类外，还可感染鲤科、鳗鲡科、鳎科和鲆科鱼类，影响全世界范围鲑科鱼类养殖。刘鹏飞等（2018）采用NMR法分析感染杀鲑气单胞菌后的大西洋鲑肾脏组织代谢物变化，鉴定到9种位于三羧酸（TCA）循环、糖酵解/糖异生、色氨酸代谢和尿素循环等代谢通路的差异代谢物。这些代谢物可能受杀鲑气单胞菌刺激和影响，在鱼体内呈明显增高趋势，可作为研究杀鲑气单胞菌致病机理及大西洋鲑抵御病菌侵袭的重要生物指示因子。

病毒性疾病是水产养殖中危害最大的一类疾病，由于可用的防治药物较少且效果不明显，疫苗成为预防鱼类病毒病的最有效方法。Wu等（2010）用HPLC-ESI-MS技术分析感染新加坡石斑鱼虹彩病毒（SGIV）的巨石斑鱼（*Epinephelus tauvina*）胚胎细胞脂质结构，构建超过220种脂质代谢物的数据库，发现甘油磷脂酰胆碱、醚脂酰胆碱、甘油磷脂酰肌醇和鞘磷脂是维持虹彩病毒结构的主要磷脂成分。对胚胎细胞的感染研究发现，病毒的脂质结构在其感染、装配和释放机制中发挥重要作用。条石鲷虹彩病毒（rock bream iridovirus，RBIV）是在韩国养殖的条石鲷（*Oplegnathus fasciatus*）中流行的细胞肿大病毒，Lee等（2022）用基于高分辨魔角旋转（high-resolution magic-angle spinning，HR-MAS）的核磁共振技术分析不同感染程度的条石鲷组织代谢响应，发现谷氨酰胺和谷氨酸代谢、TCA（tricarboxylic）循环等与能量代谢显著相关的代谢通路仅在重度感染的鱼类肝脏组织中能检测到，与能量产生和免疫应答相关的代谢物同样在重度感染的鱼类脾脏组织中存在明显变化，与免疫反应相关的犬尿氨酸途径在鱼类肾脏组织重度感染时升高，而三甲胺*N*-氧化物和甜菜碱等渗透调节物质降低，有助于研究RBIV感染过程中细胞代谢的影响机制并深入理解寄主-病原菌互作机制。

寄生虫是危害水产动物健康的主要病原体之一，对鱼类影响显著时可导致宿主生长发育缓慢、抵抗力下降甚至死亡。将代谢组学技术应用于寄生虫学研究领域，可为探究寄生虫与宿主互作及寄生虫防控提供新思路。Kodama等（2014）发现红鳍东方鲀感染黏孢子虫后出现机体消瘦症状，通过GC-MS方法比较染病和正常鱼体血清中的病理变化，发现二者代谢轮廓存在明显差异。特别是在黏孢子虫感染晚期，鱼体血清中葡萄糖、亚麻酸和酪氨酸水平显著下降，血清谷丙转氨酶显著升高，从而引起肝功能紊乱，而且长期肠道损伤会妨碍营养物质吸收，最终导致鱼体消瘦。刺激隐核虫是一种寄生纤毛虫，能够在许多海洋鱼类中引起刺激隐核虫病（海水白斑病），对水产养殖业危害较大，但该病的发病机制目前尚不清楚。为鉴定红鳍东方鲀感染刺激隐核虫后血清中潜在的生物标志物，有研究者用非靶向代谢物谱分析技术鉴定10尾感染刺激隐核虫的红鳍东方鲀和10尾健康鱼类血清样品中的潜在生物标志物，发现视黄醇代谢、类固醇激素生物合成、嘌呤代谢、花生四烯酸代谢和涉及细胞色素P450的药物代谢在感染前后存在显著差异。维甲酸、黄体酮、黄苷酸、肝氧蛋白B3、三苯氧胺和前列腺素I2在灵敏度和特异性方面较好，可作为潜在生物标志物。

5.4.3 代谢组学技术在鱼类毒理方面的应用

毒理学是一门研究物理、生物、化学等外源因素对生物体的毒性反应、毒性严重程度、发生频率和毒性作用机制的科学，也是对毒性作用进行定性和定量的科学。与传统毒理学及细胞和分子毒理学相比，代谢组学定量检测生物体在病理刺激和遗传因素改变时在不同时间和方位的代谢变化，具有快速、高通量、灵敏度高、选择性强的特点。通过分析代谢产物轮廓分布及其随染毒时间和染毒剂量变化的规律，可快速检测不同时间和组织中的内源性代谢物质，进行毒理作用机制研究或化合物毒性评价，揭示毒性物质的作用机理，促进毒理学研究。

作为最古老的水生脊椎动物，鱼类在地球大部分水环境中生存。污染水体含有的有毒物质可阻碍鱼类健康生长，甚至导致大量死亡，故通过代谢组学技术研究鱼类毒理学具有重要意义。有研究者用NMR代谢组学方法研究农药二嗪农对濒危波斯鲟（*Acipenser persicus*）幼鱼盐度适应的影响。将在淡水中生活的幼鱼暴露于亚致死浓度的二嗪农96h（短期试验）和12d（长期试验）后，再暴露于海水24h，检测到该农药诱导波斯鲟渗透压调节相关代谢物变化，短期、长期二嗪农暴露分别抑制、激活糖异生作用，甘氨酸、谷氨酰胺和丙氨酸等渗透压调节剂的显著升高在幼鱼盐度适应过程中发挥重要作用。有研究者用环境代谢组学方法检测成年斑马鱼对0.1mg/L克拉霉素、氟苯尼考、磺胺二甲嘧啶及其混合物的代谢响应，发现成年斑马鱼暴露于亚致死浓度的抗生素化合物72h后，ADP、鸟苷、甘油磷脂、胆碱等代谢物和相关通路发生显著变化。Olsvik等（2018）选取双酚A（BPA）和染料木黄酮（GEN）作为影响大西洋鲑肝脏细胞DNA甲基化的内分泌干扰物，通过基于GC-MS和

LC-MS/MS的代谢组学筛选，发现BPA和GEN导致许多与碳水化合物代谢变化一致的生化通路发生显著变化，影响肝脏细胞葡萄糖稳态、能量产生以及谷氨酸代谢。用转录组学（RNA-seq）和非靶向代谢组学相结合方法研究有机磷（OP）杀虫剂甲基嘧啶磷对大西洋鲑的毒性作用，发现这种杀虫剂能影响大西洋鲑肝脏细胞的脂质、谷胱甘肽、色氨酸代谢和糖酵解，也影响几种维生素的含量。p，p'-DDE异构体是水产养殖饲料中含量最高的DDT代谢产物，也是一种具有表观遗传效应的内分泌干扰物。Olsvik等（2018）研究了大西洋鲑暴露于四种浓度的p，p'-DDE（0.1μmol/L、1μmol/L、10μmol/L、100μmol/L）48小时后肝原细胞的代谢变化，发现100μmol/L p，p'-DDE对大西洋鲑碳水化合物代谢、初级胆汁酸代谢、亮氨酸、异亮氨酸和缬氨酸代谢、甘油二酯和鞘脂代谢的影响最大，并干扰磷脂膜的生物合成。17α-乙炔基雌二醇（EE2）是一种内源性的孕激素，对生物繁殖有一定的不利影响。有研究者基于代谢组学探讨EE2对金鱼（*Carassius auratus*）的毒性效应及相关机制，发现EE2阻断参与生殖细胞存活和运动的能量代谢，引发氨基酸代谢和脂质代谢紊乱，暴露破坏内源性类固醇激素稳态，为深入开展EE2毒理学机制研究提供了重要信息。

在重金属污染的毒理研究领域，有研究者通过核磁共振（NMR）代谢组学技术分析生活在汞污染水域的金鲮（*Liza aurata*）鳃组织代谢产物，发现与抗氧化保护有关的代谢产物发生变化，尤其是谷胱甘肽过氧化物酶和超氧化物歧化酶的活性耗竭，证实汞对鳃组织抗氧化保护存在干扰作用，同时阻止脂质过氧化，有助于评估野生鱼类鳃组织中重金属汞的毒性及深入探讨氧化应激毒理学。有研究者运用非靶向NMR技术研究雨季、旱季正常水体和金属锑（Sb）污染水体中东部食蚊鱼（*Gambusia holbrooki*）的代谢物质差异，发现旱季采集的样品中污染组代谢物的数量存在显著差异，大多数代谢物的含量上升，少数几种与金属结合、排泄、解毒等功能相关代谢物含量显著下降，其中，天冬氨酸、组氨酸、肌醇、牛磺酸和胆碱的含量可作为金属锑毒性的生物标志物。Xu等（2019）联合使用基于NMR技术的代谢组学方法和基于iTRAQ技术的蛋白质组学方法，研究了不同浓度的砷（As）对许氏平鲉（*Sebastes schlegelii*）幼鱼的毒理学影响，从砷暴露14天的幼鱼组织提取物中鉴定到34种代谢产物，其中乳酸、丙氨酸、三磷酸腺苷、肌苷和磷酸胆碱等发生显著变化。砷暴露抑制幼鱼体内糖酵解及葡萄糖储备和维持过程，并干扰蛋白质合成和降解过程，导致脂质代谢、氨基酸代谢和线粒体能量代谢紊乱，这从分子水平解析了环境金属砷污染对鱼类的毒理作用。

5.4.4 代谢组学技术在鱼类营养和饲料方面的应用

传统营养代谢研究一般使用剂量效应试验、营养平衡代谢试验、消化道瘘管技术、放射性同位素示踪物等方法，通过代谢产物的浓度、激素水平、血液生化等指标判定生物营养状况。从基因到性状的生物信息传递链中，机体通过调节其复杂的代谢网络，维持系统内部与外界环境动态均衡，具有复杂性和动态性。代谢组学可在新陈代谢的动态进程中系统研究代谢产物的变化规律，揭示机体生命活动的代谢本质。将代谢组学用于动物营养学研究，可以高通量、全景式地从代谢水平研究营养素与机体的相互作用。目前在分子水平上研究营养素对生理机能的影响主要集中于与营养密切相关的糖代谢、氨基酸代谢、脂质代谢等方面。

鱼粉是以一种或多种鱼类为原料，经去油、脱水、粉碎加工后制成的高蛋白质饲料，也是最重要的水产饲料蛋白源。Schock 等（2012）在健康军曹鱼（*Rachycentron canadum*）养殖过程中减少鱼粉投喂量，通过基于 NMR 的代谢组学技术和主成分分析，发现减少鱼粉投喂的军曹鱼与正常养殖的军曹鱼的血清代谢产物有明显区别。前者酪氨酸、甜菜碱的质量浓度明显上升，而葡萄糖的质量浓度显著下降，说明当饲料中鱼粉减少时，军曹鱼没有足够的营养物质维持生长。正常养殖的军曹鱼乳酸质量浓度较高，表明含有正常的肠道菌群和乳酸菌，能增强鱼类免疫系统。随着水产养殖业的飞速发展，鱼粉的需求量日益增大，但严重依赖进口，鱼粉价格随之飙升，成为水产饲料中成本最高的原料。寻找可有效替代鱼粉的廉价蛋白质成为水产营养研究中的热点问题。米根霉菌（*Rhizopus oryzae*）是接合菌门的一种富含蛋白质的丝状真菌，可替代鱼类饲料中的鱼粉蛋白。Abro 等（2014）用 NMR 技术比较北极红点鲑（*Salvelinus alpinus*）饲喂商业混合饲料、鱼粉饲料和接合菌蛋白饲料后的代谢模式，发现前者的代谢产物较后两者有显著差异，其中乙酸、β-丙氨酸、胆碱、肌酸、甲酸、葡萄糖、肌苷、赖氨酸、3-磷酸胆碱等代谢物的信号低，鱼粉饲料和接合菌蛋白饲料喂养的北极红点鲑表现出相似的代谢指纹图谱，具有相同的生理效果。有研究者以中国重要海水养殖鱼类大菱鲆为研究对象，使用核磁共振技术研究饲料中添加不同分子量和不同水平的超滤水解鱼蛋白对大菱鲆幼鱼肝脏和肌肉代谢的影响，在肝脏和肌肉中分别鉴定出 40 种和 37 种代谢物，发现使用添加水解鱼蛋白的饲料饲喂大菱鲆幼鱼可能会影响幼鱼肝脏谷氨酰胺和肌肉组氨酸，使用高水平植物蛋白饲料饲喂大菱鲆幼鱼时，适量超滤水解鱼蛋白可替代鱼粉起到相似的促生长效果，再适量补充牛磺酸后，能够更好地促进幼鱼生长。有研究者使用发酵豆粕替代鱼粉投喂黄姑鱼幼鱼，并通过LC/MS分析和人类代谢组数据库（HMDB）鉴定出275种代谢产物，发现发酵豆粕替代鱼粉对鱼类体内的氨基酸、盐、色素、tRNA等多种代谢途径产生影响。Casu等（2017）基于核磁共振（NMR）代谢组学技术评估眼斑拟石首鱼（*Sciaenops ocellatus*）肝脏、肌肉和血浆组织中的代谢轮廓，比较了饲喂4种大豆蛋白产品对代谢的影响。PCA分析显示，喂食天然饲料和豆基饲料鱼类的肝脏和肌肉组织代谢产物之间存在显著差异。与喂食天然饲料相比，喂食任意一种豆基饲料的鱼类都表现为蛋白质和脂质分解代谢的明显增加。

褐藻糖胶又称岩藻黄质、岩藻多糖、褐藻多糖，是一种硫化的多糖，在饲料中添加褐藻糖胶有助于减少鱼粉用量，不仅不影响鱼的生长，还能提高免疫力，改善血液指标，帮助增强鱼类抗应激能力。徐盼盼等（2017）用UPLC-Q-TOF-MS技术结合多元变量数据分析方法研究0.1%褐藻糖胶喂养1～8周的黄颡鱼（*Tachysurus fulvidraco*）幼鱼的脂质代谢组学，筛选出98个差异性代谢物，鉴定出11种脂质生物标志物在褐藻糖胶投喂黄颡鱼过程中有重要作用，推测褐藻糖胶可能通过调节脂质成分含量来促进黄颡鱼幼鱼的生长和增强其免疫功能。

牛磺酸是一种含硫的非蛋白氨基酸，可以增强细胞对营养物质的通透性，有助机体对营养元素的吸收。在植物蛋白源的饲料中添加适量的牛磺酸，可改善植物蛋白饲料替代对鱼类生长产生的不利影响。殷爽等（2019）用核磁共振技术结合多元统计分析的代谢组学方法研究在斜带石斑鱼和尼罗罗非鱼饲料中添加不同水平的牛磺酸的影响，发现牛磺酸对两种鱼类的生长发育都有积极调控作用，在一定程度上对石斑鱼肝脏组织和罗非鱼肠组织代谢起积极作用。这揭示了添加牛磺酸引起的与鱼体生长密切相关的代谢作用机理，为牛磺酸在鱼用饲料中的科学配制以及鱼类营养学研究提供科学依据。

5.4.5　代谢组学技术在鱼类响应环境胁迫方面的应用

鱼类经常遭受非生物胁迫和生物胁迫等各种逆境胁迫，影响生长发育甚至导致死亡。鱼类在分子、细胞、器官、生理生化等水平上及时调节以适应逆境。鱼类对逆境胁迫的响应是一个非常复杂的生命过程，涉及多基因、多信号通路和多代谢过程。对时序表达的差异代谢物进行分析，可以找到主要代谢通路及关键调控因子，有助于加快解析鱼类响应胁迫的机理。

七彩神仙鱼体色艳丽、花纹多变，素有“热带鱼之王”美称，是亚洲热带观赏鱼养殖热门种类。该鱼的养殖受气候因素限制，水体温度的波动极易导致产生低温应激。金仕容等（2019）测定常温养殖组（28℃/30d）和低温胁迫组（20℃/30d）鱼鳃组织的常规生化指标，并用 GC/MS 技术分析低温胁迫后的代谢物图谱变化，鉴定出 35 种可作为低温应激潜在生物标志物的代谢物，影响淀粉和蔗糖代谢、戊糖磷酸盐代谢、甘油酯代谢、鞘脂代谢、谷胱甘肽代谢、精氨酸和脯氨酸代谢等代谢通路，表明低温可激活七彩神仙鱼抗氧化免疫系统的防御机制并改变鳃内代谢途径。

典型冷水性经济鱼类虹鳟对高温耐受性较差。在全球气候变暖趋势下，夏季高温成为虹鳟养殖环节的最大威胁。有研究者对虹鳟进行急性和慢性热应激处理，用蛋白质组和代谢组学方法系统分析虹鳟肝脏小分子代谢物种类和丰度变化，发现急性热应激对虹鳟免疫机能产生不利影响，影响肝脏脂肪代谢吸收，导致肝脏功能受损；慢性热应激造成虹鳟肝脏蛋白质合成能力下降，机体通过内质网应激介导肝脏损伤，并对脂质代谢产生显著影响。虹鳟肝脏亚油酸、γ-亚麻酸、二十碳五烯酸、棕榈油酸、棕榈酸、油酸等代谢物分子有望作为慢性热应激的标志代谢物。Jiao 等（2020）通过 LC-MS 代谢组学手段揭示黄姑鱼遭受寒冷和饥饿胁迫后肝脏组织的相关生理代谢反应，发现谷胱甘肽代谢及相关代谢物（谷氨酸盐和氧化型谷胱甘肽）可作为潜在生物标志物，谷胱甘肽代谢变化对黄姑鱼顺利越冬至关重要。

Zhang 等（2021）基于超高效液相色谱串联质谱代谢组学技术，研究温度对欧洲鲈生长和发育的影响，以 MetWare 数据库为参考，从 42 个肝脏样本中检测到 456 种代谢物和 71 种差异代谢物，其中核苷酸代谢谱差异最大，其次是有机酸和相关衍生物以及脂质。低温胁迫对牛磺酸代谢、胆汁分泌、色氨酸代谢、嘧啶代谢和甲状腺素代谢均有影响，促进了欧洲鲈生长调节相关代谢物的显著变化，影响新陈代谢和生长发育。这不仅为有效培养欧洲鲈提供了理论基础和技术指导，而且有望用于开发补偿生长的高性能饲料配方。有研究者通过基于^{1}H-NMR 的代谢组学方法研究 3 种饲养水温（22℃、28℃和 34℃）对吉富罗非鱼肝脏和血清代谢特征的影响，发现 22℃水温组检测到的 15 种差异代谢物含量均高于另两组，28℃水温组麦芽糖、谷氨酸盐、赖氨酸、丝氨酸、谷氨酰胺、牛磺酸和苏氨酸浓度高于 34℃水温组。低温胁迫饲养导致吉富罗非鱼对氨基酸及其衍生物的利用率降低，进而影响生长速度和饲料利用率，而高温胁迫饲养显著影响胆碱代谢和脂质代谢。

第6章

多组学技术在虾类研究中的应用

虾是全球市场需求量最大的水产养殖产品，广义上指所有带有“虾”字的节肢动物，如对虾、龙虾、皮皮虾、南极磷虾、糠虾、钩虾，但一般具有经济价值的虾主要是隶属软甲纲、真软甲亚纲、十足目、游泳亚目的各种虾类和爬行亚目内的长尾类（刘焕亮，2015）。据联合国粮农组织报道，具有商业或潜在商业价值的虾种类达300多种，其中约100种占市场主导地位。

游泳亚目的虾有强大游泳能力，腹肢是游泳足，划水效果良好。其中，对虾科（Penaeidae）生活在海洋，如明对虾属（*Fenneropenaeus*）的中国明对虾、墨吉明对虾和长毛明对虾，对虾属（*Penaeus*）的斑节对虾和短沟对虾，滨对虾属（*Litopenaeus*）的细角滨对虾和凡纳滨对虾，囊对虾属（*Marsupenaeus*）的日本囊对虾，新对虾属（*Metapenaeus*）的中型新对虾、近缘新对虾、刀额新对虾和周氏新对虾。此外，还有一些生活在淡水环境，如长臂虾科（*Palaemonidae*）沼虾属（*Macrobrachium*）的日本沼虾和罗氏沼虾。爬行亚目（Reptantia）的长尾类与游泳亚目的虾相似，腹部发达，向后延伸，有尾扇，主要包括螯虾科（Astacidae）、海螯虾科（Nephropidae）和龙虾科（Palinuridae）的少数种类，如克氏原螯虾隶属螯虾科（Cambaridae）、原螯虾属（*Procambarus*），中国龙虾隶属龙虾科（Palinuridae）、龙虾属（*Panulirus*）。

中国是世界上最大的水产养殖大国，虾类养殖占据举足轻重地位，产量逐年增加。2022年，全国海水养殖虾类产量166.18万吨，其中南美白对虾134.03万吨，斑节对虾11.44万吨，中国对虾3.09万吨，日本对虾4.62万吨。淡水养殖虾类产量408.06万吨，其中克氏原螯虾289.07万吨，南美白对虾75.84万吨，青虾22.63万吨，罗氏沼虾17.78万吨。中国虾类养殖产量由高到低依次为克氏原螯虾、南美白对虾、青虾、罗氏沼虾、斑节对虾、日本对虾、中国对虾。

6.1 虾类基因组学研究

6.1.1 虾类基因组学研究概述

虾类基因组学研究指对虾类基因组组成、结构、功能和进化历史等进行系统性、全面性的研究，通常需要依靠高通量测序技术、基因组组装技术、生物信息学等多种技术手段，涉及基因组数据处理、基因定位、基因标记、基因功能鉴定等方面。高质量的基因组不仅为理解生物学、生态学和进化提供重要的见解，还有助于识别背后的候选功能基因，弄清重要经济性状的遗传基础，对水产养殖虾类的遗传改良和选择性育种具有深远意义。

研究内容包括：①虾类基因组测序与组装。利用高通量测序技术获取大量虾类基因组序列数据，经过组装处理，将碎片化序列片段组装成完整基因组序列，这是虾类基因组学研究的重要基础。②虾类基因组结构和功能研究。主要包括虾类基因中编码蛋白质基因和非编码 RNA 基因的分析、基因家族扩张事件的检测、基因调控网络和途径的鉴定以及表观遗传修饰等。③虾类与其他物种基因组的比较分析。这能了解虾类基因组的起源、演化历程、变异情况等，从而更好地阐明虾类的进化和适应性。④虾类功能基因组学研究。主要包括生长发育相关基因、免疫系统基因、适应性基因和环境响应相关基因等方面，这有助于深入了解虾类的生物学特征，为虾类保护和养殖提供科学依据。在此基础上，通过基因挖掘技术，可以快速发现新基因并确定功能，为虾类遗传育种、疾病防控和资源保护等提供基础理论和技术手段。

基因组学研究对于虾类养殖和保护具有重要意义，主要包括基因定位与标记、疾病防控、环境适应性及虾类保护和遗传多样性。它可以挖掘虾类基因组关键基因、性状相关基因以及基因变异等信息，进而建立基因标记并开展定位研究，从而为虾类遗传育种提供科学依据，促进优良品系培育。虾类疾病发生也与遗传密切相关，通过基因组学研究可发现虾类疾病抗性相关基因，有利于开展以基因工程为特色的虾类疾病防控工作，减少虾类疾病带来的经济损失。虾类养殖时所处生态环境变化可能会对其生长发育产生重大影响，基因组学研究可以发现虾类基因与环境因素之间的关联，为虾类适应性进化及养殖提供依据。例如，斑节对虾可长时间存活在淡水中是由于其基因组具有相应适应性调控能力。此外，基因组学研究还可为虾类资源保护和可持续利用提供科学依据。通过虾类基因组分析比较，可挖掘虾类种群历史、分布、遗传演化等信息，加强对野生种群及其自然栖息地保护，促进虾类遗传多样性保全。

6.1.2 虾类动物基因组测序历史

1997 年，第一次水产养殖物种基因组图谱研讨会计划对鲑鱼、鲶鱼、罗非鱼、牡蛎和对虾五种目标水产养殖动物进行基因组测序，其他四种动物基因组在 2014 年前已经发表，但对虾高质量基因组测序和组装一直存在困难。近年来，随着第三代测序技术和高复杂性基因组组装策略发展，基因测序技术在通量提高、读长增加和成本降低等方面有所突破，虾类动物基因组测序领域取得令人瞩目的进展。2019 年，第一个对虾（凡纳滨对虾）基因组测序完成（图 6-1）。此后，许多经济价值高的虾类基因组公布。从分类学角度看，真虾总目（Eucarida）共有 24 个物种基因组发表，仅南极磷虾（*Euphausia superba*）属于磷虾目，既是唯一公布基因组的磷虾，也是世界上生物量最大的物种，其他 23 个均属十足目（Decapoda），除了短尾亚目的 6 种蟹类，还有 17 种经济虾类，包括凡纳滨对虾（*Litopenaeus vannamei*）、日本囊对虾（*Marsupenaeus japonicus*）、斑节对虾（*Penaeus monodon*）、中国明对虾（*Fenneropenaeus chinensis*）和印度明对虾（*Fenneropenaeus indicus*）五种对虾，在世界范围内养殖和消费量巨大，其高质量基因组已组装到染色体水平。这些研究成果加速了甲壳类基因组学领域的进展。

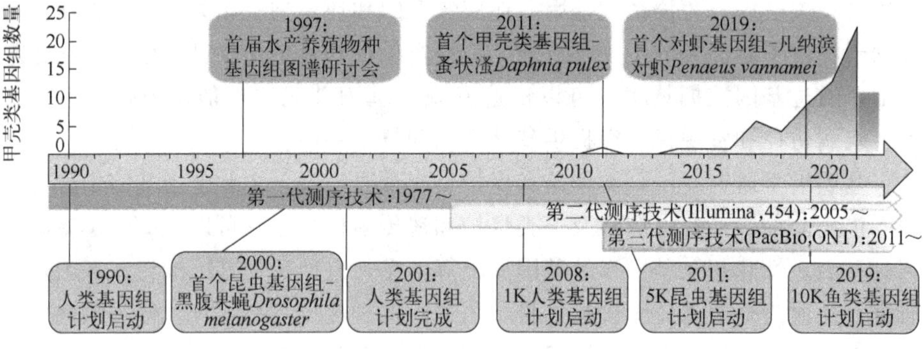

图 6-1　甲壳类基因组学发展时间表（Yuan et al.，2023）

6.1.3 多种虾类的基因组研究

6.1.3.1 克氏原螯虾（*Procambarus clarkii*）

克氏原螯虾俗称小龙虾，属节肢动物门（Phylum Arthropoda）、甲壳纲（Crustacea）、十足目（Decapoda）、螯虾科（Cambaridae）、原螯虾属（*Pro-*

cambams）。克氏原螯虾是全球养殖甲壳类动物中产量第二的物种，约占总产量的 12%。克氏原螯虾是一种重要的生态和经济物种，原产美国中南部和墨西哥东北部，人工养殖始于 20 世纪 50 年代，现已遍布全球。克氏原螯虾最早由日本人带到中国南京，随后迅速引入其他省份，现已成为中国最受欢迎的淡水虾之一，2022 年养殖面积 2800 万亩（1 亩＝666.67m^2），产量约 289.07 万吨，综合产值约 4580 亿元。

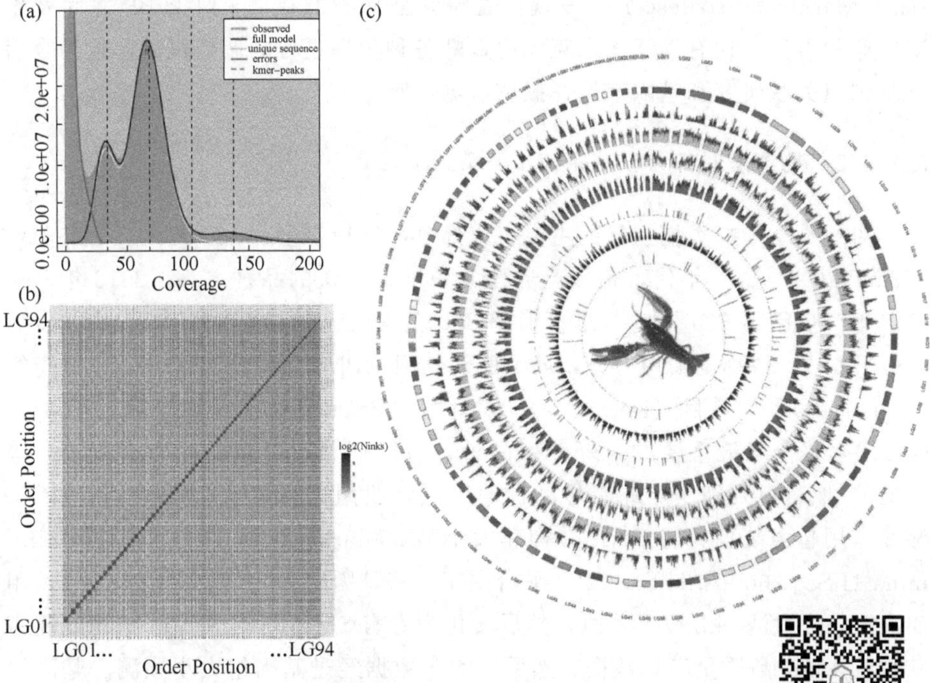

图 6-2　克氏原螯虾的基因组特征（Xu et al.，2021）

（a）基因组测序；（b）全基因组的 Hi-C 热图；（c）基因组

Xu 等（2021）从克氏原螯虾肌肉提取全基因组 DNA，从肝胰腺、肠、表皮、眼柄、鳃、肌肉、胃、心脏和卵巢 9 个组织提取总 RNA，并用 Illumina HiSeq X Ten 测序平台对 DNA 文库进行全基因组测序，利用混合 RNA 制备 cDNA 文库进行测序并进行转录组注释。同时，将约 30 μg 克氏原螯虾基因组 DNA 剪切成约 20kb 的片段并制备 PacBio Iso-Seq 文库，用于单分子实时（SMRT）基因组测序。Illumina HiSeq 测序共产生 310.03Gb 的洁净数据，覆盖克氏原螯虾基因组 112.95× 深度，Pacbio 测序共产生 3857 万条 reads（403.31Gb），覆盖克氏原螯虾基因组 146.93× 深度。通过序列拼接组装、基因组质量评价和重复序列分析、基因组注释、基因家族鉴定和进化分析、系统发育分析和种群历史重建获得一个高质量的染色体水平基因组，大小为

2.75Gb，N50 为 216.75kb（图 6-2）。具有功能注释的高质量参考基因组对于理解进化和重要生物学特征（如蜕皮和发育）的调控以及未来进行遗传改良至关重要。转座因子（transposable element）在基因组中所占比例最大，大部分是 LINEs。克氏原螯虾频繁换壳和快速生长可能和与生长发育相关的多个基因家族的扩展有关。系统发育分析表明，克氏原螯虾在 2.78 亿～4.07 亿年前从三疣梭子蟹分化而来。成对序列马尔可夫共祖分析（the pairwise sequentially Markovian coalescent）发现，克氏原螯虾种群在 2～14 kaBP 之间发生多次瓶颈事件。这有助于揭示克氏原螯虾各种生理过程的调控机制，也为今后全基因组关联研究和基因组选择提供数据保障。

6.1.3.2 凡纳滨对虾（*Litopenaeus vannamei*）

对虾是全球虾类捕捞量的主要组成部分，年捕捞量达 130 万吨。对虾养殖起源于 20 世纪 70 年代，是水产养殖业中增长最快的品种之一。2016 年，对虾养殖产量已超 500 万吨，总价值超 320 亿美元。凡纳滨对虾（*Litopenaeus vannamei*），俗称南美白对虾，属节肢动物门（Phylum Arthropoda）、甲壳纲（Crustacea）、十足目（Decapoda）、对虾科（Penaeidae）、滨对虾属（*Litopenaeus*），是全球最重要的对虾养殖品种，占对虾养殖总量的 80%。Zhang 等（2019）取科海凡纳滨对虾 1 号品种健康成虾肌肉进行总 DNA 提取和基因组测序。用超声装置剪切 DNA 并构建大小为 200bp 至 20kb 的文库。使用 Illumina HiSeq 2000 和 HiSeq 2500 平台测序。将基因组 DNA 剪切至约 20kb，用 BluePippin 过滤 7kb 以下片段，然后转化为专有 SMRTbell 文库。PacBio 测序获得约 133G 高质量筛选数据。然后，测序数据经过基因组大小预测、基因组组装、基因组质量评估、重复序列分析、转录组测序和分析、基因预测与注释、非编码 RNA 预测、基因家族分析、系统发育树构建、重测序和 SNP 鉴定、育种选择中候选基因鉴定等步骤，获得凡纳滨对虾全基因组序列，全长约 1.66Gb（scaffold N50 605.56kb），含 25596 个蛋白编码基因，且简单重复序列比例较高（＞23.93%）（图 6-3）。与视觉和运动相关的基因拓展可能是其适应底栖生活的核心，虾的频繁蜕皮可能是通过基因扩增和正选择使蜕皮激素信号通路增强所致。

高质量凡纳滨对虾基因组的组装完成使在基因组水平了解虾的各种生物学过程成为可能。对虾基因组编码区最突出的特征是能够扩增与视觉系统、神经系统传导和蜕皮有关的一系列基因，这为对虾提供出色的视力和快速神经信号传导，有助于对虾更好地适应底栖生活。蜕皮是虾生长、变态和繁殖过程中密切相关的重要环节。基因组组装揭示的虾蜕皮过程及蜕皮调控机制为研究甲壳

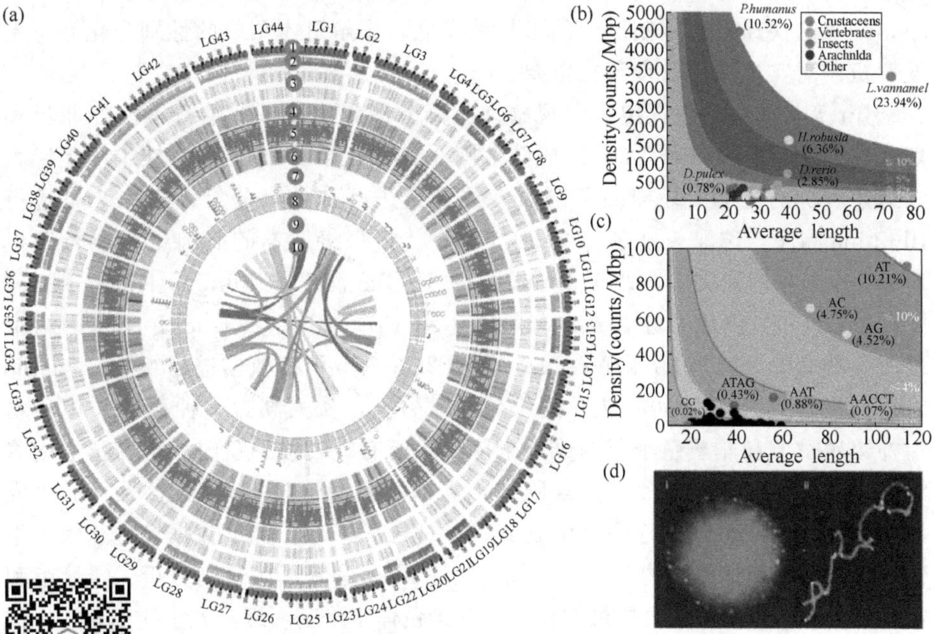

图 6-3　凡纳滨对虾的基因组特征（Zhang et al.，2019）

（a）凡纳滨对虾的基因组特征示意图；（b）不同动物基因组间 SSR 含量；

（c）不同类型 SSR 在凡纳滨对虾基因组中的分布；（d）凡纳滨对虾（AACCT）荧光原位杂交

动物与其他蜕皮动物（如昆虫）之间的异同提供了重要依据。近 30 年的育种工作对凡纳滨对虾的基因组产生了重大影响，通过对养殖种群进行遗传改良，可以提高水产养殖的产量和效率。对虾基因组以及大量的 SNP 标记将成为全基因组关联研究和基因组选择的宝贵资源，能够帮助研究人员更好地了解关键性状的遗传基础，并选择具备优良遗传特征的个体进行繁殖，有助于加快对虾养殖的遗传改良进程，推动对虾养殖行业的发展。

6.1.3.3　日本沼虾（*Macrobrachium nipponense*）

日本沼虾，俗称青虾，属于节肢动物门（Phylum Arthropoda）、甲壳纲（Crustacea）、十足目（Decapoda）、长臂虾科（Palaemonidae）、沼虾属（*Macrobrachium*），广泛分布于中国淡水和低盐度的河口地区。近年来，日本沼虾产量逐渐增加，2022 年达 22.63 万吨，年产值约 28 亿美元，成为中国重要的经济养殖品种之一。日本沼虾雌雄个体间在生长性能方面存在显著差异，雄性通常比雌性生长更快，故培育全雄性种群成为水产养殖长期目标，能显著提高经济利润。日本沼虾养殖时过度繁殖会导致成活率低、生长率慢、体形较小，性腺的快速发育限制产业的可持续发展，了解日本沼虾的性别分化和生殖发育机制对实现遗传改良至关重要。

Jin 等（2021）根据组织学观察和类固醇激素水平，评估日本沼虾卵巢和睾丸在发育后阶段（第 13 天）成熟范围在 PL19 至 PL22 之间。在中国无锡太湖野生种群的日本沼虾样品中选取 1 尾质量进行 k-mer 分析，选取 5 尾进行 Illumina 测序，选取 5 尾进行 PacBio 测序。将每组样本的肌肉组织混合后提取总 DNA 并构建文库，用于 Illumina 和 PacBio 测序。Illumina HiSeq X-Ten 平台（PE150）测序并经 k-mer 分析产生约 157.3Gb 原始 reads，全基因组组装产生约 293.3Gb 原始测序 reads，保留 253.4Gb 洁净数据进行组装，PacBio Sequel 平台大约产生 405.7Gb 读长数据。另外，从太湖野生种群中采集日本沼虾繁殖季节和非繁殖季节的雄性个体，将所有虾转移到室内淡水养殖池饲养 2 天，采集样品的睾丸和雄激素腺体，立即液氮冷冻，提取总 RNA，消化成片段后使用 Illumina 测序平台生成 200bp 的测序 reads。测序数据经过基因组组装、重复序列和基因结构分析、进化分析、4dTv 和基因组复制分析、转录组和富集分析等，首次获得高质量的日本沼虾染色体水平基因组，大小约 4.5Gb，预测到 44806 个蛋白质编码基因，共鉴定为 49 条染色体，锚定率为 94.7%，N50 为 86.8Mb。通过整合基因组和转录组数据，预测 21 个与性别相关的候选基因（图 6-4）。首次发现日本沼虾经历了一次约 109.8Mya（百万年前）的全基因组重复事件，而长臂虾科脊尾白虾（*Exopalaemon carinicauda*）、凡纳滨对虾则没有。这些数据和转录组序列对了解日本沼虾的性别分化和发育机制至关重要。

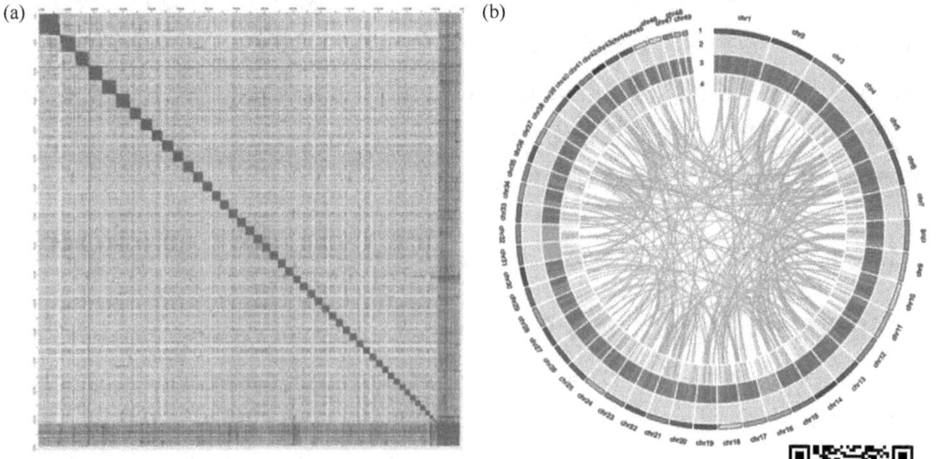

图 6-4　日本沼虾的基因组特征（Jin et al.，2021）

（a）Hi-C 测序构建 49 条染色体；（b）基因组圈图

6.1.3.4 罗氏沼虾（*Macrobrachium rosenbergii*）

罗氏沼虾属节肢动物门（Phylum Arthropoda）、甲壳纲（Crustacea）、十足目（Decapoda）、长臂虾科（Palaemonidae）、沼虾属（*Macrobrachium*），原产东南亚、印度太平洋地区和澳大利亚北部。由于具有很高的商业价值，年产量在全球范围逐渐增加，成为重要的水产养殖物种。罗氏沼虾雄性比雌性生长得更快，全雄性养殖已成为罗氏沼虾养殖的一种常见有效做法，故罗氏沼虾性别决定的分子机制对于开发新技术控制养殖群体性别具有重要意义。

性别特异性DNA标记可用于许多水产养殖动物的性染色体鉴定。与转录组学分析和遗传连锁图谱分析相结合，性别连锁标记有助于标记连锁基因的定位（Cui 等，2015）。使用性连锁DNA标记为探针筛选细菌人工染色体（BAC）文库，可获取含有性连锁基因的BAC克隆。进一步对这些克隆进行测序分析，可识别转录组学分析中可能被遗漏的低拷贝或低表达水平基因。除了性连锁基因的鉴定，BAC文库还被广泛应用于基因组学和遗传学研究的多个领域，如构建基因组物理图谱、全基因组测序、比较基因组分析和位置克隆等。尽管已发布甲壳类动物基因组较多，但十足目物种已建立BAC文库很少。Ma 等（2019）成功构建罗氏沼虾的BAC文库，鉴定ZW衍生的BAC克隆，用于性染色体DNA序列初步分析。将中国成年罗氏沼虾和越南种群非成年罗氏沼虾通过性腺H-E染色，确认性别并鉴定性别关联DNA标记。从样品肌肉组织提取基因组DNA，通过性别特异性基因的基因组行走和PCR验证、基因组大小评估、BAC文库构建、BAC克隆排列和BAC插入表征、BAC文库筛选、质粒分离及PacBio测序、BAC序列的组装注释和分析，成功构建BAC文库，并对BAC插入片段进行初步分析，文库的平均插入片段大小约为115.4kb。其中，两个BAC插入注释为性染色体新基因。此研究证实罗氏沼虾性染色体具有ZW/ZZ系统，首次探讨了罗氏沼虾性染色体的基因组结构，首次测定了罗氏沼虾的*C*值（5.63pg），发现其基因组是当时长臂虾属中最小的基因组，有助于今后开展位置克隆、物理图谱开发和综合基因组学研究。但迄今尚未通过对虾和螃蟹的性别连锁分析鉴定出完整的性别连锁基因。

6.1.3.5 中国明对虾（*Fenneropenaeus chinensis*）

中国明对虾，也称中国对虾、东方对虾，属于节肢动物门（Phylum Arthropoda）、甲壳纲（Crustacea）、十足目（Decapoda）、对虾科（Penaeidae）、明对虾属（*Fenneropenaeus*），是中国最有价值的海水养殖品种之一，主要分布于中国渤海、黄海沿岸及朝鲜半岛西部和南部海岸。中国明对虾是一年生物种，交配后迁徙到温暖的海域过冬，并游回原海岸产卵。自20世纪80年代末以来，对虾产业的蓬勃发展使中国明对虾成为海水养殖的关键品种，并在1991年产量达到峰值，占中国对虾产量的70%左右。但自1993年以来，由于全球性暴发虾类传染病（特别是白斑综合征病毒病），中国明对虾产业遭受严重影响。

Meng等（2021）构建了高分辨率的中国明对虾基因组图谱，为选择性育种和标记辅助选择提供了重要的遗传资源。Yuan等（2021）利用Illumina和PacBio平台以及高通量染色体构象捕获（Hi-C）技术组装中国明对虾基因组，组装的基因组共1.58Gb，包括8768个scaffolds，N50长度28.92Mb。Wang等（2021）收集养殖场7月龄雄虾肌肉并提取总DNA，采用PacBio Sequel和Illumina HiSeq平台测序，获得中国明对虾的基因组，大小为1.47Gb，contig N50为472.84kb，重复序列占57.73%，scaffold N50为36.87Mb，含43条假染色体，预测25026个蛋白质编码基因（图6-5）。基因组contig N50和scaffold N50均显著提高，在连续性、完整性和正确性方面都较好。与其他虾类相比，中国明对虾的基因组明显较小，可能与迁徙洄游有关。然而，中国明对虾的基因组包含几个与细胞过程和代谢过程相关的扩大的基因家族，缩小的

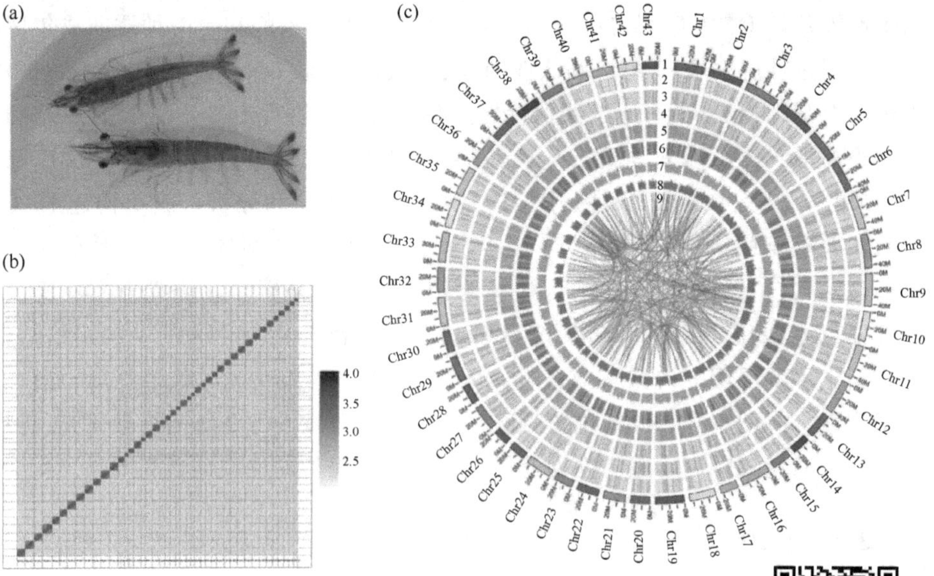

图6-5　中国明对虾基因组（Wang et al.，2021）

（a）中国明对虾；（b）Hi-C测定的锚定染色体热图；

（c）中国明对虾的基因组特征

基因家族与病毒感染过程相关，表明中国明对虾对迁徙和寒冷环境选择压力具有一定的适应性。与野生种群相比，在养殖群体中通过选择特征分析鉴定到代谢、光导和神经系统相关基因，这表明人工驯化过程对生长、视觉和行为进行了有针对性的选择。

6.1.3.6 日本囊对虾（*Marsupenaeus japonicus*）

日本囊对虾，又称日本对虾、竹节虾、车虾，属于节肢动物门（Phylum Arthropoda）、甲壳纲（Crustacea）、十足目（Decapoda）、对虾科（Penaeidae）、囊对虾属（*Marsupenaeus*）。日本囊对虾分布广泛，从红海和东非到日本和东南亚都有分布。日本囊对虾因口味较好、经济价值高、生长速度快、耐氧性低，2016 年全球年产量达 5.74 万吨，占世界对虾产量的 5%以上，产值超 8.6 亿美元，是养殖量最多的品种之一。近年由于过度捕捞，日本囊对虾的自然丰度显著下降，人工育苗和人工养殖发展加快。日本囊对虾能在没有水的情况下长时间生存，有利于长距离活体运输，而且出口需求和价值高，成为中国多品种养殖的较好选择。

Ren 等（2022）选取福建一家日本囊对虾养殖场的健康雄性个体进行基因组测序和组装。用苯酚/氯仿法从肌肉组织抽提出高质量的基因组 DNA，收集眼柄、鳃、肝胰腺、血细胞、肠、肌肉和胃等 7 个组织的转录组样本以制备 cDNA 文库。分别使用 Illumina HiSeq X Ten 平台和 PacBio RSII 平台进行测序，进一步使用 Hi-C 技术获得染色体水平的基因组组装。经过基因组大小评估、基因组组装、基因注释、基因家族构建、系统发育构建与分化时间估计、应激反应基因分析、RT-qPCR 验证等处理，获得 665.19Gb 基因组测序数据，组装得到染色体水平的基因组，大小约 1.54Gb，contig N50 为 229.97kb，scaffold N50 为 38.27Mb。利用 Hi-C 技术，将 18019 个 contig 固定于 42 条假染色体，占总基因组的 99.4%（图 6-6）。对日本囊对虾的基因组进行分析，得到 24317 个蛋白质编码基因，重复序列比例较高（61.56%）。比较低温胁迫对虾（10℃）和常温对虾（28℃）眼柄的转录组，鉴定出与耐寒性相关的基因，为揭示低温胁迫下日本囊对虾应对的分子机制和低温适应性育种奠定了基础。

6.1.3.7 南极磷虾（*Euphausia superba*）

南极磷虾属节肢动物门（Phylum Arthropoda）、甲壳纲（Crustacea）、磷虾目（Euphausiacea）、磷虾科（Euphausiidae）、磷虾属（*Euphausia*），是地

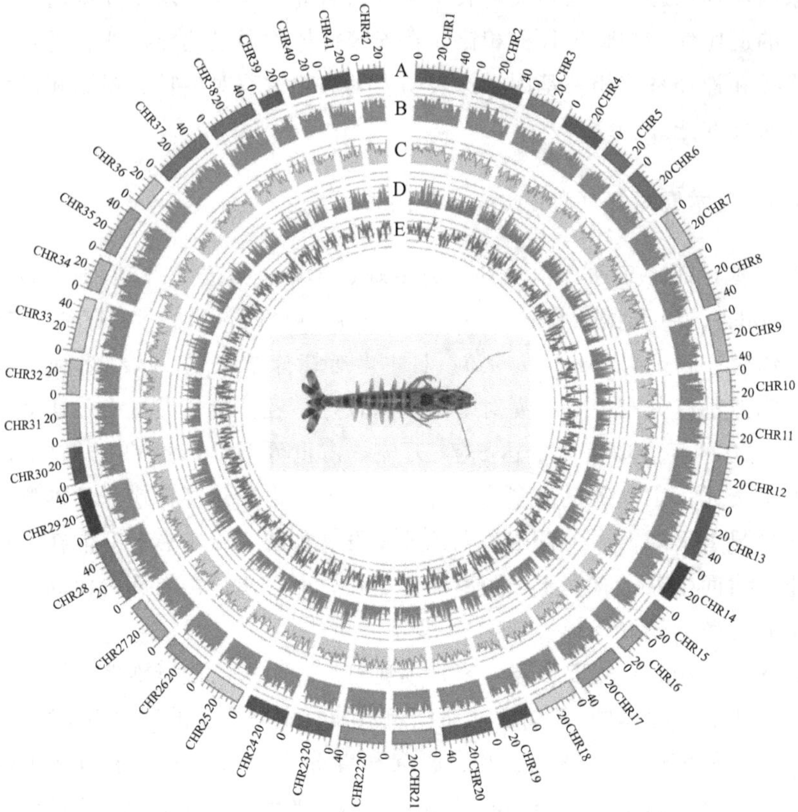

图 6-6　日本囊对虾基因组特征（Ren et al.，2022）

球上生物量最大的野生动物。南极磷虾在碳的生物地球化学循环中起重要作用，促进微量元素铁的循环，促进南极海洋浮游植物的生长，是南极海洋生态系统的基石。南极磷虾体内通过内源性定时系统使其重要的生命周期事件与南极的季节性极地环境相适应。然而，对南极磷虾适应昼长、食物供应和海冰等具有高度季节性的环境的分子机制仍然了解有限。

Shao 等（2023）采集雌性南极磷虾肌肉组织进行 PacBio CCS、PacBio CLR、WGS 短读测序和 Hi-C 测序，同时对雌性南极磷虾肌肉组织和全身组织进行 Iso-seq RNA 长读测序，对头、眼、附肢、鳃和肌肉等组织进行 RNA 短读测序。在黄海采集 3 个北太平洋磷虾样本作为外群以探索南极磷虾的种群遗传学和进化史。此研究获得一个 48.01Gb 染色体水平的南极磷虾基因组（图 6-7），其庞大的基因组可能由于基因间转座元件的扩展。这次组装揭示了南极磷虾生物钟的分子结构，解释了蜕皮与能量代谢相关的基因家族扩展有关，为研究其适应寒冷和高度季节性的南极环境提供参考。来自南极大陆四个

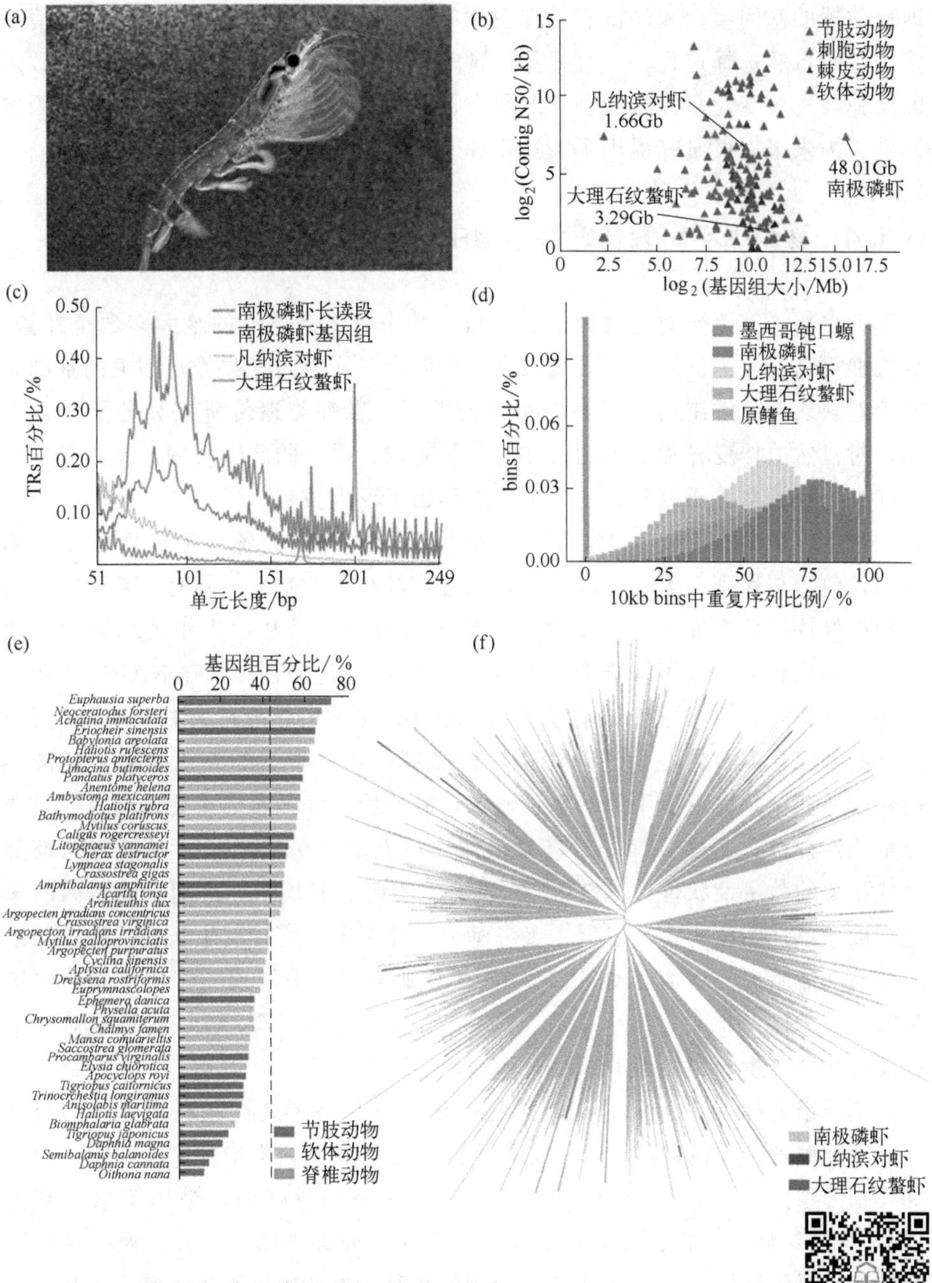

图 6-7　南极磷虾基因组及其重复序列图示（Shao et al.，2023）

(a) 南极磷虾；(b) 154 个无脊椎动物基因组大小与 scaffold N50 的关系；(c) 南极磷虾、凡纳滨对虾和 *P. virginalis* 长 reads 中 51～249bp 的 TRs 与基因组组装的比较；(d) 重复序列在不重叠 10kb 窗口中的分布；(e) 无脊椎动物和脊椎动物中第一轮重复序列的组成；(f) 南极磷虾、凡纳滨对虾和 *P. virginalis* 的 DNA/CMC-EnSpm TE 超家族的系统发育树地理位置的基因组重测序没有呈现明确的种群结构差异，而是突出了与环境变量相关的自然选择过程，一百万年前磷虾种群数量的急剧减少和十万年前数量的反弹与气候变化事件相吻合。此研究揭示了南极磷虾适应南极大洋的基因组基础，为未来南极研究提供了宝贵资源。

6.1.4 基因组学研究在虾类养殖中的应用

大多数养殖甲壳类动物属于十足目，其中有经济意义的绝大多数是虾蟹。尽管虾类已经成为世界上交易量最大的海鲜之一，但与虾类养殖相关的基础研究仍然缺乏，严重制约了虾类养殖业的发展。在虾类遗传研究和分子育种方面，对自然遗传变异和基因的关注也非常有限。最近的研究表明，基因组学对于虾类物种的遗传研究和分子育种发展作出了巨大贡献。

全基因组关联研究（GWAS）已被用于挖掘与虾的各种经济性状相关的基因，包括与性别、生长、抗病和环境适应等相关的基因。同时，基因组重测序和选择特征分析证实，人工育种过程中已对与生长和抗病相关基因进行选择，因为抗脂多糖因子样蛋白（ALF）、α 激酶锚定蛋白 13（AKAP13）和乳糖神经酰胺 4-α-半乳糖基转移酶（A4GALT）基因的核苷酸多样性显著降低。但这些基因在养殖效益中的确切作用仍需进一步探索。虾类性别影响经济特性，雄虾和雌虾表现出不同的生长速度，故罗氏沼虾养殖的主要策略之一是选择全雄性种群。通过 GWAS、转录组测序以及群体分离分析，已鉴定与虾类性状相关的数量性状位点（QTLs）和候选性别决定基因。性别决定基因的鉴定有助于单性亲体的育种发展，参考基因组能帮助鉴定控制生长性状的基因组区域或功能基因。目前已通过 GWAS 在凡纳滨对虾中发现一些生长相关候选基因，如 *PKC-delta*、*Rap-2a*、*SRC*、*MMD2* 和 *NPTK* 等，在日本对虾中也发现几个与生长相关 QTLs。

基因组选择（GS）是标记辅助选择的一种扩展形式，它利用全基因组遗传标记准确评估经济性状，已在家畜和一些水产养殖鱼类中被广泛应用。随着虾类基因组的公布，GS 在虾类育种中的应用越来越普遍，被用于重要虾类（如凡纳滨对虾）生长、饲料效率和抗病性状研究等方面。此外，通过评估预测模型、群体结构、标记密度和优化育种方案可提高遗传预测效率。传统选择方法的准确性较低，抗病性状需通过细菌或病毒感染实验来测试，感染的亲本不再适合作为候选亲本。相较于其他易测量的性状，GS 在抗病性状方面的应用前景更广阔，与传统选择方法相比，GS 通过精确的分子遗传关系和候选基因进行评估，故具有较高的选择精度，能提高预测的准确性。

6.1.5 多种新的基因组学方法在虾类研究中的应用

除传统方法外，近年又开发了许多基于高质量基因组的研究方法，如泛基因组学、3D基因组学和表观基因组学。泛基因组代表给定物种内的整套基因，由包含该物种所有个体共享序列的核心基因组和“可缺性”基因组组成，极大地促进了结构基因组在核苷酸、基因和基因组结构水平上的异同分析。泛基因组方法增加了仅使用参考基因组进行基因组分析的深度和完整性，可为了解不同品种或地理群体的遗传特征提供关键信息，有助于阐明基因型-表型的关联，为未来的生物学研究和遗传育种奠定坚实基础（Li等，2019）。3D基因组学是研究基因组空间和时间结构的一种方法，有助于了解染色质如何在细胞核内组织以及3D结构如何影响基因调控、细胞命运和进化。通过3D基因组学全面了解染色质折叠及其在转录调控中的作用可促进分子育种。表观遗传学是研究DNA或染色质修饰，包括DNA甲基化以及蛋白翻译后修饰的学科。不同品种间的表观遗传学比较将促进动物育种和疾病控制，如大理石纹螯虾的表观基因组分析。此外，包括虾类在内的许多甲壳动物中已经发现了DNA甲基化和组蛋白修饰。泛基因组研究已在微生物、植物和一些动物（如脊椎动物、软体动物和昆虫）中广泛开展，3D基因组学已被广泛用于植物、哺乳动物和昆虫研究，但虾类中还缺乏相关应用，故泛基因组学、3D基因组学和表观基因组学在虾类研究中还有广阔的应用空间。

6.2 虾类转录组学研究

6.2.1 虾类转录组学研究概述

虾类转录组学研究通过分析虾类在特定条件下的基因表达情况，揭示虾类基因组的功能和调控机制。通过高通量测序技术对虾类的RNA样本进行分析，可以全面了解虾类基因表达的动态变化和调控方式。虾类转录组学研究主要包括：①辅助虾类基因组的组装和注释。通过测序、拼接和比对等技术手段，辅助虾类基因序列组装和注释，建立虾类基因组和基因位置信息。②基因表达谱分析。通过测序技术获取虾类在不同发育阶段、不同组织器官或不同处理条件下的全体基因表达谱，了解哪些基因在特定条件下被激活或抑制，并推断可能的功能和调控网络。③差异表达基因鉴定与功能分析。通过比较不同样品间的基因表达差异，筛选差异表达基因，并进一步研究其在虾类生物学及经济性状中的功能和调控作用。④挖掘与虾类特定性状相关的基因。通过对具特定性状的虾种或个体进行转录组学研究，识别与性状相关的基因，为虾类育种和增殖改良提供重要的候选基因。自首次使用RNA-seq方法测定凡纳滨对虾幼体的转录组以来，虾类转录组学研究呈井喷式增长，旨在从mRNA表达水平揭示虾生长发育、营养代谢、抗病免疫和环境胁迫等过程的分子机制。

虾类转录组学研究的意义：①有利于虾类养殖和保护。可深入了解虾类基因组与生物学特性，揭示虾类的生态适应性、生长发育和免疫应答机制，挖掘与重要经济性状相关的基因，指导虾类养殖管理和保护，并为虾类育种和增殖改良提供科学依据。②揭示虾类生物学特性的分子机制。虾类转录组学研究可深入了解虾类基因组的组成、结构和功能，有助于理解虾类的生命周期、生长发育、免疫应答、适应性等重要生物学过程。③揭示虾类在面对环境变化时的基因表达调控方式。虾类生活在多样的水域环境中，对环境因素（如温度、盐度、pH、污染物等）和逆境（如疾病、毒素暴露等）非常敏感。转录组学研究可以帮助了解虾类对不同环境和逆境的适应机制。④助力虾类育种和增殖改良。虾类是重要的经济资源，包括食用虾、养殖虾、观赏虾等多个方面。转录组学研究可以帮助识别与虾类重要经济性状相关的基因，如生长速度、抗病性、产卵量等相关基因。⑤促进虾类免疫研究以及疾病预防和治疗的发展。虾类作为无脊椎动物，其免疫系统对抗病原体和外界压力的能力对其生存和繁殖至关重要。转录组学研究可以揭示虾类免疫系统的基因表达调控网络，发现与免疫应答相关的基因和通路。⑥提高虾类养殖效益和健康水平。虾类养殖业非常重要，但养殖过程常面临疾病暴发、环境污染等问题。转录组学研究可以提供更好的养殖管理指导，优化养殖环境和饲料配方，还有助于保护野生虾类资源以及维持生态平衡。

转录组学研究技术分为两大类：一类是基于杂交的转录组学技术，如微阵列技术；另一类是基于测序的转录组学技术，包括基因表达序列分析技术（SAGE）、大规模平行信号测序技术（MPSS）、表达序列标签文库测序技术（EST）以及RNA测序技术（RNA-seq）等。其中，微阵列技术的应用依赖于已知基因组或cDNA序列信息，由于甲壳类动物基因组资源信息缺乏，大大限制了该技术的应用，目前大部分利用已获得的虾EST序列作为探针，针对特定基因的表达谱进行分析。Lehnert等（1999）首次构建斑节对虾的头胸部、眼柄和腹肢cDNA文库，测定获得EST序列，此后该技术被广泛应用于波纹龙虾（*Panulirus homarus*）、锦绣龙虾（*Panulirus ornatus*）等，积累了大量虾EST序列，并开发了虾类EST数据库，如斑节对虾基因发现项目和Shrimp GPAT。虾类EST是检测SNP或微卫星序列的良好资源，基于凡纳滨对虾 EST 开发的 SSR 可在对虾亲缘种间迁移使用。Wang 等（2005）从中国对虾 10443 个 EST 中鉴定出 229 个 SSR，可用于 30 个中国对虾家系分析。但该技术测序成本高，实验过程复杂，费时费力，难以区分不同亚型的基因表达以及等位基因的表达，故应用受到限制。高通量测序技术的出现克服了传统技术的局限性，具有测序通量高、灵敏度高、成本低廉以及可对基因表达水平定量等优势。Li 等（2012）首次使用 RNA-seq 方法测定凡纳滨对虾幼体的转录组，曾地刚等（2013）用高通量测序技术对凡纳滨对虾肝胰腺进行转录组测序，获得 500177 条 EST，为虾基因克隆、分子标记挖掘和基因组学研究等提供了有价值的数据。高通量转录组学研究从 mRNA 表达水平揭示虾类在生长发育、病毒感染和环境因子胁迫等过程中一些重要生物学现象的分子机制，主要应用于生长发育、免疫应答、环境胁迫、营养代谢四个方面。

6.2.2 转录组技术在虾类生长发育研究中的应用

苗种选择是虾类人工养殖的关键环节，尤其某些对虾品种（如斑节对虾）在人工养殖过程中繁殖力受损，产卵量、孵化效率和幼体的成活率较低，严重制约品种产业化养殖的健康发展。了解对虾生长发育调控的分子机制，尤其是性成熟和蜕皮等重要生物学过程的分子机制，对于促进虾类苗种繁育具有重要意义。通过比较转录组学已成功挖掘 20 多个参与对虾性成熟的关键功能基因，Uengwetwanit 等（2018）比较野生和养殖斑节对虾不同发育时期卵巢的转录组，发现卵黄蛋白前体基因和脂滴蛋白基因在野生斑节对虾中具有更高的 mRNA 表达水平。

蜕皮对于虾的正常生长和发育至关重要，虾蜕皮过程既有旧外骨骼的消化和再吸收，也有新外骨骼的重建。但目前对虾类早期发育的研究主要集中于形态观察和生化分析，对虾类蜕皮的分子机制知之甚少。通过对虾类蜕皮周期差异表达基因分析，可在基因表达水平上更好地解析蜕皮发生的内在生理机制，从而推动虾类发育生物学研究。Wei 等（2014）用高通量 Illumina 测序技术研究胚胎、无节幼体、溞状幼体、糠虾和幼体转录组，依据基因的表达模式将相邻发育阶段的差异表达基因聚类，通过基因本体和 KEGG 富集分析以及对功能基因的分析，揭示对虾在变态过程中组织发生、肌肉发育和外骨骼重建等生理变化的分子机制。有研究者对来自雌性凡纳滨对虾眼柄和性腺的 cDNA 文库和抑制消减文库（SSH）进行分析，鉴定了可能参与调节对虾性腺成熟的基因表达模式。Lee 等（2017）用 Illumina Miseq 平台分析摘除眼柄后的凡纳滨对虾肝胰腺转录组，研究了摘除眼柄促进对虾蜕皮和成熟的分子机制。Uengwetwanit 等（2018）用 454 焦磷酸测序技术测定斑节对虾生殖腺转录组，分析了对虾生殖腺成熟过程的调节机制。Seear 等（2010）构建南极磷虾 cDNA 微阵列，对整个蜕皮周期进行转录组学分析，鉴定出 26 种角质层细胞特异表达基因（cuticle gene），发现几乎所有角质层基因在蜕皮前期上调表达，在后期下调表达，还发现许多与几丁质合成、分解和再吸收相关的基因。有研究者通过转录组测序技术比较生长正常和生长滞缓状态下的罗氏沼虾的基因表达量差异，从三种组织中得到存在共同差异的 27 个基因，其中 24 个基因在三种组织的表达趋势一致，14 个基因被成功注释，可能与罗氏沼虾生长密切相关，有助于罗氏沼虾生长缓慢原因的研究。

肌肉发育调控是研究机体生长发育规律最重要的内容之一。肌细胞的分化与生长不仅受正、负决定因子的双向调控，还依赖锌指蛋白及生长因子等组织特异因子的微调控。其中，以 bHLH（basic-helix-loop-helix）为核心结构域的生肌调节因子（myogenic regulatory factor，MRF）在肌肉发生发育过程中起正向调控作用，包括肌分化因子（MyoD）、生肌因子 5（Myf5）、肌细胞生成素（MyoG）和生肌调节因子 4（MRF4），而且具有时空表达特异性，调控功能各异但又存在功能补偿。肌肉生长抑制因子（myostatin）是肌肉生长发育过程中最重要的负调控因子，在牛、小鼠中缺失或突变可导致肌肉过度增长。近年来发现，在牛、羊和狗等动物中 myogenin 基因突变减弱其活性并对肌肉发育产生显著影响。在对虾方面，有研究者用 dsRNA 沉默肌生长抑制素（LvMstn）基因后，凡纳滨对虾的生长速度变慢；有研究者发现 FcMstn 基因的表达与中国对虾肌肉生长性状呈负相关，雌性个体的 FcMstn 基因平均表达量显著低于雄性个体；有研究者证实 FcMstn 基因作为负调控因子参与肌肉生成过程，通过 RNA 干扰（RNAi）降低 FcMstn 基因的表达水平后，中国对虾的生长速度更快。凡纳滨对虾的生长发育是经过多次蜕皮实现，蜕皮伴随旧表皮脱落、新表皮形成及肌肉收缩舒张等生理过程。有研究者发现 CTSL 基因 SNP 位点与凡纳滨对虾的生长速度密切相关。胰蛋白酶基因在凡纳滨对虾肌肉生长发育中表达显著下调，可能由于蜕皮过程需通过影响胰蛋白酶活性变化来实现。

6.2.3 转录组技术在虾类免疫应答研究中的应用

免疫指保护机体免遭外来物质侵害，通常机体免疫防御机制可分为两大类：天然免疫与获得性免疫，又称先天性免疫与适应性免疫。虽然无脊椎动物体液不含 B 细胞、T 细胞、免疫球蛋白和组织相容复合物等，通路中缺乏抗体介导的免疫应答反应，但仍可以较为高效地抵御外界病原体的入侵，主要通过非特异性免疫来识别异己物质和抵御病原体对机体的感染。

免疫应答反应是一个病原与宿主相互作用的复杂过程。只有深入了解虾类应对病毒、细菌、原生动物感染以及毒素作用的免疫防御机理，才能有针对性地对虾类各种疾病进行有效防治，解决虾类养殖业面临的严重病害问题。虾免疫功能（包括识别、吞噬、黑化、细胞毒和细胞间信息传递）主要通过血淋巴细胞来完成，许多非细胞免疫因子都直接或间接与血淋巴细胞有关，故血淋巴细胞是虾类免疫系统中最重要的组分。血淋巴细胞的数量和组成可反映虾体的免疫机能状况。不同类型的血淋巴细胞在虾免疫系统中起不同作用。在异物吞噬过程中，不同的血淋巴细胞协同发挥作用。透明细胞在光滑表面有强烈的附着和扩散能力以及较强的吞噬能力，不受外来溶解物（如脂多糖）的影响，在体外可被活化的酚氧化酶原系统组分激活吞噬能力。小颗粒细胞在免疫防御反应中起关键作用，细胞颗粒内含有大量酚氧化酶原，这类细胞无吞噬能力，附着及扩散能力弱，经脂多糖处理不发生胞吐作用，但用活化的酚氧化酶原系统组分处理可使之迅速发生胞吐作用，释放大量活性酚氧化酶，进而促进透明细胞的吞噬作用。小颗粒细胞只有在脱颗粒后才具有吞噬活性，在离体条件下对外源物质非常敏感，极易脱颗粒后释放酚氧化酶组分。现有研究集中于虾类对病毒性疾病，如白斑综合征病毒（WSSV）感染、Taura 综合征病毒（TSV）感染和黄曲霉毒素毒性的反应。

有研究者最早构建和测定感染白斑综合征病毒（WSSV）的日本对虾的血细胞 cDNA 文库，通过 EST 分析鉴定 152 种新蛋白，其中 28 种涉及生物防御，包括酚氧化还原酶系统、抗菌肽、黏附蛋白和其他防御相关蛋白。仅在 WSSV 感染文库中发现所有编码蛋白酶抑制剂和肿瘤相关蛋白的 EST，凋亡肽编码基因的 EST 在 WSSV 感染的虾类文库中大量表达。高通量测序技术的出现促进了对虾 WSSV 感染的免疫机制研究，并扩展到其他对虾品种。有研究者用抑制消减杂交技术鉴定被白斑综合征病毒感染的印度对虾的肝胰脏差异表达基因，从 134 个样本中产生 23 个重叠群和 11 个单体群，其中 74 个（55%）是首次被发现，可能与虾的免疫功能有关，其余 60 个（45%）中的 43 个与已知蛋白质序列有显著同源性，17 个与新的未知蛋白质序列同源，对这些未知基因在虾体内功能的研究可以反映差异表达基因在病毒感染过程中的作用。类似研究在罗氏沼虾和日本囊对虾的肝胰腺中也已开展。

副溶血性弧菌（*Vibrio parahaemolyticus*，VP）是虾类养殖常见病原，可引起急性肝胰腺坏死病（AHPND）。Soonthornchai 等（2016）对 VP 感染、未感染以及 VP 感染后存活的斑节对虾胃进行转录组分析，发现一些与 AH-

PND发病和免疫防御相关的基因和通路，如抗菌肽、信号转导途径、proPO系统、氧化应激、蛋白酶/蛋白酶抑制剂、凋亡肿瘤相关蛋白等，这提供了AHPND感染期间各器官免疫分子反应的基础信息，有助于开发监测疾病进展和宿主免疫应答的生物标志物及探索AHPND治疗方法。已对脊尾白虾（*Exopalaemon carinicauda*）开展类似研究（Ge等，2017）。

6.2.4 转录组技术在虾类环境胁迫研究中的应用

虾类水产养殖过程中常因密集养殖或环境突变造成虾直接暴露于不理想生存环境，如亚硝酸盐积累、氨氮浓度过高、细菌病毒出现、盐度降低和水温升高或降低等会破坏体内平衡，造成显著应激，增大病原感染概率，给虾类养殖带来极大损害。转录组学研究成为了解环境胁迫对虾类机体产生不利影响的分子机制必不可少的手段。

有研究者对暴露在高温、缺氧/低氧条件下的斑节对虾幼体进行抑制消减杂交（SSH），发现58个与免疫功能序列高度相似的基因，有研究者用高通量测序技术对亚硝酸盐暴露的南美白对虾进行转录组分析，选择10个与免疫应答和凋亡相关的候选基因进行验证，发现这10个基因在亚硝酸盐暴露后的表达均上调，包括C型凝集素和血色素蛋白。此外还鉴定到过氧化氢酶（CAT）和超氧化物歧化酶（SOD）等抗氧化基因。这表明亚硝酸盐胁迫产生的细胞毒性与免疫反应、解毒和凋亡等途径紧密相关。日本沼虾受低氧胁迫时，有氧代谢减弱，无氧酵解和抗氧化能力增强，糖原和磷酸精氨酸大量消耗，以维持机体能量需要。低氧诱导因子1（HIF1）由受氧调节的α亚基和组成型表达的β亚基组成，是虾体维持氧稳态的关键异二聚体转录因子，最先由Semenza（1992）在缺氧诱导的细胞核抽提物中发现，参与许多重要的生物学反应。例如，HIF1α和HIF1β亚基均参与虾类缺氧适应性反应。凡纳滨对虾缺氧时，鳃HIF1α、甘油醛-3-磷酸脱氢酶和肝胰脏磷酸果糖激酶、果糖-1,6-二磷酸酶的表达量显著增高，而HIF1α或HIF1α亚基的沉默阻止鳃己糖激酶表达和酶活性诱导。一方面，低氧胁迫诱导脊尾白虾产生低氧诱导因子并调控下游基因表达，进而激活虾体适应缺氧的一系列生理活动，增强各类物质代谢，促进血管生成，增强血管张力，刺激虾体增加血液氧供应能力；另一方面，低氧胁迫促进厌氧代谢，缓解虾体对缺氧的不适，而低氧诱导因子可抑制线粒体生物合成，活化线粒体自噬，从而降低线粒体氧耗。有研究者发现氨胁迫下差异表达基因主要富集到免疫防御、蜕皮和渗透压调节等相关通路，参与氮代谢的大部分差异表达基因在降低氨毒性中发挥重要作用。Sun等（2014）发现温度升高引起的对虾 WSSV 急性感染造成能量产生相关基因的表达上调，而与细胞周期和细胞死亡正调控有关的基因表达下调。低温胁迫属常见的环境应激，对变温水生生物生理稳态具有重要影响。通过组学研究可挖掘鱼类和甲壳动物等变温水生动物在低温胁迫下的许多相关基因和代谢通路。用 Illumina 测序平台对低温处理的日本对虾进行转录组测序并鉴定到 2543 个差异表达基因（1341 个上调，1202 个下调），富集分析发现主要聚集在氧化还原酶活性、单加氧酶活性、催化活性、蛋白质加工的正调控、蛋白质加工等生物学 GO 簇。通过 KEGG 富集分析筛选到参与日本对虾应对低温胁迫的通路，如氨基酸和核苷酸代谢、乙醚脂质代谢、果糖和甘露糖代谢、赖氨酸降解。另外，冷应激可导致甲壳动物蛋白质的异常形成和聚集，诱导热休克蛋白（HSP）产生。日本对虾受低温胁迫后肝胰腺 HSP70 的表达量显著降低，表明 HSP70 参与虾应对低温胁迫的过程。低温处理后凡纳滨对虾 HSP 基因在所有组织均下调表达，可能对耐寒性起负调控作用。低温胁迫对凡纳滨对虾造成氧化损伤，同时造成血细胞数减少，钙离子增多，caspase-3 表达量升高，细胞凋亡率随血细胞中 ROS 含量增加而升高。高通量测序研究表明，凡纳滨对虾肝胰腺应激反应或细胞防御相关基因在受低温胁迫后表达种类更加丰富，丝氨酸/苏氨酸激酶信号通路可能在虾肌肉组织的低温适应中发挥重要作用。凡纳滨对虾冷适应过程中差异表达 miRNAs 靶基因的 GO 条目显著富集。这些虾类在环境变化下的应激反应机制研究将助力于强抗逆性的对虾新品种培育以及对虾水产养殖最佳条件的摸索。

6.2.5 转录组技术在虾类营养代谢研究中的应用

虾营养代谢方面的研究有助于选择适用对虾不同发育阶段的饵料，优化饵料成分组成及降低养殖成本。在虾类养殖中，优质饲料既要适用于不同发育阶段，又要节约成本并达最优饵料系数，力求最大限度地减少虾类因饵料的不适和过度投喂造成的浪费以及对生态环境的不利影响。最近很多研究关注寻找不同形式的蛋白源替代物以降低养殖成本。有研究者最早利用转录组学技术分析在饵料中添加植物来源的蛋白质以及从植物变为动物来源的蛋白质后凡纳滨对虾肝胰腺和肌肉的差异表达基因，发现 6 个肝胰腺组织差异表达基因编码代谢、转录调节和 rRNA 亚基的蛋白质，4 个肌肉组织差异表达序列编码与免疫系统反应相关的蛋白质以及细胞结构和信号。有研究者对 5 个不同发育阶段（胚胎、无节幼体、溞状幼体、糠虾和幼虾）的凡纳滨对虾进行转录组测序，获得 66815 个独立基因，296 个被注释为 16 种不同的消化酶（5 种碳水化合物酶、7种肽酶和4种脂肪酶）基因。这些多样性的酶组合说明对虾在发育过程中具有利用不同来源的食物以满足营养需求的能力。凡纳滨对虾在发育过程中食性过渡的分子机理可用于虾早期发育过程中的营养调控。Elizondo-Reyna等（2016）对饵料添加藻类的凡纳滨对虾进行转录组测序，获得396个差异表达基因，主要富集到免疫反应、脂质代谢、氧化还原过程和应激反应等通路，有助于研究藻类喂食时机体营养代谢的分子机制。虾青素是一种红色类胡萝卜素，也是一种强抗氧化剂，能改善甲壳动物的色素沉着、抗氧化活性、免疫能力和抗胁迫能力。添加虾青素能提高凡纳滨对虾的生长、抗氧化能力、免疫能力和胁迫耐受力。脂肪酸代谢对凡纳滨对虾雌虾卵巢发育和卵黄颗粒积累非常重要，卵巢中脂质由肝胰腺分泌到血淋巴，通过极低密度脂蛋白（VLDL）、低密度脂蛋白（LDL）和高密度脂蛋白（HDL）运输到性腺。有研究者通过Illumina NovaSeq平台对卵巢转录组分析，发现添加虾青素能抑制脂肪酸合成相关基因*srebp1*和*fas*，从而减少肝胰腺组织中的脂肪沉积。脂肪酸结合蛋白（FABP1）和脂肪酸转运蛋白（FATP）对游离脂肪酸的摄取与吸收具有重要作用，脂肪酸结合蛋白也可将脂肪酸转运至线粒体内进行氧化分解。饲料中添加80mg/kg虾青素能显著促进脂肪酸吸收转运过程并促进凡纳滨对虾的生长。另外，饵料效率是对虾遗传改良项目中一个重要经济特征，用剩余采食量（residual feed intake，RFI）来衡量，是实际采食量和基于维持体重和产量要求的预期采食量之间的差值，由预期饲料采食量及观察采食量作为因变量进行多元回归计算获得。差值小代表高饵料效率，差值大表示低饵料效率。基于RFI平均值，有研究者选择高饵料效率组、低饵料效率组和对照组的凡纳滨对虾肌肉进行转录组测序，比较两个极端组和对照组之间的基因表达模式，鉴定383个差异表达基因，揭示差异表达基因功能及参与的代谢通路驱动饵料效率的内在分子机制，有助于对虾高饵料效率遗传育种的应用。

6.3 虾类蛋白质组学研究

6.3.1 虾类蛋白质组学研究概述

为在市场竞争中取得先机，实现可持续生产并生产更高质量水产品，科学知识和新兴技术不断得到应用。虾类养殖是水产养殖中的重要组成部分，利用科学技术生产具有丰富优质蛋白质的健康虾类至关重要。与基因组学相比，蛋白质组学不仅提供机械层面的信息，还能捕捉到蛋白质翻译后修饰（PTM）对蛋白质活性的调控变化。转录组学无法解释蛋白质表达的转录后和翻译后调控，而蛋白质组学可以提供转录组学遗漏的生物体生理状态的相关信息。

作为一种强大的科技工具，蛋白质组学越来越广泛地用于解决水产养殖中营养健康、质量以及安全等方面的问题。对于对虾的免疫学方面的了解甚少，借助功能基因组学和蛋白质组学方法，可以获得这些生物免疫反应的分子信息。有研究者对凡纳滨对虾进行基因组学和蛋白质组学研究时指出，表达序列标签分析等分子工具、抑制性消减杂交差异表达克隆、微阵列基因表达谱分析以及运用质谱的蛋白质组学研究可为虾类蛋白质组学研究开辟新道路。在虾类水产养殖领域，特别是在高密度养殖条件下，虾的繁殖和产卵、育雏种群维持、生长速度和营养需求以及疾病管理和环境因素控制等能助力可持续生产和更好获得养殖生物体。蛋白质组学研究对于提高水产养殖产量、推动水产养殖业发展、管理传染病和提升养殖动物免疫力具有重要意义。在可养殖的甲壳类物种中，大量的基因组学、蛋白质组学和磷酸化蛋白质组学研究集中于发现与疾病暴露相关的基因表达特征和蛋白质信号通路，蛋白质组学有助于确定新的疾病靶点和候选疫苗，为虾病治疗和预防提供基础。

目前，关于虾蛋白质组学的内容非常丰富，主要涉及繁殖、营养、健康、免疫反应、质量和安全等方面。这得益于蛋白质组学在结构和分子水平上的先进技术，以及从营养科学、微生物组学、益生菌和生物信息学等其他科学领域获取的深入知识。生物信息学的最新发展及其在蛋白质组学研究中的应用已经成为分析和解释蛋白质功能的新方法。此外，蛋白质生物标志物的发现也具有重要意义，不仅可以作为正常生物过程的指标，还可以用来评估虾体任何生理紊乱或不平衡情况。

6.3.2 蛋白质组技术在虾类生殖发育和育种研究中的应用

近年来，虾类卵母细胞和卵巢发育及成熟机制研究受到广泛关注，蛋白质谱分析可揭示虾类卵巢发育过程中的蛋白质差异表达情况。5-羟色胺受体全长cDNA已从刀额新对虾和斑节对虾中鉴定分离，有研究者对斑节对虾卵巢发育和成熟过程进行蛋白质组学研究，发现5-羟色胺（5-HT）对生殖相关基因的转录具有诱导作用，斑节对虾卵巢中表达最丰富的蛋白质属二硫化酶家族，在细胞氧化还原稳态方面发挥功能。

但是，集约化养殖虾繁殖成熟能力降低，影响驯化和选择育种计划。为解决虾类养殖中的这一问题，受控环境中的单侧眼柄切除技术被用来加速繁殖成熟过程，效果十分显著。这是因为眼柄中含有X-器官窦腺这一重要的神经内分泌复合体，负责分泌和储存多种激素，包括性腺抑制激素（GIH）。尽管单侧眼柄切除可以诱导虾类的生殖成熟，但会影响其他生理过程的平衡，直接或间接导致繁殖力和卵子质量降低以及母体成活率的降低。有研究者提出用一种可预测、可持续的水产养殖方法代替单侧眼柄切除术诱导虾类卵巢成熟和产卵。有研究者通过 EST 分析和抑制消减杂交（SSH）技术鉴定虾类卵巢发育不同阶段的差异表达基因，揭示参与成熟过程不同阶段性腺发育的蛋白质编码基因。有研究者用二维凝胶电泳（2-DE）和串联质谱蛋白质组学鉴定斑节对虾繁殖相关蛋白，在完整的和去除眼柄的育成种群的卵黄期卵巢中分别鉴定到 183 和 167 个蛋白，在成熟期卵巢中分别鉴定出 152 和 103 个蛋白，以及泛素羧基末端水解酶 L5 样蛋白、26S 蛋白酶体非 ATP 酶调节异构体 A 亚基 14、半胱氨酸蛋白酶、含缬氨酸的蛋白和卵黄蛋白原等差异表达蛋白质。有研究者用一维凝胶电泳和纳米 ESI-LC-MS/MS 方法对斑节对虾卵巢组织进行蛋白质组学研究，分析了编码 β-胸腺肽（PmTMSB）和 RacGTP 酶激活蛋白 1（Pm-Racgap1）的全长 cDNA，并进一步研究其在卵巢成熟过程中的表达谱。在已鉴定的 1638 种蛋白质中，有 1253 种与已知蛋白质显著匹配。在与生殖相关的蛋白质中，5-羟色胺在所有组织中表达，而 PmRacgap1 在卵巢组织中表达更丰富，β-胸腺肽和 RacGTP 酶的表达水平活跃。尽管国内外初步探讨了对虾卵巢发育过程中的蛋白鉴定、结构及表达特性，其他人工诱导对虾生殖腺成熟化的途径鲜有报道。未来需对腺体发育各阶段的基因组与蛋白质组进行全面、系统分析并明确其在发育过程中的差异表达特性，通过蛋白质组学研究揭示 X-organ 窦腺复合体与性腺轴之间的分子机制。

6.3.3 蛋白质组技术在虾类生长和营养研究中的应用

作为甲壳动物典型代表，对虾具有独特的发育模式。对虾早期发育包括胚胎发育和幼体发育两个阶段。胚胎发育从受精卵开始，经历卵裂期、囊胚期、原肠期、肢芽幼体期发育至膜内无节幼体期。幼体发育通过无节幼体期、溞状幼体期、糠虾幼体期和仔虾期四个阶段的变态过程，实现自身的组织器官重建。随着个体形态的变化，生理习性和身体机能也发生巨大变化，如运动能力的增强、食性的改变、免疫体系的完善等。目前，国内外研究主要集中在对虾生长发育的形态、营养等方面，对生长发育机理的认识还不够深入。组学技术可以在全局层面解析对虾生长发育进程中的基因、蛋白质表达以及调控机制。有研究者基于转录组和蛋白质组技术，结合对虾基因组数据，开展凡纳滨对虾早期发育的组学特征分析和生物学过程解析。2D-DIGE 分离结合 MOLDI-TOF-MS/MS 鉴定以及 iTRAQ 标记结合 LC-ESI-MS/MS 鉴定这两种方法可开展对虾早期发育过程的差异蛋白质组研究，结果发现，通过 2D-DIGE 方法分析受精卵、囊胚、原肠胚、肢芽幼体、无节幼体 5 个时期的差异蛋白点，鉴定到 90 个差异蛋白。基于 iTRAQ 标记的方法可鉴定到 2560 个蛋白，实现受精卵、囊胚、原肠胚、肢芽幼体、无节幼体、溞状幼体、糠虾幼体和仔虾 8 个时期的差异蛋白分析。

营养和饲料在对虾养殖持续发展中（无论在数量上还是在质量上）起关键作用，在任何养殖系统中，虾和其他水生动物的生长、健康和繁殖主要依赖营养物质的充足供应，营养缺乏或饥饿是研究模型生物体代谢与生理学功能的重要手段。对人类来说，虾是一种优质蛋白质来源，提供必需氨基酸、矿物质和微量元素、脂溶性维生素以及长链脂肪酸等必需脂肪酸。虾常被误认为高脂肪（高热量）蛋白质的来源，但实际上是低脂肪（低热量）蛋白质的来源。在半集约化或集约化养殖系统中，微量矿物质等在虾的各种生理功能和生长中起重要营养作用。富含微量矿物质的膳食成分对免疫功能、抗病能力等具有显著影响。与免疫反应相互作用的膳食生物活性成分具有降低虾对多种传染性疾病易感性的潜力。蛋白质组学在营养管理和日摄食量管理中发挥重要作用，助力集约化条件下生产更多优质虾，是实现高强度养殖的关键技术之一。调节对虾机体的免疫应答，开发能有效减少对虾传染病的食物组分，是对虾养殖健康发展新思路。对虾与蛋白质表达有关的基因能反映有机体蛋白质构成品质并提示健康安全状态。

6.3.4 蛋白质组技术在虾类养殖和产品质量安全研究中的应用

受低温和冷冻储存影响，凡纳滨对虾肌肉蛋白易变性。有研究者通过蛋白质组学分析，对冷冻储存 30 天的虾蛋白质的稳定性进行研究，在虾肌肉中鉴定到 2155 个多肽和 626 个蛋白质。在蒸馏水（DW）、海藻糖（TR）和海藻酸寡糖（AO）处理组检测到共 95 种差异丰度蛋白（DAPs），包括肌动蛋白、钙转运 ATP 酶、肌凝蛋白重链和轻链、副肌凝蛋白、原肌凝蛋白和肌钙蛋白等下调表达蛋白。与 DW 组相比，大部分 DAPs 在 TR/AO 处理组中表达上调，可能由于添加 TR/AO 分子能减少蛋白质降解和冰晶生长造成的损伤。KEGG 分析显示，精氨酸激酶、1 型乳酸脱氢酶、苹果酸脱氢酶、磷酸甘油酸变位酶和核糖体蛋白等多个通路发生改变，包括代谢途径、碳代谢、吞噬过程等。TR/AO 处理有助于维持 DAPs 的自然构象、结构和功能，延缓肌肉蛋白降解。对经蒸馏水、海藻糖和海藻酸寡糖预浸泡并冷冻后的虾肌肉进行非标记定量蛋白质组学分析，与新鲜样品比较发现，TR/AO 处理调节虾肌肉几种差异性蛋白的表达，提高虾肌肉中一些特殊蛋白的稳定性，有助于理解与冷冻虾肌肉蛋白质组学变化相关的肌肉质量稳定性，但冷冻储存期间蛋白质变化的细胞机制及通路仍需进一步探索。

羟基自由基对凡纳滨对虾肌肉脂质的氧化作用显示，随着氧化时间延长，氧化处理显著提高虾肉过氧化值（PV）和硫代巴比妥酸指数值（TBA-1），同时羟基自由基浓度显著增加，推测自由基攻击导致脂质分解、主干断裂和/或侧链修饰。基于 LC/MS 的脂质组学分析将虾肉 835 种脂质分为 27 类，包括 219 种磷脂和 98 种胆固醇酯。与新鲜虾肉相比，氧化虾肉分别在较低和较高水平上积聚 86 种、34 种差异富集脂质（DALs），表明羟基自由基攻击在很大程度上改变了虾肌肉的脂质组学特征，一些 DALs（CL 62∶2、PC 38∶3 和 PE 34∶9）可作为区分新鲜和被氧化的虾产品的潜在生物标志物。通过化学处理和基于 LC/MS 的脂质组学分析可揭示新鲜虾肉和氧化处理虾肉之间脂质种类的变化，H_2O_2/抗坏血酸/$FeCl_3$ 系统产生的高浓度羟基自由基显著提高氧化虾肉中脂质的 PV 和 tba-1 值。脂质组学分析比较发现，氧化攻击导致虾肉中检测到 120 种 DALs，在氧化处理样品中表达较高和较低水平的脂质分别有 34 种和 86 种。这进一步证实了新鲜虾肉和氧化处理虾肉之间脂质种类的显著改变。此外，接收操作特征曲线（ROC）和相关分析证实几种脂质在区分氧化样品和新鲜虾肉方面具有可靠的生物标志物特征（AUC＝1.0）。这项研究深入揭示了羟基自由基攻击引起虾肌肉组织中脂质谱变化的机制。

有研究者用基于定量蛋白质组学策略的串联质量标签技术研究凡纳滨对虾肌肉低温贮藏过程中蛋白质组变化与品质性状的关系。将 TMT 与液相色谱-串联质谱（LC-MS/MS）相结合，比较对虾肌肉在 3 种不同温度（5℃、0℃和－3℃）下储存 10 天后蛋白质组的变化，结果发现，样品经冷藏（5℃）、冰温（0℃）和颗粒冷冻（－3℃）处理并保存 10 天后，与新鲜组（0 天）之间存在 506 个差异表达蛋白（DEPs）。相关分析表明，9 种 DEPs 与品质特性、pH、颜色、质地显著相关。生物信息学分析表明，大部分 DEPs 与结合蛋白、代谢酶和蛋白质形成有关，几种 DEPs 可能是肌肉衰退的潜在生物标志物。这有助于进一步了解凡纳滨对虾肌肉在低温贮藏过程中蛋白质组的变化及品质下降机制。

有研究者用 iTRAQ 定量蛋白质组学分析方法检测到受白斑综合征病毒（WSSV）感染的凡纳滨对虾血细胞中的差异蛋白，发现差异最显著的是氧化石墨烯 GO 簇，与调节细胞过程、有机物代谢过程和氮化合物代谢过程相关。83 种上调蛋白大部分与 DNA 调控、组织和细胞信号转导有关，40 种下调蛋白大部分与免疫防御过程、蛋白质折叠和发育相关，并通过 RT-qPCR 获得验证，从而揭示了凡纳滨对虾感染 WSSV 12h 后血细胞的蛋白质水平变化。值得注意的是，一些上调蛋白质与人类过敏相关，可能对人类健康构成威胁。这项研究首次报道了 WSSV 感染 12h 后凡纳滨对虾血细胞的蛋白质组谱，发现免疫系统在 WSSV 感染的早期阶段受到严重损害。今后需要更全面了解涉及宿主免疫反应关键过程的未知蛋白的特征，利用新技术获得更详细的蛋白质组学数据，从而助力解析甲壳类动物的免疫机制。此外，不同甲壳类动物对 WSSV 感染的响应存在重要差异，有必要研究宿主对 WSSV 的特异性免疫应答。

6.3.5 蛋白质组技术在虾类应答环境胁迫研究中的应用

有研究者以每天 7.5℃的降温速度，将虾所在环境温度由正常养殖温度（C 组，28℃）逐渐降温至 13℃（T 组），再以相同速度将温度升至 28℃（R 组）。通过串联质量标签（tandem mass tags，TMT）蛋白质组学技术研究温度变化对虾肠道蛋白质丰度的影响，鉴定出 5796 个具有功能注释的蛋白质。其中，1978 种（34%）蛋白质丰度在降温后下降并在复温后上升，1263 种（22%）蛋白质丰度在降温后上升并在复温后下降，1498 种（26%）蛋白质丰度全期上升，1057 种（18%）蛋白质丰度全期下降。凝集素、NFκBIA、Caspase 等差异表达蛋白质可能参与温度波动期对虾肠道免疫调节和组织修复的调控，这有助于更好地理解虾类对不利环境的调节机制。该研究利用 TMT 蛋白质组学方法定量分析温度波动阶段虾类肠道蛋白质的变化，推测虾类通过降低能量代谢来应对低温应激，通过消化和吸收蛋白质对抗寒冷，在温度波动时上调肠道免疫相关蛋白质以维持内部平衡，从而加深了对极端天气影响对虾免疫调节的认识，为虾类养殖提供有力指导。

较低的 pH 值对甲壳类动物养殖具有一定危害。有研究者采用 iTRAQ 技术对比中国对虾在对照 pH 值（8.2）和低 pH 值（6.5）处理下的蛋白质组学响应过程。鉴定到 76 个丰度水平变化的蛋白质，其中 45 个蛋白质表达上调，31 个蛋白质表达下调。柠檬酸合成酶、细胞色素 c 氧化酶、v 型质子 ATP 酶、甘油醛-3-磷酸脱氢酶和果糖-1,6-二磷酸醛缩酶等差异表达蛋白质（DEPs）的表达量上调，推测能量和底物代谢的增加是中国对虾抵抗低 pH 胁迫所必需的。离子转运相关蛋白质，如 $Na^+/K^+/Cl^-$ 共转运蛋白和钙调蛋白等，参与中国对虾体内 pH 的稳态维持。而凝集素、脂多糖、β-1,3-葡聚糖结合蛋白、几丁质酶、组织蛋白酶 L 和 β-葡糖苷酸酶的表达下调，表明低 pH 条件下中国对虾的免疫功能发生了紊乱。这有助于进一步认识中国对虾响应低 pH 胁迫的防御机制并推进耐低 pH 对虾的育种进程。蛋白质 ADP 核糖基化和溶酶体的富集反映出中国对虾在急性 pH 胁迫下可能经历氧化应激。免疫应答蛋白的差异表达结果表明，低 pH 对中国对虾免疫功能造成了不可避免的损害。应对酸碱干扰的关键策略是增强底物的能量代谢能力，特别是碳水化合物和脂肪酸代谢能力。

微塑料是一种受到全世界关注的有害污染物，对水生生物和生态系统构成威胁。Duan 等（2021）以分布全球各地的凡纳滨对虾为研究对象，用组学技术对 5 种不同类型的微塑料进行毒性效应分析。结果发现，微塑料暴露并没有对肠道微生物的多样性产生影响，但却改变了群落的组成，例如，拟杆菌门和变形菌门的丰度增加，同时厚壁菌门的丰度降低。具体而言，微塑料诱导了一些病原菌种增加，并减少了产生乳酸和短链脂肪酸的细菌。微塑料还改变了血淋巴蛋白质组谱，五种类型的微塑料对富集通路和免疫相关蛋白的表达产生不同影响。此外，这五种微塑料处理组中有 28 种代谢物发生了改变，引起血淋巴代谢物的变化，尤其是氨基酸和 α-亚麻酸代谢。肠道菌群的变化与虾血淋巴蛋白和代谢物有关。不同微塑料类型对免疫相关蛋白质的表达产生不同影响，几种肠道细菌与宿主蛋白质和代谢标志物的变化相关。这为研究微塑料对凡纳滨对虾的毒性作用提供了新证据。

甲壳类动物对重金属污染特别敏感，而铜是水生生态系统中典型的重金属污染物之一。有研究者将在 5‰海水中饲养的凡纳滨对虾暴露于含铜 5mg/L 的海水 3h，并用基于 iTRAQ 的定量蛋白质组学探究铜在虾鳃中的调控机制，鉴定出 385 个差异表达蛋白质，147 个上调表达，238 个下调表达。通过生物信息学分析发现，铜胁迫下的差异表达蛋白主要参与细胞骨架、免疫应答、应激应答、蛋白质合成、解毒、离子稳态和细胞凋亡等过程。随后用 PRM 分析确认了肌浆钙结合蛋白（SCP）、丝氨酸蛋白酶抑制剂 B3（SPIB3）、c 型凝集素 4（CTL4）、组织蛋白酶 L（CATHL）、JHE 样羧化酯酶 1（CXE1）和副肌球蛋白（PMY），并对铜/锌-过氧化物歧化酶（Cu/Zn-SOD）进行生化分析，从而验证了 iTRAQ 结果。研究揭示了铜胁迫对于虾离子稳态和蛋白质合成造成的破坏，并发现凡纳滨对虾在铜胁迫下通过调节一系列分子通路，尤其是免疫相关蛋白，来保护自身免受铜胁迫的伤害。这有助于更深入地理解甲壳类动物在铜暴露应激反应中的潜在机制。未来需对这些差异表达蛋白进行确认和验证，以确定其作为铜胁迫新潜在生物标志物的潜力。

6.3.6 蛋白质组技术在虾类免疫研究中的应用

无脊椎动物因缺乏适应性免疫而被认为完全依赖先天免疫来保护其免受病

原体的侵害。但越来越多证据表明一种“免疫启动”的特定获得性免疫可能存在。有研究者在蛋白质水平研究用反式 *vp28* 基因（*Synechocystis* sp. PCC6803）免疫对虾肝胰脏的免疫应答，从感染 WSSV 的凡纳滨对虾中通过 iTRAQ 标记鉴定出 308 个差异表达蛋白（DEPs），其中 84 个表达上调，224 个表达下调，发现钙调蛋白 B 和钙调蛋白等上调蛋白、钙连蛋白等下调蛋白以及 Ras、mTOR 等信号通路的表达存在差异。经反式 *vp28* 基因（*Synechocystis* sp. PCC6803）免疫后，虾对 WSSV 的敏感性增加。用平行反应监测（PRM）随机分析初步证实部分 DEPs（上调：A0A3R7QHH6，下调：A0A3R7PEF6，A0A3R7MGX8，A0A423TPJ4，A0A3R7QCC2）对凡纳滨对虾的免疫启动作用，通过蛋白质组学研究发现 PCC6803 可调节凡纳滨对虾的免疫应答并增强对虾对二次刺激的免疫保护作用。这对虾类水产养殖疾病的预防和控制具有重要意义。过去几十年中，哺乳动物血清定量蛋白质组学在生物标志物筛选中得到广泛应用，并开发了各种去除血清蛋白的方法，从而有效隔离血清中的高丰度蛋白。但节肢动物血清高丰度蛋白的提取方法很少。通过凝胶过滤色谱法和超离心法分离凡纳滨对虾血清中的血青素，可用于对虾血清低丰度蛋白的研究。通过质谱法鉴定到 WSSV 侵染对虾后的 486 种血清蛋白，并用 iTRAQ 鉴定到 18 种上调的 WSSV 应答蛋白，这有助于更好地了解甲壳类动物对 WSSV 感染的应答。

加勒比多刺龙虾（*Panulirus argus*）具有重要的渔业价值，但正遭受致病性乌鳢病毒 1（Panulirus argus virus 1，PaV1）的胁迫，导致幼虾系统性和慢性退行性感染。目前还不了解该病原体在分子水平上对宿主的影响。Zamora-Briseño JA 等（2020）用 iTRAQ 及基于同步前体选择（SPS）的 MS3 方法对染毒仔虾的肝胰腺组织进行比较蛋白质组学分析，鉴定到 636 个蛋白质，其中 68 个下调，71 个上调。下调蛋白与激素和脂质代谢、消化蛋白酶、糖苷酶有关，上调蛋白与组蛋白核心、蛋白质合成、免疫反应和 RNA 调节等相关，确定了几种与调节神经递质的酶失调相关的蛋白，通过 RT-qPCR 验证差异蛋白转录本的表达情况与蛋白质组学数据一致，与胰蛋白酶、胰凝乳蛋白酶和糖苷酶活性变化趋势也一致。在肌肉中发现糖原减少、血浆甘油三酯和葡萄糖的增加与蛋白质组学数据一致。该研究首次阐明加勒比多刺龙虾肝胰腺组织中与 PaV1 感染相关的分子变化导致宿主整体响应变化。在严重感染的龙虾中，PaV1 导致免疫、能量和营养功能相关的蛋白质耗竭，一些参与神经调节的关键酶出现不平衡，这在分子水平上解释了龙虾在病毒感染最后阶段的嗜睡和厌食特征，有助于构建 PaV1 作用模式综合模型。

6.4 虾类代谢组学研究

6.4.1 虾类代谢组学研究概述

虾类代谢组学研究提供了深入探索代谢物变化的新视角和高通量分析方法，推动了虾类研究的创新和发展。首先，代谢组学提供了一种全面、快速、高通量的方法来研究虾类代谢产物的变化。用代谢组学技术可同时检测大量的代谢产物，并提供定性和定量信息，直接揭示虾类代谢过程的特征和变化，如研究虾类在不同环境因素下的代谢调节机制、代谢途径和生理状态以及不同品种虾类代谢物的区别和联系等。其次，代谢组学可用于研究虾类的食物转化过程、能量代谢和免疫反应等，如研究虾类消化系统和能量代谢，揭示虾类对不同饲料、饲养密度、水质等因素的代谢反应。再次，利用代谢组学可研究虾类免疫反应和抗氧化能力，为虾类强化免疫和提高抗氧化能力提供理论依据。最后，代谢组学研究可以促进虾类种质资源开发和育种。用代谢组学技术可以分析不同品系或亲本中代谢产物的差异，为虾类的遗传改良和优良品种培育提供关键信息。此外，利用代谢组学还可以分析虾类的遗传背景和环境适应能力，为虾类的种质资源保护和利用提供科学支撑。总之，代谢组学技术在虾类研究中具有广泛的应用前景，为深入了解虾类代谢过程、饲养管理和育种优化提供新方法，助力虾类行业的可持续发展和高效生产。

6.4.2 代谢组学技术在虾类生理状态评估中的应用

代谢组学技术可用于评估虾类在不同生理状态下的代谢差异。在不同发育期、生长阶段、养殖管理等情况下，通过分析代谢物水平的变化可了解虾类的生理状态和代谢特征。同时，将代谢组学数据与其他环境因子和养殖参数结合起来，可建立预测模型，预测虾类的生长状况、死亡率、疾病发生率等重要指标，有助于制定更加精准的养殖计划和管理策略，实现高效、稳定、可持续养殖生产。有研究者通过 NMR 代谢组学技术评估生物絮团养殖系统中的对虾养殖全程健康状况，发现育苗期间总氨氮增加、表面浮渣堆积导致的摄食时间不足以及从育苗到放养的过渡期都会引起对虾代谢异常，这些胁迫引起虾体内氮排毒和能量保存机制的变化，肌苷和海藻糖可成为对虾受胁迫的通用生物标志物。Ohto 等（2021）通过 GC/MS 代谢组学技术评估遗传差异和环境因素对虾类代谢物的影响，发现在不同种类和生境中虾的代谢物组成存在显著差异。

有研究者通过代谢组学技术和感官评估发现，虾的大小对代谢物谱和感官特性有重要影响。小虾含有更高水平的蛋白质和氨基酸、糖和有机酸，而大虾具有更丰富的味道、口感和颜色，其中，甜味物质脯氨酸随着虾的增大而增加。有研究者通过非靶向和拟靶向代谢组学技术相结合的方法鉴定南美白对虾、日本对虾和斑节对虾，通过非靶向代谢组学技术筛选到 26 个潜在标志物，用拟靶向代谢组学技术进一步确认其中 21 个标志物，包括 9 个关键标志物，基于这些标志物建立的模型可准确鉴定对虾种类。有研究者通过 GC/MS 代谢组学技术对南美白对虾的血淋巴和鳃进行代谢物分析，并研究益生菌和免疫刺激剂在对虾养殖中的代谢机制。结果显示，在免疫刺激处理组与对照组以及不同处理组之间，血淋巴代谢物谱均有显著差异。纤维素和益生菌联合应用导致代谢谱的差异更大，表明该法在免疫刺激方面效果更好。对虾血淋巴代谢物组成的变化反映多个生化通路的改变，包括氨基酸和脂肪酸代谢的变化，能量代谢和抗菌活性的紊乱以及应激的响应。但鳃组织仅在益生菌处理组和对照组之间存在乳酸含量的显著差异。预测代谢差异物衣康酸和乳酸可作为水产养殖健康评估的生物标志物。有研究者通过 LC/MS 和 GC/MS 代谢组学技术建立南美白对虾大小预测模型，发现南美白对虾的大小与代谢组数据之间存在强相关性，与味觉相关的代谢产物 IMP 和 AMP 呈正相关，但对斑节对虾等其他品种的个体大小无法准确预测，表明代谢组与对虾大小之间具有种属特异性。

6.4.3 代谢组学技术在虾类疾病监测与预防中的应用

代谢组学技术可监测虾类的生理状态和代谢活性，帮助及时发现健康问题和疾病风险。通过分析代谢物的变化，可识别异常代谢模式，预测疾病暴发的可能性，从而采取相应的预防措施，保障虾类健康养殖。有研究者通过代谢组学技术探究被白斑综合征病毒（WSSV）感染后虾血细胞的代谢变化，发现感染初期糖酵解、核苷酸生物合成和氨基酸生物合成等代谢途径显著上调。PI3K-Akt-mTOR 通路在需氧糖酵解中起重要作用，抑制该通路成功抑制了病毒复制。有研究者通过蛋白质组学和代谢组学技术探究虾肝肠胞虫（EHP）对虾的影响，发现感染会引起对虾代谢紊乱和免疫应答变化，其中一些差异表达蛋白质与病原体感染和宿主免疫有关。此外，激素调节和能量代谢途径改变可能是导致对虾感染后生长受阻的潜在机制。Li 等（2021）通过高效液相色谱-质谱联用（HPLC/MS）代谢组学技术对 WSSV 感染前后对虾肠道的内容物代谢谱进行比较，发现感染后对虾肠道内亚油酸等不饱和脂肪酸的含量显著增加，亚油酸可能参与了抗病毒免疫反应，并直接结合到 WSSV 颗粒上，从而抑制病毒复制，通过激活 ERK-NF-κB 信号通路促进抗病毒肽和 IFN 样基因的表达。有研究者通过高效液相色谱-质谱联用（HPLC/MS）代谢组学技术比较副溶血性弧菌（*Vibrio parahaemolyticus*）攻毒前后的日本囊对虾肠道代谢谱，发现有 39 种代谢物的水平发生显著变化，其中维生素 D_3 的代谢增强。口服 0.1mg/kg 维生素 D_3 有效提高了对虾的抗病力，其通过调节虾肠道中抗菌肽基因的表达来促进细菌清除，推测维生素 D_3 通过激活对虾肠道免疫系统的前酚氧化酶系统和 Toll 信号通路，诱导特定抗菌肽的表达，从而维护微生物群落平衡。有研究者对同一水产养殖池中健康、患病和病危状态的南美白对虾胃肠道样本进行组织学、代谢和转录组分析，发现患病和病危对虾主要感染副溶血性弧菌和哈维氏弧菌（*Vibrio harveyi*），观察到关键代谢物和酶的显著异常调节，其中患病对虾表达高水平的牛磺酸和相关代谢酶，而病危对虾表达高水平的次黄嘌呤和相关代谢酶，而且牛磺酸水平与副溶血性弧菌和哈维氏弧菌的相对丰度之间存在强烈的负相关，推测外源性牛磺酸通过增加关键的牛磺酸代谢酶（主要是半胱氨酸二氧化酶和半胱氨酸亚硫酸脱羧酶）的表达来增强对虾对副溶血性弧菌的抗性。有研究者通过转录组学和代谢组学技术对副溶血性弧菌引起的急性肝胰坏死病（AHPND）进行比较，发现抗性家系和易感性家系间的代谢谱有显著差异。易感性家系在感染后表现出较高水平的糖酵解、丝氨酸-甘氨酸代谢、嘌呤和嘧啶代谢，但甜菜碱同型半胱氨酸的代谢水平较低。抗性家系在感染后表现出糖酵解、丝氨酸-甘氨酸代谢、嘌呤和嘧啶代谢和戊糖磷酸途径的上调以及甜菜碱同型半胱氨酸代谢的下调，花生四烯酸代谢在被感染后也上调，显示出抗性家系在代谢调控方面的优势。这些代谢组差异可能在虾对细菌的抵抗能力方面起重要作用。

6.4.4 代谢组学技术在虾类饲料评估与优化中的应用

代谢组学技术可以帮助评估不同饲料配方对虾类代谢效率和生长性能的影响。通过分析虾类在不同饲料组合下的代谢产物和代谢途径变化，可以确定最佳饲料配方，提高虾类的饲养效果和经济效益。Huynh 等（2018）用 NMR 代谢组学技术研究低聚半乳糖和益生菌的合成饲料对南美白对虾肝胰腺代谢的影响，并通过反相高效液相色谱（RP-HPLC）和分光光度法对差异代谢物进行验证，发现使用益生元和益生菌组合的饲料能够提高对虾免疫功能以及对溶藻弧菌（*Vibrio alginolyticus*）的抵抗力，肝胰腺中次黄嘌呤酸、缬氨酸和甜菜碱三种重要代谢物的积累可能对免疫反应调节起关键作用。Chen 等（2019）用气相色谱-飞行时间质谱联用（GC-TOF/MS）代谢组学技术探究不同膳食脂肪酸来源和盐度水平对对虾代谢组的影响，发现在低盐度条件下，以鱼油为唯一脂质源的对虾组织中葡萄糖水平更高，而添加椰子油的饲料组则酪氨酸、赖氨酸和丝氨酸水平更高，表明适当补充脂肪酸可以调节对虾的代谢过程，从而提高其低盐度环境下的渗透调节能力，促进生长和存活。有研究者用血清代谢组和肝胰腺转录组分析探究不同膳食胆碱水平对南美白对虾代谢的影响。结果显示，与膳食中胆碱为 6000mg/kg 的对虾组相比，膳食不添加胆碱的对虾中甘油磷脂代谢通路显著富集，胆碱含量和胆盐激活脂肪酶样基因的表达上调。膳食中胆碱为 12000mg/kg 的对虾组蛋白质消化和吸收通路中的胰蛋白酶-1 样基因表达显著下调。这表明膳食胆碱在南美白对虾的代谢过程中发挥重要调节作用，特别是在脂质代谢和消化吸收方面。有研究者用代谢组学技术探究不同鱼粉含量饲料对南美白对虾的影响，发现尽管不同饲料喂养的对虾在存活率和体重增长率方面没有显著差异，但在三个组间有 81 种代谢物存在显著差异，有 8 个代谢途径受鱼粉含量的显著影响，提示了调节鱼粉含量影响对虾代谢功能。通过 GC-MS 技术探究发现，有 81 种代谢物在三组血淋巴中发生显著变化，饲料中鱼粉含量对于对虾代谢过程产生了重要影响，并发现了 8 个受鱼粉含量显著影响的代谢通路，包括能量代谢、一碳代谢和不饱和脂肪酸代谢等。

6.4.5 代谢组学技术在虾类环境适应与逆境应对研究中的应用

代谢组学技术的应用可揭示虾类应对环境变化和逆境条件的代谢响应机制。分析虾类在不同环境条件下代谢产物和代谢途径变化，可了解其对温度、盐度、氧含量等环境因素的适应能力，有助于改善养殖环境和提供技术支持，从而增强虾类的耐受性和生存能力，应对各种逆境胁迫。有研究者用基于核磁共振的代谢组学技术对从对照点（渤海中部）和受金属污染的点（黄河口和莱州湾）采集的脊腹褐虾（*Crangon affinis*）进行代谢差异分析，发现重金属污染通过不同代谢途径引起虾渗透调节和能量代谢的紊乱，预测丙氨酸和精氨酸组合可作为镉污染的生物标志物，支链氨基酸和酪氨酸可作为砷污染的生物标志物。Li（2017）用代谢组学技术探究硫化物对南美白对虾的毒性和中毒机制，发现长期暴露于较高浓度的硫化物会降低生存率，并对葡萄糖异生和蛋白质合成等产生不良影响，对虾增加三羧酸循环和 ATP 合成的底物吸收以提供额外能量来应对硫化物应激。有研究者用转录组学和代谢组学技术探究对虾响应高浓度氨胁迫的机制，发现氨敏感家系可通过增强糖酵解和三羧酸循环来供能并排氨，还高水平表达一些参与解毒和排氨的基因。Lu 等（2020）用 NMR 代谢组学技术对渤海莱州湾污染情况进行调查，发现金属污染对虾类造成严重危害，部分污染点的对虾在代谢水平上表现出氧化应激和免疫损伤、肌肉结构受损、能量代谢紊乱以及渗透调节异常等方面的异常。Ren 等（2020）用转录组学和代谢组学技术探究冷胁迫对日本囊对虾代谢的影响，发现冷胁迫引起对虾多种氨基酸和不饱和脂肪酸的变化并抑制能量代谢途径，对虾通过增加 ATP 和产生不饱和脂肪酸来进行应对。

6.5 虾类微生物组学研究

6.5.1 虾类微生物组学研究概述

Joshua Lederberg 于 2001 年首次提出微生物组（microbiome）概念，微生物组指与多细胞生物共栖、共生或致病的微生物构成的生态群落。微生物组学（microbiomics）是以微生物组为研究对象，探究其内部群体间的相互关系、结构、功能及其与环境或宿主间相互关系的学科，包括各种系统生物学技术和方法，如宏基因组（metagenome）、宏转录组（metatranscriptome）、宏蛋白质组（metaproteome）和宏代谢组（metabonomies）。与只研究少数几个基因、蛋白质或代谢通路的传统方法不同，这些方法注重研究生物系统的组成、群落中物种之间的相互关系、系统结构和功能的关联以及群落结构与生态系统的关系等整体科学问题。

微生物学的研究历程大致分为三个阶段。第一阶段是在 20 世纪 70 年代之前的时期，以传统的微生物培养技术为主要手段，对微生物群体进行繁琐的生理生化分析，对微生物的认识基本停留在形态观察、描述分类和生理学研究层面。第二阶段从 20 世纪 80 年代开始，不再依赖微生物培养，而通过 BIOLOG 技术、磷脂脂肪酸法、DNA 指纹图谱、基因芯片等分子生物学技术直接分析环境中的微生物群体，开启了微生物分子生态学研究时代。Handelsman 于 1998 年首次提出宏基因组概念，其研究对象为特定环境中的总 DNA。随后宏转录组学兴起，以特定环境中的全部 RNA 为研究对象，探究全部基因组的转录水平。Leininger 等人于 2006 年首次使用 454 焦磷酸测序技术对复杂微生物群落进行宏转录组研究。第三阶段从 2006 年开始，高通量测序和质谱技术的革命性突破以及生物信息学的快速发展推动微生物组研究的极大进展。由于微生物与所处环境之间存在极其复杂的相互作用，通过宏基因组学结合宏转录组学以及基于质谱技术的宏蛋白质组学和宏代谢组学，人们可以更全面、系统地解析微生物群体的结构和功能，微生物组学研究进入前所未有的蓬勃发展时期。

虾类微生物组学研究自2013年开始，Rungrassamee等首次利用454焦磷酸测序、实时荧光定量PCR和变性梯度凝胶电泳（DGGE）技术揭示了斑节对虾不同生育阶段的肠道细菌群落特征。中国虾类微生物组学研究自2014年开始，宁波大学张德民团队利用454焦磷酸测序技术检测对虾养殖过程中池塘浮游细菌群落的变化，发现对虾养殖过程中浮游细菌群落的高周转性和可预测性。同年利用454焦磷酸测序技术比较不同健康状态对虾的池塘浮游细菌群落组成，提出浮游细菌群落组成可作为评估对虾疾病发生的生物学指标，并随后建立预测模型。次年，利用高通量测序技术比较不同健康状态对虾肠道细菌群结构，发现对虾肠道细菌群落的变化与虾病严重程度密切相关。

微生物组学为虾类研究提供新视角和方法，在许多方面带来创新和发展。首先，微生物组学可揭示虾类体内和周围环境中微生物群落的组成和功能。传统研究关注虾类自身的遗传信息，而微生物组学将注意力转向与虾类紧密共生的微生物。通过深入研究虾类与微生物群落之间的相互作用，更好地理解它们之间的协同关系、共生机制以及对虾类健康和免疫系统的影响。其次，微生物组学可为虾类疾病的预防、诊断和治疗提供新的途径。通过对虾类疾病相关微生物的研究，可以发现可能的致病微生物，预测疾病风险并采取相应的预防措施。同时，微生物组学技术还可作为一种快速、准确的诊断工具，用于检测虾类疾病的早期征兆，并指导制订针对性的治疗方案。此外，微生物组学对虾类饲料和营养管理的优化也起到重要作用。通过研究虾类肠道微生物的功能和代谢途径，可以了解其参与饲料消化和营养吸收的机制，有助于优化虾类的饲料配方，提高饲料利用率，降低养殖成本，并改善虾类的生长和健康状况。最后，微生物组学可促进虾类养殖环境管理的改进。通过监测虾类养殖环境中微生物群落的组成和变化，可以评估水质状况，预测潜在的环境问题，并采取相应措施进行调整和改善。这有助于减少环境污染、提高养殖效益，推动虾类养殖业的可持续发展。总之，微生物组学研究深化了对虾类与微生物相互关系的理解，为疾病防控、饲料管理和环境管理等提供新思路和新策略，具有重要的意义。

6.5.2 虾类肠道微生物组学分析

虾类肠道是一个复杂的生态系统，容纳大量微生物群落。通过对虾类肠道微生物组的测序和分析，可以了解虾类肠道微生物的多样性、群落结构和功能。对不同种类、生长阶段、健康状态和饲养条件下的虾类肠道微生物组进行比较，有助于将虾类肠道微生物与虾类生理、免疫和消化等生物学过程进行关联。

有研究者通过454焦磷酸测序技术分析日本沼虾肠道微生物组，发现不同种和不同群体间的微生物组成均存在差异。宿主遗传对微生物组的影响大于栖息地差异，证明了微生物群落在宿主种间具有特异性。有研究者通过454焦磷酸测序技术对不同生长阶段南美白对虾幼虾肠道细菌群落进行分析，发现肠道细菌群落在幼虾不同生长阶段变化明显，黄杆菌科（Flavobacteriaceae）和红杆菌科（Rhodobacteraceae）存在于生长各阶段，可能是对虾肠道的核心类群。有研究者用16S rRNA基因高通量测序技术比较生长性能不同的南美白对虾肠道微生物群落，发现放线菌门（Actinobacteria）和单糖菌门（Saccharibacteria）在正常生长的虾肠道中丰度更高，并与虾的免疫和消化有关，而变形菌门（Proteobacteria）则在生长缓慢的虾肠道中丰度更高，可能是导致疾病的潜在风险，表明肠道菌群的组成影响虾对营养物质的吸收利用能力。16S rRNA基因高通量测序技术还在其他方面广泛应用，Landsman等（2019）用该技术比较室内和室外养殖南美白对虾肠道细菌群落，发现两者存在显著差异，对虾的肠道细菌组成受到养殖方式的很大影响。有研究者用该技术探究斑节对虾发育过程中微生物群落的变化规律，发现微生物群落的结构随对虾的生长而变化。早期阶段以变形菌门为主（弧菌属），成年阶段则以放线菌门为主（放线纤丝菌属）。不同发育阶段为特定的细菌类群提供了适宜的生长条件，并且微生物群落的变化可能与宿主的关键功能密切相关。有研究者联合应用16S rRNA基因高通量测序和代谢组学技术比较不同碳氮比饲料对于对虾肠道微生物群落和代谢物组成的影响，发现增加饲料的碳氮比可增加有益菌的相对丰度和积累多种生物活性代谢物，进而抑制有害细菌的生长，促进虾的生长。有研究者用该技术探究生物絮团中不同粒径的细菌群落组成与对虾肠道微生物群落间的关系，发现大尺寸生物絮团中富集对虾健康有益的细菌，而小尺寸生物絮团中富集一些潜在的病原菌。虾肠道微生物群落与大颗粒生物絮团的细菌群落更为相关，可能对促进虾的生长起重要作用。Wang等（2020）用来追踪虾苗发育过程中微生物群落的变化，发现幼虾细菌多样性呈现U形模式，推测红杆菌科在虾苗微生物群落中居重要地位。有研究者用来比较南美白对虾前、中和后肠的微生物组，发现各部分细菌群落结构和功能均存在差异，对虾肠道微生物与消化道部位密切相关，推测各部位细菌群落承担特定的代谢功能。有研究者用该技术比较不同养殖温度的对虾肠道细菌群落，发现高温环境下对虾死亡率升高，肠道细菌群落受到明显影响，某些致病菌（如弧菌属）相对丰度升高。Guo等（2022）用来全面探究添加蔗糖对生物絮团对虾养殖系统中细菌群落的影响，发现添加蔗糖通过调节细菌群落构建来改善肠道环境，从而提高对虾养殖效益。有研究者用该技术探究添加葡萄糖对于对虾养殖系统微生物群落的影响，发现添加葡萄糖能够显著提高对虾的生长性能和存活率，通过提高鲁杰氏菌属（*Ruegeria*）等特定细菌的丰度来建立更稳定的肠道微生物群落，并增加细菌间的互作复杂性。有研究者用 16S rRNA 基因和 18S rRNA 基因高通量测序技术分析南美白对虾养殖池水体和对虾胃肠道中的细菌和真核微生物群落，发现不同采样时间和地点之间的微生物群落组成存在明显差异，对虾胃肠道中细菌组成较养殖水体差异更显著。有研究者用该技术揭示高密度对虾养殖存活率差异的微生态机制，发现低存活率组对虾肠道中弧菌科相对丰度增加，随机扩散（中性过程）在群落构建过程中的重要性降低，并且细菌群落相互作用的复杂性和稳定性明显降低。Dong 等（2023）用该技术探究添加葡萄糖调控肠道红杆菌科细菌群落的构建机制，发现添加葡萄糖改善对虾的生长和饲料利用率，提高肠道菌群结构稳定性，并促进肠道红杆菌科细菌群落构建的确定性过程。

6.5.3 微生物组学技术在虾类疾病诊断与监测中的应用

微生物组学技术在虾类疾病诊断和监测中居重要地位。通过测序分析虾类体表、组织或水环境中的微生物组成，可以迅速鉴定与疾病相关的病原微生物，如细菌、病毒和寄生虫等，为疾病的预防、控制和治疗提供有力依据。同时，比较患病对虾和健康对虾的微生物组可以了解病原微生物的定植和传播机制以及对虾免疫系统的响应。此外，鉴定共生或拮抗微生物还有助于探索其在疾病防治中的潜在作用。

有研究者用 16S rRNA 基因高通量测序技术分析虾胃部微生物组，发现患急性肝胰腺坏死病（AHPND）会显著改变对虾胃部细菌群落多样性，弧菌属和 *Candidatus Bacilloplasma* 等细菌相对丰度及各物种间相互作用网络的复杂性均发生改变。有研究者通过 16S rRNA 基因高通量测序技术比较野生和人工养殖南美白对虾的肝胰腺和肠道微生物组，发现不同生活环境下的健康对虾和患 AHPND 对虾微生物群落组成均存在差异。一些特定细菌可能与虾的健康状态相关，如普拉梭菌（*Faecalibacterium prausnitzii*）和台湾气单胞菌（*Aeromonas taiwanensis*）。有研究者用 16S rRNA 基因高通量测序技术追踪整个养殖周期内对虾的肠道微生物组，发现其在对虾的不同发育阶段和疾病进展过程中均存在显著差异。通过分析肠道微生物组的特征，可以准确诊断对虾的健康状态和疾病严重程度。有研究者用 16S rRNA 基因高通量测序技术探究“棉花虾”病对南美白对虾肠道微生物组成、多样性、微生物介导功能和种间相互作用的影响，发现患病对虾的生长性能和宿主免疫功能显著降低，肠道中立克次体科（Rickettsiaceae）和海洋黏附杆菌属（*Tenacibaculum*）细菌丰度升高，而放线菌门丰度降低，肠道微生物群落失衡。有研究者用16S rRNA基因高通量测序、宏基因组学技术、代谢组学技术和肠道微生态移植实验证明肠道菌群紊乱与白便综合征（WFS）之间存在因果关系，患病虾肠道中菌群组成、功能潜力和代谢产物均发生了显著变化。有研究者用16S rRNA基因高通量测序和宏基因组学技术分析生物絮团和对虾肠道微生物组，发现生物絮团中的细菌群落呈动态变化，生物絮团中弧菌相对丰度的增加会引起对虾肠道菌群的变化。Wang等（2020）用16S rRNA基因高通量测序技术分析患WFS对虾肠道微生物组，发现患病对虾肠道优势菌群发生变化，弧菌是致病的主要菌种。有研究者用16S rRNA基因高通量测序技术比较患AHPND幼虾和健康幼虾的肠道微生物群落，发现患病对虾肠道微生物群落明显失衡，表现为群落多样性降低、结构组成改变以及潜在病原菌相对丰度增加，可能进一步加剧AHPND暴发的进程。Duan等（2021）用16S rRNA基因高通量测序技术和转录组学技术比较同一池塘感染和未感染虾肝肠胞虫（EHP）南美白对虾的肠道菌群，发现患病对虾肠道有益菌减少和特定细菌群增加，营养代谢水平和免疫功能降低。有研究者用16S rRNA基因高通量测序和宏基因组学技术分析发现，AHPND会对虾肠道微生物群落产生选择性压力，改变患病虾的核心微生物群落，而且健康和患病虾肠道中功能基因谱差异显著。Zhang等（2021）用16S rRNA基因高通量测序技术和代谢组学技术探究感染副溶血性弧菌前后南美白对虾肠道菌群组成和代谢物的变化规律，发现潜在致病菌和有益菌组成均发生变化，确定了涉及多个代谢途径的差异表达基因。有研究者用16S rRNA基因高通量测序技术分析感染溶藻弧菌的对虾肠道微生物组，发现感染前、后肠道微生物组成发生明显变化，肠道微生物群落的动态平衡有助于对虾抵抗病原菌。有研究者通过16S rRNA基因和ITS高通量测序技术评估EHP感染过程中对虾的肝胰腺微生物组（细菌/真菌）并预测其功能，发现感染过程中有益微生物逐渐减少，致病微生物逐渐增加，并对虾肝胰腺微生物组的功能产生影响。有研究者通过16S rRNA基因高通量测序技术分析患AHPND南美白对虾幼虾的微生物组，发现不同存活率的幼虾水体微生物群落差异显著。存活率高的水体中芽孢杆菌属（*Bacillus*）和弧菌属等丰度较高，存活率低的水体中*Gilvibacter*和海洋小杆菌属（*Marinibacterium*）等丰度较高。有研究者通过16S rRNA基因高通量测序技术探究对虾肠道微生物群落对AH-PND的响应特征，发现感染导致对虾肠道微生物失衡和免疫力受损，肠道微生物群落和免疫力之间显著关联，可用22个微生物指示类群准确区分对虾的感染状态。有研究者用16S rRNA基因高通量测序和代谢组学技术探究感染WSSV的对虾肠道微生物群落与免疫功能间的关系，证明核心微生物群落和代谢产物在维持对虾抗病毒免疫中发挥重要作用。有研究者通过16S rRNA基因全长高通量测序技术比较患白便综合征（WFS）对虾和健康对虾的肠道微生物群落，发现肠道菌群丰度存在显著差异。患WFS虾中优势菌种为副溶血性弧菌，肠道微生物群落代谢通路异常，且存在有害菌定植。有研究者通过16S rRNA基因高通量测序技术比较WSSV感染前后的对虾肠道微生物组，发现WSSV感染会导致对虾肠道微生物群落结构发生改变，一些有害菌数量显著增加，如美人鱼发光杆菌（*Photobacterium damselae*），而有益菌数量减少，如海藻希瓦氏菌（*Shewanella algae*）。

6.5.4 微生物组学技术在虾类益生菌筛选中的应用

通过微生物组学技术可以筛选出对虾类有益的菌种，如乳酸菌、芽孢杆菌等。可通过将这些益生菌投喂或添加到饲料中来改善虾类的肠道微生态环境，促进消化吸收，增强免疫力，抑制有害菌的生长，从而降低疾病风险。Landsman等（2019）通过16S rRNA基因高通量测序技术探究遗传背景和益生菌（乳酸菌和芽孢杆菌复合）对室内养殖南美白对虾肠道细菌群落的影响，发现肠道细菌组成受到遗传背景和益生菌处理的影响，认为在对虾养殖中需要根据遗传背景定制微生物组管理策略。有研究者通过16S rRNA基因高通量测序技术评估益生菌（芽孢杆菌）和益生元（蜂蜜益生元）对于对虾肠道微生物群落的影响，发现益生元处理组的优势菌群属嗜盐杆菌门，而益生菌和共生处理导致变形菌门的优势地位。此外，益生元处理还增加了微杆菌、乳酸杆菌和海洋盐杆菌等有益微生物的多样性。有研究者用16S rRNA基因高通量测序技术探究添加益生菌对虾苗肠道微生物组成和功能的影响，发现屎肠球菌（*Enterococcus faecium*）能促进虾苗的生长，提高存活率，并与肠道微生物的结构和功能变化相关。有研究者通过16S rRNA基因高通量测序技术评估发酵乳杆菌（*Limosilactobacillus fermentum*）SWP-AFFS02对南美白对虾肠道微生物群落的影响，发现对虾增重率、饲料转化率和成活率均显著提高，肠道中病原菌（如弧菌科和肠杆菌科）的比例降低，表明发酵乳杆菌SWP-AFFS02可通过调节肠道菌群来增强对虾免疫力，促进生长并改善健康状况。有研究者用16S rRNA基因高通量测序技术评估商业酵母细胞壁提取物（YCW）对肠道微生物群落的影响，发现添加YCW显著提高对虾的生长性能和存活率，改善肠道微生物群落组成，促进肠道有益菌的增加。有研究者通过16S rRNA基因高通量测序技术分析投喂胶囊化益生菌对虾肠道微生物组的影响，发现投喂枯草芽孢杆菌（*Bacillus subtilis*）E20益生菌组的肠道微生物群落组成更丰富，并具更高丰度的益生菌和更低丰度的致病菌，表明胶囊化益生菌可以改善对虾肠道微生物群落结构并预防虾类疾病。

6.5.5 微生物组学技术在虾类饲料评估与优化中的应用

微生物组学技术可用于评估不同饲料对虾类肠道微生物组的影响。通过分析虾类在不同饲料条件下的肠道微生物组成，可了解饲料对虾类消化和营养吸收的影响，从而优化饲料配方，提高饲料利用效率和生长性能。有研究者用16S rRNA基因高通量测序技术评估不同盐度下乙醇梭菌（*Clostridium autoethanogenum*）蛋白（CAP）对南美白对虾肠道微生物群落的影响。结果表明，CAP能提高有益菌的相对丰度，并减少有害菌的相对丰度，从而改善对虾肠道微生物群落结构。同时，CAP还能提高对虾的消化能力和免疫响应，增强对盐度应激的适应能力。有研究者用16S rRNA基因高通量测序技术探究添加丁酸钠（sodium butyrate，SB）和丙酸三丁酯（TBT）影响对虾生长性能、消化酶活性和肠道微生物群落的情况，发现对虾的生长性能和消化酶活性得到显著提高，并改善了对虾肠道微生物群落结构，TBT在促进虾生长和调节肠道微生物群落方面表现更好，添加TBT可以富集有益菌假单胞菌属（*Pseudomonas*），抑制潜在病原体，提高虾对外界环境的适应能力。有研究者通过16S rRNA基因高通量测序技术探究不同比例黄粉虫替代鱼粉对南美白对虾肠道细菌群落的影响，发现不同替代比例组和对照组在肠道细菌群落多样性和组成方面均存在显著差异，且部分差异表达基因与肠道细菌相对丰度存在相关性。

6.5.6 微生物组学技术在虾类水体环境监测与生态修复中的应用

微生物组学技术还可用于水体和底质微生物监测和评估。分析水体微生物组成，可了解水体健康状况、污染程度和微生物多样性，为虾类养殖环境管理和生态修复提供科学依据。有研究者用16S rRNA基因高通量测序技术比较雅加达湾高度污染水域、巴厘岛低度污染水域和养殖场黑虎虾粪便的微生物群落，发现样品之间的细菌群落组成存在明显差异，高度污染水域样品以弧菌属为主。有研究者通过16S rRNA基因高通量测序技术评估微塑料对南美白对虾肠道微生物群落的影响，发现微塑料污染改变对虾肠道微生物群落组成、氨基酸和脂肪酸含量，并导致肠道微生物活性、谷胱甘肽 S-转移酶和超氧化物歧化酶活性改变。有研究者用 16S rRNA 基因高通量测序技术对网箱养殖和陆地养殖欧洲龙虾（*Homarus gammarus*）的肠道细菌群落进行为期一年跟踪比较，发现肠道微生物组成受环境影响，网箱养殖龙虾肠道细菌群落多样性更高，多样性的降低与肠道病毒病原体的感染率升高有关。有研究者通过 16S rRNA 基因高通量测序技术分析南美白对虾育苗过程中水体细菌群落，发现细菌群落动态变化明显，丰度最高的细菌门类包括拟杆菌门、变形菌门、蓝细菌门和厚壁菌门，育苗后期拟杆菌门相对丰度更高且更稳定。有研究者通过 16S rRNA 基因高通量测序技术分析小龙虾入侵范围内的微生物，发现体表、肝胰腺和肠道微生物组随入侵范围发生变化，在上游（乡村）和下游（城市）区域之间也存在差异，揭示了入侵物种微生物组随扩散过程的变化规律。Wang 等（2021）通过 16S rRNA 基因高通量测序技术探究克氏原螯虾与其环境微生物群落之间的生态交互关系，发现虾肠道、周围水域和沉积物中的细菌群落显著不同，虾与周围环境间存在显著相互作用。有研究者用 16S rRNA 基因高通量测序技术探究添加不同碳氮比蔗糖影响对虾养殖水体浮游细菌群落的情况，发现添加蔗糖改善对虾生长状况、水质状况及浮游细菌群落结构，高碳氮比提高有益菌相对丰度，减少病原菌积累。有研究者用 16S rRNA 高通量测序和功能基因定量分析揭示微生物群落对于对虾养殖系统氮循环和亚硝酸盐转化具有重要作用，发现红杆菌科和黄杆菌科是对虾养殖系统中的核心菌群。这些核心菌群及其他反硝化菌在亚硝酸盐循环和维持养殖系统健康方面具重要作用。有研究者通过 16S rRNA 基因和 18S rRNA 基因高通量测序技术测定不同存活率南美白对虾养殖池塘微生物组并预测功能，发现不同存活率养殖池塘由不同的微生物群落组成，并且微生物群落功能也存在明显差异。有研究者通过 16S rRNA 基因高通量测序技术分析对虾肠道及养殖系统内多种浮游生物微生物组，发现浮游甲壳动物（如桡足类动物和角毛藻）是致病性副溶血性弧菌主要宿主，并具有保护和维持其在恶劣环境下存活的作用。有研究者用 16S rRNA 基因高通量测序技术评估虾藻综合养殖系统中微生物的重要性，在无水交换条件下，虾藻共存降低虾肠道中弧菌的相对丰度，藻类的存在和水交换成为构建养殖系统微生物群落结构的重要因素。

第 7 章

多组学技术在贝类研究中的应用

贝类是重要的海洋生物资源，被广泛用于食品、医药、化妆品等领域。随着贝类生命机理研究的不断深入，基因组学、转录组学、蛋白质组学和代谢组学等多组学技术被用于解析贝类的代谢、基因组结构、演化、群体遗传和适应性等，极大促进了贝类研究的深入发展。

7.1 贝类基因组学研究

7.1.1 贝类基因组学研究概述

基因组学技术在水产动物育种研究中的应用始于 20 世纪 90 年代，经过三十多年发展，贝类基因组学已在全基因组序列组装、全基因组关联分析、全基因组选择和基因组编辑等方面取得重大进展。利用基因组学技术可比较不同贝类或不同群体基因组，推断群体遗传结构和演化关系，解析贝类适应性进化和基因调控机制。基因组学还用于贝类疾病诊断和治疗，比较正常和患病贝类基因组可鉴定贝类疾病相关基因或突变位点，进而提供诊断和治疗依据。

7.1.2 基因组学技术在贝类研究中的应用

7.1.2.1 贝类全基因组序列组装

2012 年，Zhang 等首次完成太平洋牡蛎（*Crassostrea gigas*）的全基因组测序，基因组大小为 559Mb。此后，其他代表性贝类物种的全基因组测序陆续完成（表 7-1），这为后续开展全基因组关联分析及基因组选择育种奠定了良好基础。

表 7-1　已完成全基因组测序的部分贝类物种

生物名称	基因组信息	
太平洋牡蛎 (*Crassostrea gigas*)	contig N50 大小： scaffold N50 大小： 组装的基因组大小：	19.4kb 401kb 559Mb
欧洲牡蛎 (*Ostrea edulis* L.)	contig N50 大小： scaffold N50 大小： 组装的基因组大小： GC level：	2.38Mb 95.56Mb 935.13Mb 35.41%
皱纹盘鲍 (*Haliotis discus* hannai)	scaffold N50 大小： 组装的基因组大小： GC level：	211.346kb 1.86Gb 40.51%
红鲍螺 (*Haliotis rufescens*)	contig N50 大小： scaffold N50 大小： 组装的基因组大小： GC level：	8.8Mb 45.7Mb 1.33Gb 40.9%
魁蚶 (*Anadara broughtonii*)	contig N50 大小： scaffold N50 大小： 组装的基因组大小：	1.8Mb 45.0Mb 407.8Mb
海湾扇贝 (*Argopecten irradians*)	contig N50 大小： scaffold N50 大小： 组装的基因组大小：	78.54kb 1.53Mb 835.7Mb
菲律宾蛤仔 (*Ruditapes philippinarum*)	contig N50 大小： scaffold N50 大小： 组装的基因组大小：	12.9Mb 48.4Mb 2.56Gb
缢蛏 (*Sinonovacula constricta*)	contig N50 大小： scaffold N50 大小： 组装的基因组大小：	0.97Mb 65.9Mb 1.22Gb

7.1.2.2　全基因组关联分析

全基因组关联分析（GWAS）是对不同个体的全基因组遗传变异进行分析，从而确定变异与某一性状相关。GWAS 在贝类研究中的应用可以揭示许多影响贝类表型的关键基因，例如，有研究者通过 GWAS 分析确定了导致太平洋牡蛎盐度适应的基因，有研究者对太平洋牡蛎进行 GWAS 分析揭示了影响太平洋牡蛎生长和贝壳形状的相关基因。其他被挖掘的性状相关基因还有影响鲍耐热性的基因、影响扇贝生长和外壳颜色的基因等。

(1) 基因组选择育种技术在贝类研究中的应用

基因组选择育种技术是一种利用基因组信息来指导育种工作的方法，最初在陆生经济动植物中得到广泛应用，后来逐步应用到贝类研究。有研究者用2b-RAD测序方法评价虾夷盘扇贝（*Patinopecten yessoensis*）的基因组选择性能并得到具优良预测精度的遗传模型，是一种成本低、易于操作、十分便捷的遗传育种研究工具。有研究者通过梯度加热筛选具有耐热性的栉孔扇贝（*Chlamys farreri*）个体，然后利用GWAS鉴定与栉孔扇贝耐热性相关的基因，为了解扇贝耐热性的遗传基础和耐热品系的选育奠定了基础。魁蚶线粒体是目前后生生物中发现的最大线粒体，Liu等（2013，2014）完成了双壳贝类魁蚶线粒体的测序工作，发现魁蚶线粒体基因组中呈高度多态性的遗传异质性现象，随后Zhang等（2024）基于全基因组SNP分析了其遗传多样性。

(2) 基因编辑技术在贝类研究中的应用

近年来，随着CRISPR技术的不断完善和发展，基因编辑技术在水产动物育种中的应用也越来越成熟。有研究者通过基因编辑技术获得尼罗罗非鱼（*Oreochromis niloticus*）性逆转后代。有研究者用CRISPR/Cas9技术敲除草鱼（*Ctenopharyngodon idellus*）肾细胞中的草鱼呼肠弧病毒连接黏附受体-A（junctional adhesion molecule-A，JAM-A）的DNA序列，发现敲除该基因序列可有效抑制呼肠弧病毒感染，为水产养殖过程中的病害控制提供了有效方法。

有研究者将Cas9 mRNA、sgRNA和外源供体模板显微注射至大西洋舟螺（*Crepidula fornicata*）受精卵，成功将外源荧光报告基因*mCherry*整合到*β-catenin*基因靶位点处。这是基因编辑技术在贝类中的首次应用，经基因编辑后的个体可通过荧光分析检测*β-catenin*基因在胚胎发育过程中的表达情况，证实了基因编辑技术在贝类研究中的可行性。随着CRISPR技术的不断发展，基因编辑技术在贝类研究中的应用范围也不断扩大。有研究者通过CRISPR技术敲除太平洋牡蛎肌球蛋白必需轻链基因*CgMELC*后，太平洋牡蛎幼体表现出肌肉组织缺陷和运动能力的下降，证明该基因参与牡蛎幼体的肌肉生成与收缩过程。有研究者通过CRISPR/Cas9技术对矮蛤（*Mulinia lateralis*）*Cfap206*进行基因编辑后影响了精子鞭毛的组装过程，从而在雌雄同体的海洋生物中产生了雄性不育群体，提高了雌雄同体物种的杂交效率，解决了贝类育种时雌雄同体贝类获得纯配子难度大的问题。

7.1.3 基因组学技术在贝类研究应用中存在的问题与展望

基因组学技术在贝类研究中的应用已取得许多重要进展，对于理解贝类遗传多样性和基因功能，探索贝类适应性和进化机制，提高贝类育种和养殖效率等都有重要意义。基因编辑技术作为现代生物育种技术之一，有望将水产生物育种技术引领至下一技术阶段，即基因层面的精确育种。但目前贝类基因组学相关研究仍处于起步阶段，存在诸多问题和挑战，如基因组装难度大、数据复杂难以分析、基因功能注释困难、样本来源不同和数量限制等。因此，需要用第三代测序技术对现有基因图谱进行修正和改进，构建 T to T（端粒-端粒）基因组图谱，使基因组序列更加完整和准确。此外，贝类基因编辑技术还不够成熟，编辑效率还比较低，需进一步优化并改善基因编辑递送系统，建立适合贝类的基因编辑体系，加速贝类遗传改良。

7.2 贝类转录组学研究

7.2.1 贝类转录组学研究概述

随着测序技术的快速发展，高通量测序技术在贝类转录组分析中发挥着越来越重要的作用。贝类转录组研究可以帮助全面解析贝类在环境适应、免疫反应和细胞分化等方面的分子机制，进而为贝类种质资源创新和遗传改良提供理论基础。

7.2.2 转录组学技术在贝类研究中的应用

7.2.2.1 在贝类发育生物学研究中的应用

有研究者用 454 测序技术对福建牡蛎（*Crassostrea angulata*）8 个不同发育阶段进行 *de novo* 转录组测序，鉴定出 6 个与生长发育相关的功能基因，分别为肾上腺素能受体基因、多巴胺受体基因、表皮生长因子受体基因、胰岛素样生长因子受体基因、胰岛素诱导蛋白基因和卵泡抑素前体基因。有研究者对脉红螺（*Rapana venosa*）6 个不同发育时期进行转录组测序和分析，鉴定了 6 个与神经分泌有关的功能基因。有研究者用转录组学技术分析池蝶蚌（*Hyriopsis schlegeli*）和四种淡水珠蚌的系统发育关系，发现与生长发育相关的基因 *RIM45*、*TRIM33*、*JAG1* 等。有研究者从泥蚶转录组文库中鉴定出一系列参与细胞生长分化的 TGFβ 通路基因表达序列标签（EST），包括骨形态发生蛋白（BMP）基因、活化素受体 Ⅰ 基因（*Activin Ⅰ*）、Smad 蛋白 2/3 基因、Smad 锚着蛋白（SARA）基因、Smurg 蛋白 1/2 基因等。此外，首次从泥蚶转录组文库中发现 MKK7、MAPK 激酶 1（MEK1）、细胞外信号调节激酶 1/2（ERK1/2）等一系列关键酶的基因，为后续开展泥蚶乃至蚶科贝类 MAPK 信号通路基因的克隆提供了重要资源。

7.2.2.2 在贝类环境胁迫研究中的应用

目前已有大量利用转录组技术分析环境胁迫对贝类影响的研究，主要涉及温度胁迫、盐度胁迫、低氧胁迫、重金属胁迫等。有研究者用 Illumina 测序技术分析缢蛏高温胁迫下鳃和肝胰腺的基因表达差异，分别得到 556 个和 786 个差异表达基因，GO 注释和 KEGG 富集分析发现，这些差异表达基因主要参与维持细胞稳态、代谢与氧化应激、细胞骨架和免疫应答等过程。Lim 等（2016）用高通量测序技术对热胁迫下的太平洋牡蛎鳃组织进行转录组测序，发现多个热休克蛋白基因（*Hsp*），如 *Hsp20*、*Hsp40*、*Hsp60*、*Hsp70* 和 *Hsp90* 表现出显著变化，其中 *Hsp70* 的 mRNA 变化最显著。有研究者比较熊本牡蛎（*Crassostrea sikamea*）和福建牡蛎杂交种在低温胁迫下的转录组学特征，发现 *cdc42*、*pravin*、*ILK* 和 *Hsp90* 表达量均发生明显改变，从而启动先天免疫。有研究者用高通量测序比较香港牡蛎（*Crassostrea hongkongensis*）和长牡蛎（*C. gigas*）在低盐度胁迫下的差异表达小 RNA，从长牡蛎中鉴定出 137 个保守 miRNA 和 65 个新 miRNA，从香港牡蛎中鉴定出 85 个保守 miRNA 和 2 个新 miRNA，表明 miRNA 在低盐胁迫的响应中发挥显著作用。有研究者用 Illumina 测序平台对不同盐度胁迫下香港牡蛎的成体与幼体鳃组织进行转录组测序和差异表达分析，得到 7688 个差异表达基因，发现高盐胁迫下的香港牡蛎能通过 Na/K-ATPase 水解提供的能量运输离子，并通过氨基酸代谢改变游离氨基酸浓度，从而共同维持渗透压平衡。有研究者用 Illumina 测序技术对低氧胁迫下的香港牡蛎进行转录组测序，并比较不同氧气浓度下的转录结果，得到 6097 个新基因和 5655 条差异表达基因，获得 5 个耐低氧候选基因。有研究者通过 Illumina 测序对镉暴露下的虾夷扇贝（*Mizuhopecten yessoensis*）进行 *de novo* 转录组测序，注释到 14240 条序列，经 GO 注释和 KEGG 分析，筛选出 720 个与镉刺激反应相关的基因和 302 个与免疫反应相关的基因。有研究者对泥蚶（*Tegillarca granosa*）血细胞 miRNA 测序，鉴定了血细胞中新 miRNA 及参与 Cd 应激和抗性的 miRNA。其中，Cd 刺激库中有 5 个 miRNA 显著上调，11 个显著下调。根据序列同源性，预测了 16 种差异 miRNA 的潜在靶标，其中一些与调节重金属诱导的应激反应有关，并进一步通过 qRT-PCR 验证了 5 种差异表达的 *miRNA*（*Tgr-nmiR-8*、*Tgr-nmiR-21*、*Tgr-miR-2a*、*Tgr-miR-10a-5p* 和 *Tgr-miR-184b*）。有研究者探究了栉孔扇贝暴露在麻痹性贝毒（paralytic shellfish posion，PSP）初期的应激响应机制。从对照组、暴露 3d 实验组和暴露 6d 实验组的扇贝内脏团提取 RNA 并进行转录组分析，筛选到 933 个差异表达基因，结果表明，除抗氧化应激外，栉孔扇贝还可激活特征性细胞凋亡和谷胱甘肽解毒代谢反应来抵抗 PSTs 的毒性作用。有研究者利用 Illumina 测序平台对用牡蛎血细胞构建的 miRNA 文库进行测序，分别研究受细菌攻击和热胁迫后的 miRNA 潜在免疫调节，鉴定到 199 个牡蛎 miRNA，包括 71 个已知 miRNA 和 128 个新 miRNA，并比较了不同组的 miRNA 表达水平。研究表明，免疫攻击可以诱导免疫相关 miRNA 的表达，从而调节氧化还原反应、吞噬作用和细胞凋亡等免疫应答，认为可通过热应激调节一些与免疫相关 miRNA 的表达，进而提高牡蛎的环境适应性。

7.2.2.3 在贝类免疫研究中的应用

目前利用转录组技术研究贝类免疫反应分子机制的研究较多。有研究者对菲律宾蛤仔（*Ruditapes philippinarum*）实施体外刺激并进行转录组测序组装，得到 974976 个平均读长 250Mb 的高质量读段（reads），组装得到 51526 个叠连群（contigs），并对其中 22915 个 contigs 完成注释，发现了 35 个跟免疫相关的 contigs。有研究者利用 Illumina 测序技术对美洲牡蛎（*Crassostrea virginica*）进行转录组分析，测序后组装得到 66229 个 contigs，鉴定到 39978 个独立基因（unigenes）。有研究者分析了牡蛎疱疹病毒（OsHV-1）感染魁蚶后的免疫相关基因，获得差异表达基因 2998 个，其中 933 个上调基因，2065 个下调基因，筛选到 1585 个免疫相关基因，主要包括热休克蛋白相关基因、信号转导基因、细胞凋亡基因以及细胞因子基因。然后对 *khHSP70*、*khHSP90*、*khHbI*、*khHbIIA*、*khHbIIB* 等免疫相关基因进行序列和结构分析，发现这些免疫相关基因的表达量在魁蚶感染 OsHV-1 后均明显上调，证明这些基因参与魁蚶对 OsHV-1 的免疫反应。有研究者通过转录组探究复殖吸虫对菲律宾蛤仔的感染机制。通过对感染和未感染蛤仔的性腺组织进行有参转录组测序，得到 460 个差异基因，包含 416 个上调基因和 44 个下调基因。通过 GO 分析成功注释到 272 个差异基因，在跨膜运输、定位建立、单一有机运输、氧化还原过程、转运蛋白活性和氧化还原酶活性等 GO term 上显著富集。通过 KEGG 通路分析成功注释到 331 个差异基因，在与疾病、受体识别以及氨基酸、维生素等物质代谢密切相关的通路上显著富集。上调基因显著富集的 14 个 KEGG 通路大多参与体内各种物质的代谢过程，如戊糖和葡萄糖醛酸转换，甘氨酸、丝氨酸和苏氨酸的代谢，过氧化物酶体以及 *CYP450* 酶代谢通路，而下调基因显著富集的 16 个 KEGG 通路大多与疾病和病菌感染相关。

7.2.2.4 在贝类分子标记开发研究中的应用

高通量转录组测序是一种快速开发分子标记的方法。有研究者通过 454 GS FLX 测序系统对虾夷扇贝进行转录组测序，随后检测到超过 2700 个 SSR 和 49000 个 SNP。有研究者通过 Illumina 测序平台对虾夷扇贝进行高通量测序，获得 5772 个 SSR 序列和 464797 个 SNP。有研究者对南非鲍（*Haliotis midae*）进行转录组测序，鉴定出 7381 个 SSR 和 11934 个 SNP，并为大量 SSR 设计出 PCR 引物。有研究者用 Illumina 测序平台对大珠母贝（*Pinctada maxima*）进行转录组测序，鉴定出 1764 个 SSR 序列。

7.2.2.5 在贝类性别差异机制解析方面的应用

转录组技术常用于贝类性别差异分子机制研究。有研究者对不同温度下的池蝶蚌（*Hyriopsis schlegeli*）性腺进行转录组分析，发现 25℃下雌性样本的基因表达水平略低于其他组，20℃下雌雄间的差异表达基因数量最少。GO 分析表明，25℃时开始出现与胚胎发育和细胞增殖分裂相关的基因。KEGG 通路富集分析显示，25℃时生殖细胞内基因表达开始活跃，富集到 Notch 信号通路、卵细胞减数分裂和细胞周期等通路，30℃时富集到孕酮介导的卵母细胞成熟通路。五个温度下的雌雄样本具有 802 个差异表达基因，其中 319 个基因上调，483 个基因下调，从中筛选鉴定到 *Fem1*、*Tra1*、*Wnt4* 和 *Rspo1* 等与性别有关的调控基因。有研究者对雌性、雄性虾夷扇贝各发育阶段的性腺进行转录组测序，鉴定到 417 个雄性特异性表达基因和 754 个雌性特异性表达基因，通过加权基因共表达网络分析（WGCNA）得到关键的性别决定和分化基因，并构建了基因共表达网络和性别分化通路。有研究者对池蝶蚌（*Hyriopsis schlegeli*）雌性和雄性性腺进行转录组测序，得到 45422 个差异表达基因，鉴定出与哺乳动物性别决定基因相关的基因，以及可能与雌雄同体相关的基因，推测池蝶蚌通过类似哺乳动物的基因调控机制来调控性别决定过程。有研究者构建了成熟雌性和雄性虾夷扇贝的性腺转录组文库，获得 29897 个 unigene，通过 GO 和 KEGG 代谢通路分析揭示了雌、雄扇贝不同的生物功能和通路，并鉴定出 30 个与性别决定和分化相关的基因。

7.2.3 转录组学技术在贝类研究应用中存在的问题与展望

作为从整体上研究基因表达、结构和功能，揭示特定生物学过程以及疾病发生过程分子机理的高效技术，转录组学技术已经在重要经济贝类中得到广泛应用。基于获得的大量转录本以及差异表达基因信息，贝类的疾病发生、机体生长发育以及演化研究取得了重要进展。不同于其他模式生物，贝类可供参考的基因组序列较少，导致在部分贝类中无法对转录组数据进行全面的基因注释和准确的基因定位。未来研究需要加快对重要经济贝类的基因组测序，为后续转录组学研究进一步奠定基础。此外，很多研究仅仅对环境胁迫或者刺激前后做简单的转录组比较，对关键的差异基因还缺乏系统深入的研究，更缺乏深入的功能验证。随着贝类基因组编辑技术的逐步发展，下一步将重点聚焦贝类基因功能的验证。

7.3 贝类蛋白质组学研究

7.3.1 贝类蛋白质组学概述

蛋白质组学是功能基因组学的重要组成部分，它是一个动态的概念，不仅在同一个机体不同组织和细胞中不同，甚至在同一机体的不同发育阶段也不断变化。生物体内蛋白质的种类和数目具有动态性、时空性和可调节性。近年来，随着高通量测序技术的不断发展以及高通量蛋白质组学研究方法的建立和完善，贝类蛋白质组学研究取得了重大进展。

7.3.2 蛋白质组学技术在贝类研究中的应用

7.3.2.1 贝类蛋白质的分离与鉴定

有研究者用尿素及盐酸胍抽提结合双向电泳技术分别对厚壳贻贝（*Mytilus coruscus*）足丝纤维和足丝盘蛋白质进行分离及染色，并用串联质谱技术结合常规搜索和表达序列标签（EST）数据库搜索，获得 mfp-3、mfp-6、胶原蛋白以及 3 种未曾报道过的新型贻贝足丝蛋白成分。有研究者用双向电泳技术研究帘蛤科（Veneridae）物种的热应激蛋白 70，发现该蛋白在软体动物应对刺激时发挥相当重要的作用。有研究者用双向凝胶电泳比较经外源有毒物质处理前后的贻贝蛋白表达情况，分离出化学特异性蛋白质表达信号（PES），又用不同浓度的铜盐处理贻贝并找出不同浓度下的蛋白质表达信号。有研究者用双向电泳和 MALDI-TOF 质谱技术研究无花纹和有花纹文蛤（*Meretrix meretrix*）外套膜的全蛋白，并用 MALDI-TOF 质谱和 PD-Quest 软件对差异蛋白进行分析，发现两种文蛤有 256 个差异蛋白，可能与贝壳的颜色和花纹形成有关。有研究者用电喷雾离子阱质谱定量鉴定多种贝类体内的软骨藻酸（domoic acid）毒素。有研究者用液相色谱-电喷雾串联质谱法建立了测定贝类体内化学药物的方法，有研究者用同样的方法成功鉴定了贝类和鱼类中的麻痹性贝毒。有研究者用反向高效液相色谱（RP-HPLC）和 MALDI-TOF/MS 从淡水蚌外套膜中分离出生物活性多肽，发现其血管紧张素转化酶抑制活性很强，认为干燥的外套膜可作为这种生物多肽的良好来源。有研究者运用 MALDI 检测太平洋牡蛎血淋巴中含量第二的蛋白，将这种可与金属离子结合的蛋白命名为 segon。有研究者用线性离子阱-四级杆质谱对厚壳贻贝（*Mytilus coruscus*）的血细胞蛋白质组进行分析，鉴定了细胞骨架蛋白、细胞黏附蛋白、精氨酸激酶和代谢相关酶类等 125 种高丰度蛋白。这些分离鉴定的贝类蛋白为深入研究贝类的理化性质及可能的应用奠定了良好基础。

7.3.2.2 贝壳矿化研究

软体动物贝壳是生物矿化产物，指由特定的分泌细胞分泌、围绕在结晶体周围的基质蛋白，可作为外骨骼来支撑保护软体组织以及避免个体被捕食。现有研究表明，贝壳由多于 95%的碳酸钙和少于 5%的有机物质组成，这不足 5%的有机成分在贝壳生物矿化中发挥重要作用。目前已通过生物化学和分子生物学等方法从贝壳中分离和鉴定了一系列与矿化相关的蛋白。有研究者对黑蝶贝（*Pinctada margaritifera*）珍珠层的可溶和不溶基质蛋白进行蛋白质组学分析，在可溶基质蛋白中鉴定出两个与其他珠母贝同源的蛋白，其中一个为组成珍珠层的不溶基质蛋白，在不溶基质蛋白中找到 4 个珠母贝珍珠层基质蛋白的同源物，其中两个与可溶基质蛋白的分子特性相同，推测珍珠层基质的可溶蛋白与不溶蛋白具有共同的组成。值得注意的是，不溶性基质蛋白中有一个蛋白与马氏珠母贝（*Pinctada martensii*）棱柱层蛋白同源，表明棱柱层和珍珠层有共同的蛋白保守序列。有研究者从 NCBI 数据库食用贻贝（*Mytilus*）的 70000 多条 EST 序列中发现 9 个新蛋白，其中 4 个与珠母贝属 SMP 序列同源，2 个与鲍鱼属 SMP 序列同源，首次发现双壳类和腹足类的 SMP 序列具有保守性，推测不同软体动物模式生物的 SMP 可能遵循同一镶嵌模型。有研究者在去矿化前通过 3 种不同方法清洗贝壳，首次用蛋白质组学技术对笠贝（*Lottia gigantean*）贝壳基质蛋白进行深度分析后鉴定到 569 个贝壳基质蛋白，其中一些与其他双壳类或腹足类贝壳中已鉴定的基质蛋白具有相似的氨基酸序列、氨基酸组成或结构域。有研究者比较淡三角帆蚌（*Hyriopsis cumingii*）珍珠囊和外套膜的蛋白质组，鉴定到 20 个与矿化相关的差异表达蛋白（DEP）

和 15 个与免疫相关的差异表达蛋白，前者主要富集到与内质网中钙信号转导、肌动蛋白细胞骨架调控和蛋白质加工相关的信号通路，揭示了外套膜对珍珠囊的生物矿化和免疫反应，有助于进一步揭示生物矿化与免疫反应之间的关系。

贝类生物矿化研究目前很大部分集中于对贝壳基质蛋白质序列结构和功能的解析，对生物矿化的内在分子机制还远未了解，需要进一步加大对与贝壳形成紧密相关的外套膜外液等中蛋白质的研究，并运用蛋白质组学技术阐明贝类生物矿化机制。

7.3.2.3 环境污染标志蛋白筛选

有研究者用差异凝胶电泳和质谱技术分析紫贻贝消化腺蛋白质，发现用蛋白质组学技术寻找海洋污染标志蛋白是一条有效途径，有助于更好地理解海洋生态环境相关毒理机制。有研究者以菲律宾蛤仔为对象，通过镉诱导使其外套膜和内脏团金属硫蛋白含量增加，发现金属硫蛋白可作为镉污染的生物标志物。对被重金属镉离子、铜离子、铅离子、锌离子胁迫的近江牡蛎鳃和消化腺组织超氧化物歧化酶活性进行分析，发现消化腺组织中超氧化物歧化酶活性可作为水体重金属污染的检测指标。李春娣等（2007）分析翡翠贻贝消化腺富集铜及其类金属硫蛋白水平随时间的变化规律，发现类金属硫蛋白水平随着水体和生物体内金属含量升高而增加，并与体内铜浓度呈明显负指数增长关系。有研究者分析新烟碱类杀虫剂对紫贻贝蛋白质组的影响，发现不同化学物质可能具有相同作用方式。有研究者比较 PSP 毒素污染和非 PSP 毒素污染的文蛤之间的蛋白质表达谱和蛋白质组，认为过氧化氢酶、副肌球蛋白、Mn-超氧化物歧化酶等 15 种差异表达蛋白均可作为潜在生物标志物，其中两种上调蛋白（Mn-超氧化物歧化酶和过氧化氢酶）参与细胞对氧化应激的防御机制，表明 PSP 毒素作为异生素在双壳类中引起氧化应激。

7.3.3 蛋白质组学技术在贝类研究应用中存在的问题与展望

蛋白质组学数据的解析需要大量的基因组和转录组的信息来支撑，但除一些重要的经济贝类外，贝类基因组信息目前还十分缺乏，对蛋白质组学结果的解析十分困难。尽管如此，通常在实际运用中将几种蛋白质组学技术联合使用，或综合运用蛋白质组学技术与其他分子生物学技术，实现不同技术的优势互补。随着基因组测序技术的快速发展，基因组测序的价格逐步走低，组装一个物种的基因组已变得相对容易，这为进一步分析蛋白质组提供了条件。今后，蛋白质组学在贝类研究应用中的大致方向可分为：一是贝类病害免疫方面的研究，通过鉴定患病贝类和正常贝类的差异蛋白并进行功能分析，为贝类病害防治提供依据；二是全面分析参与机体生理调控的信号转导分子，从不同层次阐明贝类生理调控规律；三是解析影响贝类重要性状的蛋白功能，为剖析其遗传机理提供参考。

7.4 贝类代谢组学研究

7.4.1 贝类代谢组学概述

代谢组学技术提供了一种全面、系统的方法来探索生物体内的代谢机制、生物化学过程和生物学问题，有助于对生物体生理现象的深入理解。在代谢组学研究中，通常将色谱、质谱、核磁共振、红外光谱、紫外吸收、荧光散射等多种分析手段综合运用，其中色谱、质谱和核磁共振技术是最重要的分析工具。贝类代谢组学有助于从代谢层面了解贝类生长和代谢情况，评估不同营养状态下贝类代谢物变化，为营养干预提供依据，从而指导贝类育种并改进养殖流程，具有广阔应用前景。贝类代谢组学技术还可通过分析贝类代谢物的变化来诊断疾病，或评估药物对贝类代谢途径的影响，优化药物的设计和开发。在环境污染监测方面，贝类代谢组学技术可以评估污染物对生态系统和养殖贝类的影响。下面介绍贝类代谢组学技术在贝类品质评估、环境污染监测、疾病诊断和药物开发等方面的应用。

7.4.2 代谢组学技术在贝类研究中的应用

7.4.2.1 代谢组学技术在贝类品质评估中的应用

贝类代谢组学用于品质评估主要通过鉴定与贝类品质相关的代谢物来实现，如氨基酸、有机酸、脂质等。有研究者用 GC-MS 技术在绿唇贻贝（*Perna canaliculus*）中鉴定出丙氨酸/琥珀酸、甘氨酸/琥珀酸、肉豆蔻酸/琥珀酸和焦谷胺酸/琥珀酸四种代谢物，其比值可较好地评估绿唇贻贝幼苗的质量。Aru 等（2016）通过核磁共振代谢组学方法比较紫贻贝在不同储存温度下的代谢产物变化，发现新鲜贻贝与 0℃和 4℃保存贻贝的代谢特征存在明显差异，表明代谢组学可以作为评估海鲜新鲜度的一种方法。

7.4.2.2 代谢组学技术在环境污染监测中的应用

贝类代谢组学技术在环境污染监测方面具有广泛的应用前景，可帮助识别生物体对环境污染的响应，从而更全面了解环境质量和生态系统的健康状况。Zhou 等（2015）基于代谢组学方法证明了九孔鲍（*Haliotis diversicolor* supertexta）体内代谢物的变化与环境邻苯二甲酸二丁酯（DBP）有关，有助于评估污染物对环境的影响。Kown 等（2012）基于^{1}H-NMR 代谢组学方法检测牛磺酸、丙氨酸、精氨酸等代谢产物在贻贝中的累积量，从而判断贻贝产地是否存在重金属污染。Campillo 等（2015）对来自洁净水域和被化学物质污染水域的沟纹蛤仔（*Ruditapes decussatus*）进行代谢组学分析，发现可通过体内牛磺酸含量判断水域污染程度。代谢组学技术为环境污染监测提供了一种全新的方法，有助于及早识别和解决环境问题，保护生态系统健康。

7.4.2.3 代谢组学技术在疾病诊断中的应用

代谢组学技术通过分析生物体内代谢产物或比较健康个体和患病个体代谢组来区分代谢差异，有助于确定患病个体并区分与健康个体之间的代谢特征差异，协助疾病监测和诊断。鲍枯萎综合征是加州立克次体（*Xenohaliotis californiensis*）引起的传染病，可危害野生和养殖鲍鱼，患病鲍鱼表现为生长发育迟缓、厌食、嗜睡、虚弱和不同程度消瘦，严重的会出现腹足肌肉萎缩并死亡。Rosenblum 等（2005）用代谢组学研究患鲍枯萎综合征红鲍体内代谢产物变化，发现可通过测定足部肌肉葡萄糖与肾上腺素比值的新方法来区分是否患病。代谢组学技术为贝类疾病诊断提供一种非侵入性、高度敏感的方法，为贝类疾病的早期识别和监测提供重要信息。

7.4.3 代谢组学技术在贝类研究应用中存在的问题与展望

代谢组学技术已被广泛用于研究贝类不同品种之间的代谢差异以及不同环境条件下的代谢物变化。但贝类代谢组学技术的应用还存在一些挑战，如分析方法的标准化、数据处理的复杂性、贝类样本的多样性以及环境因素的影响。但随着研究方法的进步，代谢组学将继续促进贝类研究领域的发展和创新。

第 8 章

多组学技术在藻类研究中的应用

藻类（algae）是地球上最古老的光合真核生物类群之一，和绿色植物共同塑造了地球生态系统，为包括人类在内的动物提供赖以生存的氧气。藻类的形态多样，从简单的单细胞到多细胞群落（colony）再到复杂的多细胞，遵循从简单到复杂的常见进化模式。藻类没有根、茎、叶的分化，形态虽简单但多变，如绿藻门石莼属（*Ulva*）就有片状、丝状、掌状、网状、叉状等多种形态。藻类的体形大小各异，既有小至几微米的单细胞绿藻，如衣藻（*Chlamydomonas*），又有长达 70～80m 的大型褐藻，如巨藻（*Macrocystis pyrifera*）。藻类的生境极其多样，从海水、半咸水到淡水，再到气生和半气生环境，乃至高温/低温温泉、高山雪地、高酸性/高碱性/高压环境等极端环境，甚至沙漠都有藻类分布，如塔克拉玛干沙漠藻。

藻类综合价值很高。藻类作为富含营养的食品和基础工业原料，在动物饲料、塑料、纤维、生物柴油和乙醇生产方面都具有巨大的商业价值。藻类为陆地农业的扩张提供了一个可持续的替代方案，不仅可满足世界人口膨胀对食品和原材料日益增长的需求，还可减少全球农业温室气体排放（Greenhouse Gas，GHG），每年可减少的 CO_2 当量高达 26 亿吨。因此，扩大全球藻类养殖，可以在很大程度上解决地球的粮食安全、生物多样性和气候变化等问题，同时为保护海洋生态环境提供蓝色替代方案。此外，藻类具有非常重要的碳汇（carbon sink）能力，海洋中的藻类每年可通过光合作用将约 500 亿吨的无机碳纳入细胞，其固碳潜力远超预期。

在由地球所有生物构成的生命之树上，作为光合生物类群的藻类和陆地植物构成主要分支。相对于陆地植物，藻类进化地位较低等，属于孢子植物，不具备传统意义上的一个共同祖先，而是演化出多个高度分化的分支，进化时间跨度约 15 亿年。绝大多数藻类在进化层面通过内共生（endosymbiosis）相互关联，这导致质体和基因通过水平转移的方式进入各种真核宿主。这是不同物种之间进行的遗传物质交流，打破了物种间亲缘关系的界限，导致基因组结构更趋复杂，产生一些在进化上独立于原始色素体生物（Archaeplastida）的特殊藻类进化谱系。因此，藻类在进化模式上呈多系起源，所有真核藻类最近的共同祖先并非来源同一藻类。实际上，许多藻类在进化上与非光合原生生物（protist）关系更近，而非熟知的其他藻类（图 8-1）。基于质体多基因的分子年代标定显示，藻类和绿色植物起源于古元古代晚期的祖先，该祖先在约 15 亿

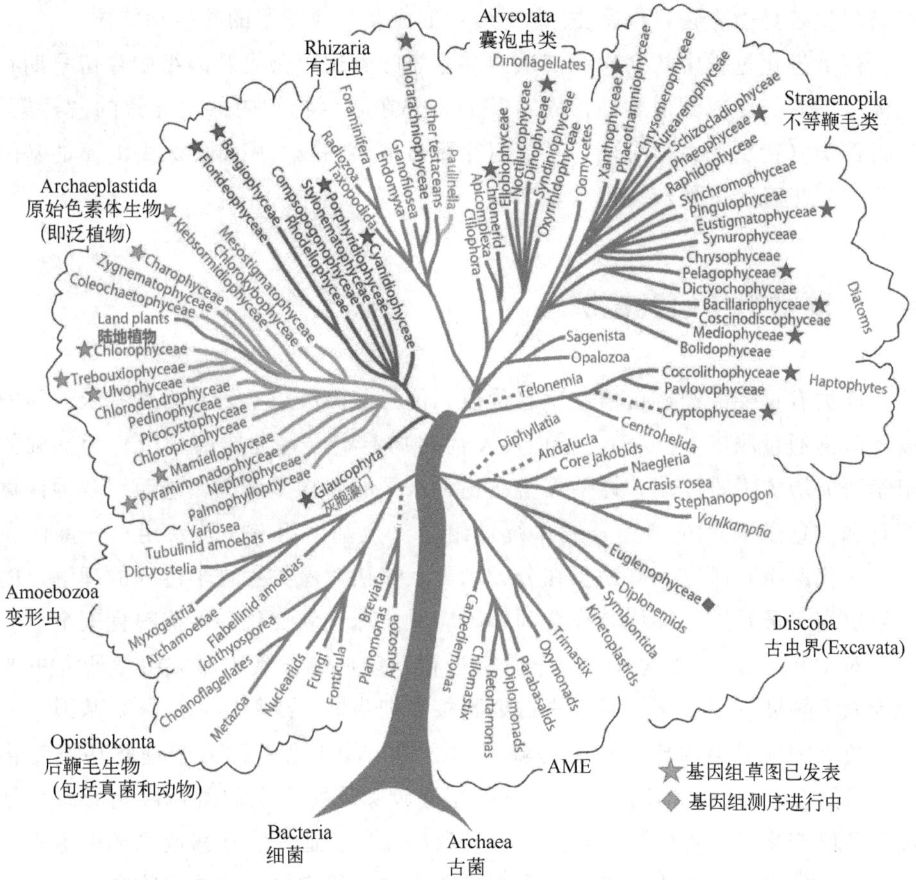

图 8-1　真核生物的生命之树（改自 Blaby-Haas and Merchant，2019）

绿色分支代表绿藻和链形植物，红色分支代表红藻，紫色分支代表灰胞藻，蓝色分支代表光合质体源于某个真核藻类内共生（如二次或三次内共生）的藻类，黄色分支代表 *Paulinella* 属（含有初级质体的藻类，这类质体有别于原始色素体生物的初级质体）。树上的灰色点线代表进化关系未定的支系

5800 万年前通过初次内共生吞噬蓝细菌并从后鞭毛生物中分离，从而产生最初的藻类，包括红藻、绿藻、灰胞藻等。红藻和绿藻分开的时间大约在 15 亿年前，随后独立的红藻祖先通过二次内共生产生质体，在约 13 亿年前衍生出隐藻、定鞭藻和不等鞭毛类。

藻类按形态大小大致分为微藻（microalgae）和大型藻（macroalgae），大型藻又根据所含色素不同分为三个门：绿藻门（含叶绿素 a/b、叶黄素和 β 胡萝卜素）、红藻门（含有叶绿素 a/d、藻胆素和 β 胡萝卜素）和褐藻门（含褐色的墨角藻黄素和叶绿素）。这些绝大多数在海水中生长的大型藻的藻体表面极易附生各类微生物，以宿主/寄主形式形成互利或竞争的共生功能体。

藻类进化过程中的初次和二次内共生意味着现存藻类基因组中存留早期吞噬体（如蓝细菌或其他类型祖先）基因。外在附生物和内共生导致的“污染”使得藻类（特别是大型海藻）基因组测序研究面临较大困难，大型海藻的基因组研究起步晚，进展较缓慢（表 8-1）。

8.1 藻类组学研究概况

藻类有重要的经济价值和生态价值，但目前藻类组学研究力度有限。回顾以核酸高通量测序（NGS）、蛋白质及代谢物鉴定（各种质谱分析）为基础的组学研究历史不难发现，评估藻类在物种水平的生物多样性，进而用各种计算工具和信息学平台对藻类开展系统性组学（全基因组——转录组——蛋白质组——代谢组）研究，有助于在分子水平上加快对藻类生物学过程的理解，助力解决当下最紧迫的环境和社会问题，应对全球气候变化和保护粮食安全。

对 1994—2021 年的藻类组学研究进行系统回顾发现，藻类组学研究主要分为六大领域。①进化：利用来自细胞核和细胞器（线粒体和质体）基因组的信息位点和数据集构建可靠的海藻生命之树。②生态：致力于理解环境变化（如全球变暖、污染和海洋酸化）对生物健康和环境产生的潜在影响的研究领域。环境变化可严重威胁海洋生物，导致海洋生物适应、迁移或局部灭绝等后果。③天然产物及合成：藻类产生大量各异的天然产物，这些产物在化学结构上不同于陆地植物产生的，可能由独立的进化历史和巨大的环境生态位差异造成。尽管前期已有许多藻类天然产物研究，但主要针对单个代谢物类群和具有生物活性的新化合物，没有从“代谢组学”角度来综合考量全部化合物。目前，许多藻类天然产物已成功应用于制药和营养产品开发领域，如海洋化妆品、功能糖醇、功能食品配料和生物医用材料等。④组学方法：藻类组学方法研究起步晚、难度大，现有研究重点关注核酸和蛋白质的分离及优化。藻类细胞壁中酚类、醌类和多糖含量高，分离高质量的生物大分子是藻类组学研究面临的最大挑战。⑤海藻-微生物互作：海洋生态学的独特子领域。越来越多的证据显示，附生在海藻体表和体内的微生物群具有重要的生态功能，可调节和支撑海藻的生长与健康，从而形成功能独立的单一实体或“共生功能体”，而海藻产生的有机化合物可作为附生微生物潜在的化学诱导剂和营养源，但迄今为止，利用组学方法研究海藻-微生物相互作用的报道还很少，近年发展起来的 NGS 技术为鉴定来自不同生态位的核心海藻相关微生物群提供了巨大的便利，组学在共生功能体研究中具有重要潜力。⑥其他：其他组学研究，包括没有充足论证的特定研究，如生活史调查、配子发生、有性生殖和物候学、不同交配类型、基因识别、疾病、防御机制、生物标志物、种群基因组学或细胞内分子运输等。

不同藻类类群研究中，以红藻（45%）居多，其次是褐藻（35%）和绿藻（18%），其他门类所占比重较小（2%）[图 8-2（a）]。从研究领域来看，大多数与进化有关（46%），其余为生态（25%）、天然产物及合成（11%）、其他（10%）、组学方法（4%）和海藻-微生物互作（4%）等领域[图 8-2（b）]。其中 35 篇研究论文报道了获取海藻天然产物信息的组学方法，有助于填补与细胞过程相关的知识空白，进而阐明各种代谢调节的互作网络。

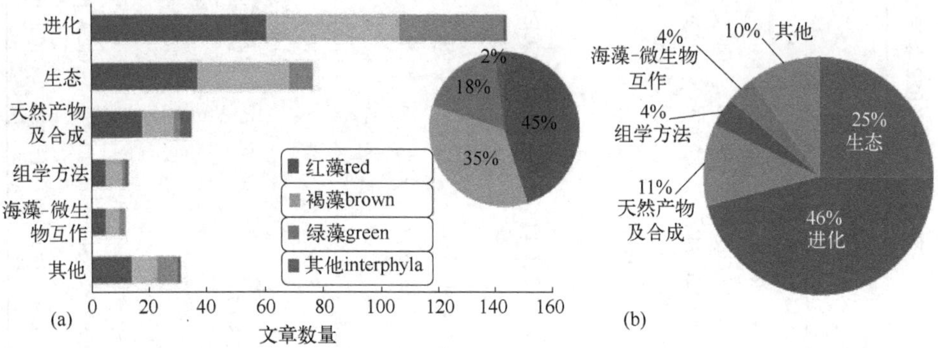

图 8-2 藻类（海藻）组学研究概览（改自 Patwary et al.，2021）

（a）条形图所示为藻类学（包括不同类群）主要研究领域的文章发表情况，插入的饼图为不同海藻类群发表文章的占比（截至 2021 年底）；（b）饼图所示为海藻组学中 6 个主要研究领域的占比（截至 2021 年底）

藻类在极地、温带和热带地区显示出巨大的生物多样性，基因组学的发展使得藻类分类学较传统方法更加精确，物种分类更加细化。细胞器（线粒体和质体）基因组相对容易被测序，在藻类进化基因组学研究中得到广泛应用。除

表 8-1 截至 2022 年底公开发表的藻类核基因组及相关信息

分类地位	种名	基因组大小/Mb	NCBI 注册号	Scaffolds 数目	Contigs 数目	编码蛋白数目	完整 BUSCOs 数目	参考文献
绿藻门 Chlorophyta								
Mamiellophyceae（小豆藻纲，一类在进化上呈单系起源的海洋超微型浮游生物）	*Bathycoccus prasinos* RCC1105	15.07	GCA_002220235.1	21	41	7847	255	Moreau et al.(2012)
	Micromonas sp. RCC299	21.109	GCA_000090985.2	19	19	10137	272	Worden et al.(2009)
	Micromonas sp. CCMP1545	21.958	GCA_000151265.1	21	497	10242	265	Worden et al.(2009)
	Micromonas sp. ASP10-01a	19.582	GCA_001430725.1	1069	3159	22252	179	Delmont et al.(2015)
	Ostreococcus lucimarinus CCE9901	13.205	GCA_000092065.1	21	21	7603	256	Palenik et al.(2007)
	Ostreococcus tauri RCC4221	13.033	GCF_000214015.3	22	499	7766	265	Blanc-Mathieu et al.(2014); Derelle et al.(2006)
	Ostreococcus tauri RCC1115	14.763	GCA_002158475.1	70	200	8099	255	Blanc-Mathieu et al.(2017)
Trebouxiophyceae（共球藻纲）	*Chlorella variabilis* NC64A	46.159	GCA_000147415.1	414	3810	9780	258	Blanc et al.(2010)
	Auxenochlorella protothecoides	22.924	GCA_000733215.1	374	1386	7014	258	Gao et al.(2014)
	Chlorella sorokiniana UTEX 1602	59.568	GCA_002245835.2	—	160	9587	287	Arriola et al.(2018)
	Micractinium conductrix SAG 241.80	61.02	GCA_002245815.1	—	301	10070	290	Arriola et al.(2018)
	Chloroidium sp. UTEX 3007	52.5	https://datadryad.org/resource/doi:10.5061/dryad.k83g4	710	—	48392	9	Nelson et al.(2017)
	Coccomyxa subellipsoidea C-169 NIES 2166	48.827	GCA_000258705.1	29	29	9839	275	Blanc et al.(2012)
	Helicosporidium sp. ATCC 50920	12.374	GCA_000690575.1	5666	5666	6033	170	Pombert et al.(2014)
	Picochlorum SENEW3 (SE3)	13.39	GCA_000876415.1	880	883	7367	279	Foflonker et al.(2015)
	Picochlorum soloecismus DOE101	15.252	GCA_002818215.1	38	56	7844	257	Gonzalez-Esquer et al.(2018)

续表

分类地位	种名	基因组大小/Mb	NCBI 注册号	Scaffolds 数目	Contigs 数目	编码蛋白数目	完整 BUSCOs 数目	参考文献
绿藻门 Chlorophyta								
Chlorophyceae（绿藻纲）	*Chlamydomonas reinhardtii* CC-503	111.1	v5.5 (Phytozome)	53	1512	17741	291	Merchant et al. (2007)
	Volvox carteri f. nagariensis Eve	131.2	v2.1 (Phytozome)	434	4100	14247	287	Prochnik et al. (2010)
	Chlamydomonas eustigma NIES-2499	66.63	GCA_002335675.1	520	2507	14161	289	Hirooka et al. (2017)
	Dunaliella salina CCAP 19/18	343.704	GCA_002284615.1	5512	55168	18801	235	Polle et al. (2017)
	Gonium pectoral NIES-2863	148.806	GCA_001584585.1	2373	13664	17984	247	Hanschen et al. (2016)
	Monoraphidium neglectum SAG 48.87	69.712	GCA_000611645.1	6720	12077	16755	177	Bogen et al. (2013)
	Tetrabaena socialis NIES-571	135.78	GCA_002891735.1	5856	20418	14296	138	Featherston et al. (2017)
	Chromochloris zofingiensis SAG 211-14	60.13	v5.2.3.2 (Phytozome)	42	175	15274	256	Roth et al. (2017)
	Raphidocelis subcapitata NIES-35	51.163	GCA_003203535.1	300	1620	13383	278	Suzuki et al. (2018)
Ulvophyceae（石莼纲）	*Ulva mutabilis*	98.5	GCA 900538255.1	318	—	12924	—	Declerk et al. (2018)
轮藻门 Charophyta								
Klebsormidiophyceae	*Klebsormidium nitens* NIES-2285（即 *K. flaccidum*）	104.21	GCA_000708835.1	1814	3731	16063	298	Hori et al. (2014)
红藻门 Rhodophyta								
Florideophyceae（真红藻纲）	*Chondrus crispus*（Gigartinales）	104.98	GCA_000350225.2	926	3242	9807	232	Collén et al. (2013)
	Gracilariopsis chorda（Gracilariales）	92.1	GCA_003194525.1	—	1211	10806	429	Lee et al. (2018)
Cyanidiophyceae	*Cyanidioschyzon merolae* 10D	16.547	GCA_000091205.1	20	20	4803	283	Matsuzaki et al. (2004); Nozaki et al. (2007)

续表

分类地位	种名	基因组大小/Mb	NCBI注册号	Scaffolds数目	Contigs数目	编码蛋白数目	完整BUSCOs数目	参考文献
Cyanidiophyceae	*Galdieria phlegrea* DBV009	11.4	http://cyanophora.rutgers.edu/gphlegrea/	—	9311	7828	207	Qiu et al.(2013)
	Galdieria sulphuraria	13.712	GCA_000341285.1	433	518	7174	279	Schönknecht et al.(2013)
Bangiophyceae（红毛菜纲）	*Porphyra umbilicalis*	87.7	v1.5 (Phytozome)	2125	2183	13360	189	Brawley et al.(2017)
	Neopyropia yezoensis U-51	43.484	SRA061934	—	46634	10327	135	Nakamura et al.(2013)
	Neopyropia yezoensis	108	GCA_009829735.1	28	999	12855	—	Wang et al.(2020)
Porphyridiophyceae（紫球藻纲）	*Porphyridium purpureum* CCMP1328	19.452	GCA_000397085.1	3014	3014	8355	273	Bhattacharya et al.(2013)
灰胞藻门 Glaucophyta								
Glaucophyceae 灰胞藻纲	*Cyanophora paradoxa*	70.2	SRP009206	—	60119	32167	175	Price et al.(2012)
Miozoa								
Dinophyceae 甲藻纲	*Symbiodinium minutum*	609.476	GCA_000507305.1	21899	33816	41925	191	Shoguchi et al.(2013)
	Symbiodinium kawagutii	935	SRA148697	—	—	36850	82	Lin et al.(2015)
	Symbiodinium microadriaticum CCMP2467	808.227	GCA_001939145.1	9688	44596	43403	210	Aranda et al.(2016)
Apicomonadea	*Chromera velia* CCAP 1602/1	193.6	ERP006228 (ENA)	5953	13987	26112	241	Woo et al.(2015)
	Vitrella brassicaformis	72.7	GCA_001179505.1	1064	4175	23034	264	Woo et al.(2015)
丝足虫门 Cercozoa								
Chlorarachnea	*Bigelowiella natans* CCMP2755	91.406	GCA_000320545.1	3736	3736	21708	263	Curtis et al.(2012)
棕色藻门 Ochrophyta								
Pelagophyceae 浮生藻纲	*Aureococcus anophagefferens* CCMP1984	56.66	GCA_000186865.1	1185	5239	11520	203	Gobler et al.(2011)
	Cladosiphon okamuranus	169.731	GCA_001742925.1	732	4525	13640	245	Nishitsuji et al.(2016).

续表

分类地位	种名	基因组大小/Mb	NCBI 注册号	Scaffolds 数目	Contigs 数目	编码蛋白数目	完整 BUSCOs 数目	参考文献
Phaeophyceae 褐藻纲	*Ectocarpus siliculosus* (Dillwyn) Lyngbye	195. 811	GCA_000310025. 1	1561	13533	16269	274	Cock et al. (2010)
	Saccharina japonica	537	GCA_000978595. 1	13327	29670	18733	—	Ye et al. (2015)
	Undaria pinnatifida	634	GCA_020975765. 1	2581	3876	20716	—	Graf et al. (2021)
Mediophyceae 中型硅藻纲	*Cyclotella cryptica*	161. 7	http://genomes. mcdb. ucla. edu/Cyclotella/ download. html	—	116817	21121	257	Traller et al. (2016)
	Thalassiosira oceanica CCMP1005	92. 1856	GCA_000296195. 2	—	50892	34642	197	Lommer et al. (2012)
	Thalassiosira pseudonana CCMP1335	32. 437	GCA_000149405. 2	64	115	11673	245	Armbrust et al. (2004)
Bacillariophyceae 硅藻纲	*Fragilariopsis cylindrus* CCMP1102	80. 54	GCA_001750085. 1	271	4602	18111	247	Mock et al. (2017)
	Fistulifera solaris	49. 74	GCA_002217885. 1	295	1305	20429	273	Tanaka et al. (2015)
	Phaeodactylum tricornutum CCAP 1055/1	27. 451	GCA_000150955. 2	88	179	10408	257	Bowler et al. (2008)
Eustigmatophyceae 真眼点藻纲	*Nannochloropsis gaditana* CCMP526	33. 987	GCA_000240725. 1	1883	5619	3554	78	Radakovits et al. (2012)
	Nannochloropsis gaditana B-31	27. 589	GCA_000569095. 1	684	3880	10929	241	Corteggiani et al. (2014)
	Nannochloropsis oceanica CCMP1779	28. 7	SRP013753	—	3731	11973	230	Vieler et al. (2012)
定鞭藻门 Haptophyta								
Prymnesiophyceae 普林藻纲	*Chrysochromulina tobin* CCMP291	59. 073	GCA_001275005. 1	3412	34112	16765	190	Hovde et al. (2015)
	Emiliania huxleyi CCMP1516	167. 676	GCA_000372725. 1	7795	16921	38554	225	Read et al. (2013)
	Tisochrysis lutea	54. 38	SRR3156597		7662	20582	217	Carrier et al. (2018)
隐藻门 Cryptista								
Cryptophyceae 隐藻纲	*Guillardia theta* CCMP2712	87. 1453	GCA_000315625. 1	669	5126	24840	254	Curtis et al. (2012)

注：BUSCO 即 Benchmarking Universal Single-Copy Ortholog（通用单拷贝同源基因基准）；ENA 即 European Nucleotide Archive（欧洲核酸数据库）。

细胞器基因组外，核基因组也为揭示藻类重要经济性状、适应性进化、形态发生、多样性保护和选种育种提供了重要指导，同时为研究不同藻类的进化模式和历史过程提供了新见解。转录组学是研究藻类响应胁迫的重要分子技术，有助于更好理解藻类耐受胁迫、适应和毒素响应的分子机制，但现有环境胁迫研究大多集中于红藻紫菜属，对其他藻类研究不多。蛋白质组学分析有助于解析海洋毒素对藻类造成的各种影响，如研究较高水平的铜离子对大型藻类生长和微观世代造成的损伤。

8.2 藻类基因组学研究

藻类表型和生态位的多样性意味着其基因组具有广泛的基因编码功能。藻类含有至少三套基因组，核基因组含有大量遗传物质和巨大编码潜力。红藻台湾蜈蚣藻（*Grateloupia taiwanensis*）细胞器基因组含有已知最多的基因数目，有 233 个蛋白编码基因。总体而言，小型藻的核基因组较小，大型藻的核基因组较大且重复序列较多，给高质量大型藻的核基因组测序与组装带来较大挑战。目前已经发表的藻类基因组超 100 个，但以小型藻为主（表 8-1）。2004 年，单细胞温泉红藻（*Cyanidioschyzon merolae*）是首个核基因组被测序的藻类，只含 4775 个蛋白编码基因。随着新一代测序组装技术的进步与迭代，藻类基因组研究数量呈逐步攀升趋势，但较陆地植物仍然进展缓慢。2018 年，中国华大基因（BGI）联合启动万种植物基因组计划，拟对至少 1000 种绿藻和 3000 种光合、非光合原生生物进行基因组测序，对藻类基因组研究产生重要推动作用。藻类基因组测序进展较大（赖晓娟等，2013），特别是在进化上与初次内共生事件或二次内共生事件有关的小型藻、耐受极端寒冷环境的小型藻、能源小型藻及形成有害藻华的小型藻（黄罗冬等，2020）。下面介绍已测序的、具有重要时间和物种进化节点意义的藻类核基因组研究进展（表 8-1 和图 8-3）。

8.2.1 藻类核基因组研究

藻类大量核酸序列、蛋白质序列和代谢物数据保存在 NCBI 和一些专门针对海藻的公共网络信息浏览平台。这些数据库的建立是为了提高数据的可访问性，并为在线分析提供生物信息学工具集成，目前已成为藻类基因组和转录组数据深度挖掘的重要平台。藻类核基因组研究历程如下。

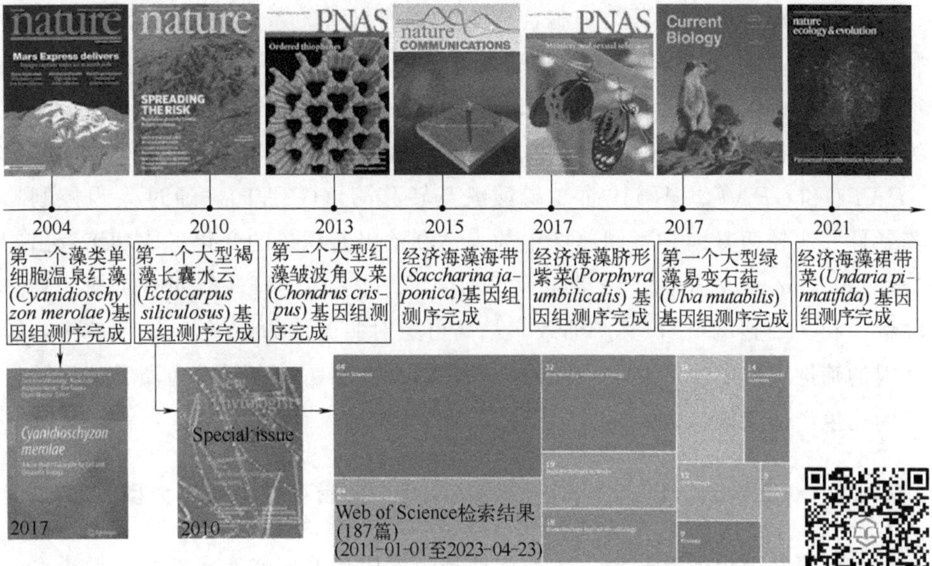

图 8-3　藻类基因组测序的重要时间和进化节点及研究进展路线图

8.2.1.1　单细胞温泉红藻（*Cyanidioschyzon merolae*）——首个被测序的藻类

单细胞温泉红藻（*C. merolae*）体积较小，直径 1.5～3μm，呈椭圆形、棒状，无细胞壁，含一个多态叶绿体和一个线粒体（呈 V 形），通过二元裂变进行繁殖，生活在酸性温泉（pH=1.5，T=45℃），只能通过光合作用生长，是严格意义上的自养生物。2004 年，日本东京大学在《自然》发表原始红藻 *C. merolae* 全基因组信息，这是首个被完整测序的藻类基因组（图 8-3）。这种红藻基因组大小为 16.6Mb，含有 20 条染色体，有 5331 个蛋白编码基因，但只有 86.3%的基因表达，而且缺乏肌球蛋白基因，仅有 2 个肌动蛋白基因参与线粒体和质体分裂活动，显示出原始的细胞分裂方式。它遗传冗余度很低，只含有光合生物生存所必需的最小数量基因，仅有 26 个有内含子的基因，核仁中仅存在 3 个拷贝的核糖体 DNA（18S rRNA、5.5S rRAN、28S rRNA），这从遗传角度证实其起源于 20 亿年前较为原始的真核生物。与拟南芥基因组比较发现，参与卡尔文循环的相关酶类具有相同保守起源，为真核生物初级质体的单一起源假说提供佐证。温泉红藻的基因组信息不仅揭示适应高温和低 pH 环境的进化机制，为藻类进化的内共生学说提供证据，而且为研究光合真核生物进化起源和自由生活的真核细胞生存必需基本基因组结构与机制提供了重要理论支撑，成为过去 20 年间研究真核生物细胞和细胞器生物学的典型利器。

对于能源藻而言，藻类细胞合成与蓄积油料时的条件并不适合藻类增殖，“油料生产”和“细胞增殖”是此消彼长的关系，成为藻类生物燃料实用化生产道路上的一大障碍。2018 年，日本东京工业大学根据红藻 *C. merolae* 基因组，聚焦油料蓄积条件时的藻类基因表达，发现两种参与油料生物合成的基因 *GPAT1* 和 *GPAT2* 编码甘油-3-磷酸酰基转移酶（GPAT）。通过人为控制培养条件并比较两基因在不同藻株中的表达和油料蓄积量的变化，成功培育出新型红藻 *C. merolae* 藻株。结果显示，*GPAT1* 过表达的藻株能同时实现“高产油量”和“细胞增殖”，其产油效率最高可达对照藻株的 56 倍。这项基于功能基因的筛选工作解决了藻类产油效率面临的最大难题，有望成为藻类生物燃料实用化生产的突破口。

8.2.1.2 长囊水云（*Ectocarpus siliculosus*）——首个被测序的大型海藻

大型藻基因组通常较大，生活周期长，室内培养面临诸多不便。长囊水云（*E. siliculosus*）生活史中孢子体（二倍体）和配子体（单倍体）形态结构相同，均为分枝状单列丝状体，属典型的同型世代交替。长囊水云栖息潮间带岩石或石沼，或附生在其他藻体上，藻体较小（几厘米长）、繁殖能力强、生活史短（在实验室条件下 3 个月即可完成生活史周期），容易进行遗传操作，在自然界和实验室中均已获得大规模的突变体，并可被 DNA 病毒感染（可作为一种潜在的易被插入突变的宿主），成为褐藻甚至大型海藻遗传学和基因组学研究的重要模式生物。

2010 年，法国罗斯科夫海洋研究站 Cock Mark 团队在《自然》报道了长囊水云配子体核基因组，这是首个被测序的大型褐藻基因组（图 8-3）。长囊水云的基因组大小为 214Mb，重复序列占 22.7%，含有 16256 个蛋白编码基因。基因组比较显示，与光捕获、色素合成、卤代物代谢途径相关的基因在长囊水云中发生扩张，可能与其适应潮间带多变的潮汐环境有关。与此同时，与多细胞生物进化和信号转导以及受体激酶相关的基因家族也发生扩张，推测与真核生物的多细胞分化密切相关。受体激酶在长囊水云（包括褐藻）中呈现独立进化，可能在藻类多细胞进化过程中起重要作用。受此影响，海藻（特别是褐藻）分子遗传学、分子生物学和生物机理与机制研究（如海藻性别调控机制）取得蓬勃发展。长囊水云基因组测序对真核生物基础生物学和多样性进化研究起到推动作用，如不同地理来源的长囊水云遗传变异评估、遗传图谱构建、基因组中转录因子家族的筛选、真核生物碳水化合物储存和进化起源等。

8.2.1.3 皱波角叉菜（*Chondrus crispus*）——首个被测序的大型红藻

角叉菜属（*Chondrus*）红藻在近岸潮间带常见，是工业生产卡拉胶的重要原料。该属7个种中，只有皱波角叉菜（*C. crispus*）分布于北大西洋（胡自民，2004）。角叉菜属生活史也是典型的孢子体和配子体同型世代交替。2013年，法国罗斯科夫海洋研究站 Collen Jonas 团队在《美国国家科学院院刊》（PNAS）发文，报道了皱波角叉菜配子体核基因组研究成果，这是首个被测序的大型红藻核基因组（图8-3）。皱波角叉菜基因组大小为105Mb，含9606个蛋白编码基因，基因组很紧凑，每个基因平均含0.3个内含子，而且内含子较短，不存在大规模基因组复制迹象。角叉菜基因组最大结构特征是基因密集区域被转座子类型的重复序列包围。基因组中与卤素代谢、氧化脂类、多细胞性等相关的基因参与海洋红藻的代谢和适应海洋环境。与碳水化合物代谢相关的基因较为独特，含有合成淀粉的最小基因。皱波角叉菜基因组中存在纤维素合成酶，显示其在植物进化中的多源起源，而甘露糖基甘油酸合酶和纤维素酶在皱波角叉菜基因组中的出现（后者在陆生生物中丢失）为研究植物多样性的起源与进化提供了重要线索。

8.2.1.4 海带（*Saccharina japonica*）——首个被测序的具有重要经济价值的褐藻

海带（*S. japonica*）是东亚地区具有重要经济价值的大型褐藻，具有悠久的养殖历史，中国海带养殖产量在过去二三十年间长期占据全球第一。与水云不同，海带生活史中配子体和孢子体属异型世代交替，微观配子体需借助显微镜才能看到，而肉眼可见的孢子体可供食用或作为工业提取褐藻胶、碘及甘露醇的重要原料。2015年，中国水产科学研究院黄海水产研究所叶乃好团队结合第二代 Illumina 和第三代 PacBio 测序技术在《自然通讯》（*Nature Communications*）报道了较高质量的海带基因组（图8-3）。海带基因组大小为537Mb，远大于长囊水云，含有18733个蛋白编码基因，覆盖了98.5%的全基因组序列。比较基因组学分析显示，海带基因组扩张主要源于基因家族的扩增。与其他25个物种的基因组比较发现，海带和长囊水云的共同祖先有1240个基因家族发生扩张，主要涉及细胞壁合成、卤素代谢、多糖代谢和发育防御等，有309个基因家族发生丢失。海带褐藻胶合成关键酶（甘露糖醛酸C-5差向异构酶）和卤素代谢关键酶（卤素过氧化物酶）基因家族发生显著扩张。基因组信息显示，昆布多糖在逆境下被内切-1,3-*β*-葡聚糖酶（endo-1,3-beta-glucanase）水解为低聚糖，从而激活藻体防御响应，防止病原体入侵。海带基因组的成功测序助力其遗传多样性及进化历程研究，为解析重要驯化性状相关联的基因/标记奠定基础，为海带种质资源保护利用、推进海带新品种培育进程提供重要信息资源。

2021 年，韩国 Yoon Hwan Su 团队利用 Illumina 和 PacBio 技术在《自然生态与进化》（*Nature Ecology & Evolution*）上报道了重要经济褐藻裙带菜（*Undaria pinnatifida*）染色体水平的基因组（图 8-3）。裙带菜的基因组比海带稍大，大小为 634Mb，重复序列占 52.1%，共有 30 条染色体，含有 20716 个蛋白编码基因，其中 78.25%的基因通过转录组测序得到验证。海带目褐藻基因组普遍比水云目基因组大，主要由重复元件插入基因组的频率不同所致。基因组数据分析揭示出裙带菜从西北太平洋被引入法国和新西兰养殖的引种历史，东亚地区中性（如种群历史和迁移）和非中性（如选择）的进化过程共同驱动了裙带菜在养殖中的驯化，这为从环境因素基因组学尺度理解海藻适应海洋环境变动提供了重要认知。

8.2.1.5 脐形紫菜（*Porphyra umbilicalis*）——首个被测序的具有重要经济价值的红藻

紫菜营养价值高，一直被视为珍贵海味，也是全球范围内经济价值最高的经济海藻，通常栖息于近岸潮间带岩礁，是研究环境胁迫耐受机制的红藻模式物种。紫菜等红毛菜目（Bangiales）海藻具有典型的异型世代交替生活史，叶状配子体世代定生于高潮带，在潮起潮落的过程中经受渗透压、温度、辐射等环境因子急剧变化胁迫，而丝状孢子体世代则栖居于碳酸钙质贝壳中。从基因组学角度解读红毛菜目物种如何进化出形态和生境截然不同的两个世代以及叶状体世代如何拥有强大的环境抗逆能力，一直是藻类学界备受关注的科学问题。

2017 年，美国缅因大学 Brawley Susan 团队联合在 PNAS 发文（图 8-3），首次用 Illumina 和 PacBio 测序技术对大西洋地区的脐形紫菜（*P. umbilicalis*）进行了基因组测序，发现其基因组大小为 87.7Mb，重复序列占 43.9%，含有 13125 个蛋白编码基因。通过与已发表的红藻基因组比较，发现都含有与细胞骨架、钙信号、细胞循环、光保护等相关的特征基因，进一步比较基因组分析显示，红藻中甘露糖合成（mannan synthesis）途径相关基因的起源要早于绿藻与红藻之间的分化，为其他种类紫菜的基因组学研究打开方便之门。

2020 年，中国海洋大学海洋生命学院茅云翔团队合作在 *Nature Communications* 发文，通过新一代高通量测序技术构建了高质量、染色体级别的条斑紫菜（*Pyropia yezoensis*）基因组。条斑紫菜是性状最为优良的养殖种类，主要分布于中、日、韩海域，是最重要的养殖海藻之一。条斑紫菜基因组大小为108Mb，其中重复序列占48%，组装成3条染色体，共有12855个蛋白质编码基因。比较基因组学分析显示，条斑紫菜基因组中某些基因家族的基因拷贝数量显著增多，这种扩张主要源自细菌的基因水平转移。在失水逆境下，超氧化物歧化酶、脂氧合酶、硫氧还蛋白还原酶、酪氨酸酶等与抗氧化相关的基因家族在叶状体中的表达量显著上调，推测抗氧化基因家族的扩张和共表达是条斑紫菜叶状体世代适应逆境的重要分子机制之一。碳酸酐酶是参与藻类二氧化碳浓缩机制的关键基因，而条斑紫菜基因组中CA基因家族显著扩张，通过亚细胞定位技术进一步发现，条斑紫菜叶状体在干出失水时利用空气中的 CO_2 作为碳源。另一方面，丝状孢子体世代虽也有特异表达的分泌性CA蛋白，但主要用来将贝壳中的碳酸钙转化为碳酸氢根，从而作为供自身吸收利用的主要碳源。这项研究是海藻抗逆境分子机制领域的重要进展之一，有助于深入了解红藻重要经济性状的遗传基础和指导紫菜优良品种选育。

2021年，宁波大学的陈海敏团队在 *Nature Communications* 发文，利用Illumina+PacBio+Hi-C相结合的技术测序得到染色体水平的坛紫菜（*Neoporphyra haitanensis*）基因组。坛紫菜是中国特有的养殖紫菜种类，主要分布于浙江南部、福建和广东北部。坛紫菜基因组大小为49.67Mb，其中重复序列占比31.61%，共有9496个蛋白编码基因。坛紫菜对潮间带的适应至少发生在7亿3千8百万年前，比较基因组学研究表明，基因紧凑、高GC含量是红藻基因组一种从祖先开始就具备的特征。另外，基因家族聚类分析表明，坛紫菜与其近缘种共有基因为142个，分别与贝壳丝状体、潮间带适应和转运蛋白等相关，坛紫菜自身的特有基因主要与谷氨酸合成酶（GOGAT）、谷胱甘肽巯基转移酶（GST）及卤素过氧化物酶（HPO）合成通路有关。该研究进一步分析坛紫菜与附生微生物间的互作关系，并利用多组学技术系统研究坛紫菜响应潮间带环境变动时转录、代谢和蛋白水平的动态变化，从光合、抗氧化、大分子合成与修复等多个维度揭示坛紫菜在周期性干出时维持动态平衡的机制，为坛紫菜种质创新以及研究生物从海洋向陆地过渡的适应进化提供了新见解。

8.2.1.6 异变石莼（*Ulva mutabilis*）——首个被测序的大型绿藻

石莼属（*Ulva*）海藻是一类在全球海域广泛分布的大型绿藻，属内物种多样性高，种内藻体形态变异大。石莼在富营养化水域环境中极易呈暴发性生长而形成绿潮。绿潮已成为全球范围常态化生态灾害，近年来在中国多个海域连续发生，如浒苔（*U. prolifera*）绿潮连续多年在黄海大面积出现，造成严重的经济损失，对海洋生态造成破坏性的影响。从基因组水平揭示石莼属海藻形态发生和环境适应的分子机理，成为石莼属绿藻组学研究的重要方向之一。

2018 年，比利时 De Clerck Olivier 团队联合在《当代生物学》（*Current Biology*）发文（图 8-3），利用 PacBio 和 Illumina 技术成功测序得到单倍体异变石莼（*U. mutabilis*）基因组（图 8-4），这是首个被测定的大型绿藻基因组。异变石莼基因组只有 98.5Mb，覆盖全基因组序列的 98.5%，包括 12924 个蛋白编码基因，其中 91.8%通过 RNA 测序得到验证。另外，重复序列占 35%，其中 74%为已知的重复序列家族，主要由长末端重复（LTRs）和长散布组件（LINEs）组成。石莼的大量快速生长使其在潮间带生物地球化学循环过程中发挥重要作用。基因组分析结果显示，石莼可产生大量的二甲基巯基丙酸内盐（DMSP），是挥发性二甲基硫醚（DMS）的主要前体，在海洋硫循环中作用极

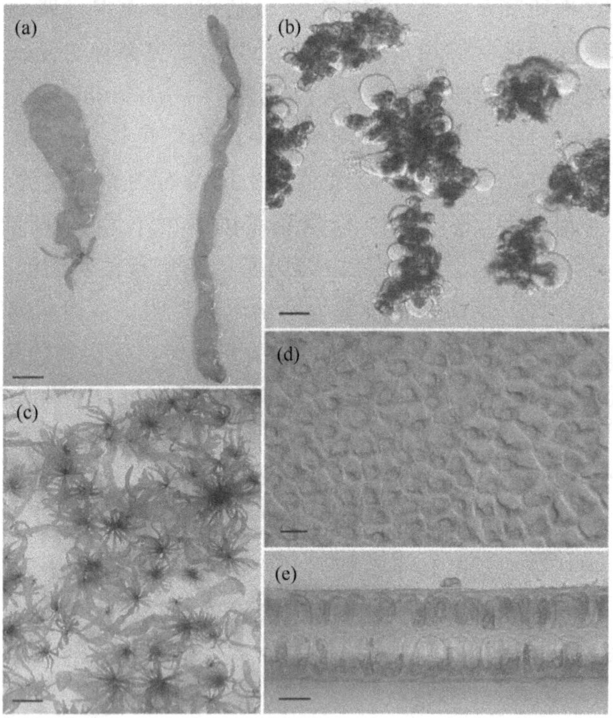

图 8-4　异变石莼的形态与解剖结构（引自 De Clerck Olivier et al，2018）

（a）片状（左）和管状（右）藻体的外部形态，两种生长方式都属于自然发生的形态变异（标尺＝1cm）；（b）无菌培养的石莼具有典型的类愈伤组织（callus-like）形态且没有细胞分化，其畸形的细胞外壁突起（protrusion）肉眼可见（标尺＝100μm）；（c）在标准条件下异变石莼的分批培养，此时受两种细菌菌株（*Roseovarius* sp. MS2 和 *Maribacter* sp. MS6）的诱导（标尺＝1cm）；（d）叶片表面观，显示细胞含有单个叶绿体和淀粉核（分化的界面形成对照，标尺＝15μm）；（e）典型的 *Ulva* 型叶片的横切面，显示有两层细胞［硬石莼（*U. rigida*），标尺＝20μm］

为突出。石莼的形态发生过程依赖于细菌信号（图 8-4），是研究跨界物种互作的重要模式生物。基因组分析显示，石莼的基因家族扩张与多细胞分化密切相关，有别于淡水藻类，推测 chromalveolates（一个高度多样但进化地位未明确的多系起源生物类群，包括专一寄生性的疟原虫、自由生活的纤毛虫和藻类等）的基因水平转移到石莼后有助于 DMSP 的转运和代谢。异变石莼的基因组数据为深入解读潮间带和绿藻谱系进化提供了新的理论支撑。

8.2.2 藻类细胞器基因组研究

细胞器（线粒体和叶绿体）基因组携带重要的遗传信息。其中，线粒体是呼吸和能量供应的主要部位，而叶绿体是光合作用的部位，它们都是半自主的细胞器，可以保存自己的遗传信息，故被广泛用于系统发育、分子进化、多样性挖掘和比较基因组学等研究。

8.2.2.1 线粒体（mitochondrion）

线粒体普遍存在于真核生物细胞中，数量在几百个到数千个不等，是细胞内进行氧化磷酸化并合成 ATP 的主要场所。它为细胞的各种生命活动提供能量，是细胞的能量工厂。线粒体起源的时间要早于所有已知的真核生物类群出现分化前，大约可追溯至 15 亿～20 亿年。线粒体于 1857 年首次被发现，1897 年被命名，1963 年首次在鸡胚中发现线粒体含有 DNA。线粒体作为一种细胞器，拥有自身的一套遗传物质，为细胞器基因组的研究掀开了新的一页。

线粒体作为一个重要而独特的半自主细胞器，可以行使很多的生物学功能，其中少部分依赖于自身编码的基因，大多数生化过程都依赖于核基因组编码的基因。线粒体基因组编码的蛋白质主要参与七个生化通路和生物学过程，氧化磷酸化产生 ATP 和线粒体自身翻译体系是其中两个重要部分。线粒体基因组通常编码大量呼吸链和氧化磷酸化基因、部分结构 RNA（rRNA、tRNA）及部分核糖体蛋白基因（如 *mpl*、*xps*）。

8.2.2.2 叶绿体（chloroplast）

早期真核生物及由其所产生的初始谱系不能进行光合作用，真核生物在进化的最初数亿年里也一直没有叶绿体。关于叶绿体的起源，目前普遍认可内共生理论，即叶绿体来源于原始的蓝细菌。在这次约 18 亿年前的事件中，具备光合能力的蓝细菌（内共生体）被没有光合能力的单细胞真核原生生物（宿主）内吞，后进一步被控制并最终形成相互依赖关系，逐步演化成3个主要类群，即绿藻、红藻和灰胞藻，其中部分藻类还进行了二次内共生，三次内共生，甚至四次内共生。这些内共生事件遗留下来的都是最终的产物，即一个完整的、具有一个或多个额外膜的功能叶绿体，这才使得今天的真核生物具备了光合作用。叶绿体多数基因通过与核内共生方式转移到核基因组中，故叶绿体基因组本身只保留了少数基因。

8.2.2.3 藻类细胞器基因组的重要特征

1990年，德国波鸿大学 Kück 等首次测序了斜生栅藻（*Scenedesmus obliquus*）线粒体全基因组，分析了线粒体核糖体 RNA 基因大亚基（LSU-rRNA），发现该基因中含有两段插入序列，分别含有特殊的Ⅱ型和Ⅰ型内含子，进一步通过成熟 rRNA 的序列确定了外显子和内含子的边界。后续的体外转录实验证明，含Ⅱ型内含子（608bp）的 LSU-rRNA 转录前体在高盐环境下具有很强的自剪切活性，是目前已知被整合到 LSU-rRNA 基因中的首个Ⅱ型内含子，并且是真核生物细胞器中最小的自剪切Ⅱ型内含子。

在藻类学研究中，完整的线粒体和叶绿体基因组的破译是不同类属系统发育、地理演化和群体遗传学研究的必备分子工具，同时也是了解藻类进化模式和系统发育历史的重要利器。1999年，加拿大高等研究院 Burger 等测定了紫红紫菜（*Porphyra purpurea*）的线粒体基因组，这种环形排列的基因组含有36753个碱基，共有57个紧密排列的基因，常见基因与动物和真菌相似，另有7个基因为原生生物和植物线粒体基因组所特有，而编码核糖体蛋白和琥珀酸泛醌还原酶 SQR 亚基的基因则为该红藻特有。该线粒体基因组中的 LSU-rRNA 含有2个与蓝细菌极为相似的Ⅱ型内含子，可能是细菌与 *P. purpurea* 线粒体基因组之间近期发生的水平基因转移所致。该线粒体基因组的另一个重要特征是含有两段长度为291bp、能发生同源重组的反向重复序列，另外在编码区及基因间区也存在大量的序列多态性。进一步的线粒体基因组分析显示，红藻的线粒体基因组大小和排列顺序通常较为一致，而系统发生研究则证明了红藻、绿藻和植物有着共同的祖先。

藻类线粒体基因组（mtDNA）大小一般集中在15～70kb之间，大多数为环状结构，少数物种为线性分子。例如，一种单细胞绿藻 *Polytomella parva* 的线粒体基因组包含两种不同大小的线性 mtDNA 分子，分子量分别为13.5kb和3.5kb，这是绿藻线粒体基因组存在两种不同 DNA 分子的首次报道。这种同一个体内存在不同 mtDNA 形态的现象称为 mtDNA 的异质性，主要指 mtDNA 在个体水平上表现出的变异。这种单细胞绿藻中存在着两种大小不同 mtDNA 的现象，打破了传统上认为藻类不存在 mtDNA 异质性的观念。另外，藻类线粒体基因组的大多数基因均由重链（H-链）编码，鸟嘌呤和胞嘧啶（G+C）的含量较低。在已测定的藻类线粒体基因组中，鸟嘌呤和胞嘧啶的含量范围在 22%～55.4%之间，平均含量为 34.5%。

在进行光合作用的真核生物中，红藻的叶绿体基因组含有的基因最为丰富。譬如，单细胞温泉红藻（*C. merolae*）的线粒体基因组大小为 32.2kb，包含 35 个编码蛋白的基因和 28 个 RNA 基因，这是目前已知红藻种类中最大的线粒体基因组。而 *C. merola* 叶绿体基因组中含 234 个基因，其中 208 个为编码蛋白的基因。通过对红藻线粒体基因组的比较分析，发现了线粒体基因组在进化过程中基因含量、基因结构和基因组组织以及基因转移和基因获取的线索。例如，红毛菜纲的线粒体基因组通常比真红藻纲的大，并且不同谱系之间存在广泛的基因重排。此外，细胞器基因组还揭示了基因结构和组成变化，可筛选合适的特异性分子标记，确认或更新物种的分类地位，为品种选育提供重要的遗传资源。

8.2.2.4 褐藻细胞器基因组研究的热点

细胞器基因和细胞器基因组是重要系统发育标记，主要用于物种鉴定及重建近期演化和深层次物种间进化关系。叶绿体和线粒体基因组中碱基替换速率和基因组结构重排是长期研究重点，在重构和理解基因组进化的基本模式方面有重要作用。叶绿体 tRNA-Leu 内含子位点在整个褐藻物种的分布并不一致，表明内含子丢失在不同物种之间可能很常见。而在许多褐藻叶绿体 tRNA-Leu 上存在的Ⅰ型内含子，也存在于参与初次内共生事件的蓝细菌内共生体中。

褐藻的线粒体基因组包含 173 个常见的核心基因：141 个蛋白质编码序列和 3 个独特的 rRNA 基因（反向重复），28 个（最多 31 个）tRNA 基因，以及 *rps4* 和 *ycf65* 之间广泛保守的 ORF（比之前基因总数略增加）。反向重复区长度约为 5500bp，主要包含 rRNA 基因，偶尔捕获侧翼基因 *ycf37* 和 *rpl21*（重复区域也有大于 8600bp 的，如长囊水云）。褐藻线粒体基因组大小在 37097～52071bp 之间，A+T 含量为 59.24%～67.74%，与其他已测序的不等鞭毛类细胞器基因组一致。褐藻裙带菜线粒体基因组由 35 个蛋白质编码基因、3 个 rRNA 基因、25 个典型 tRNA 基因和 3 个广泛保守的 ORF 组成。

在几乎所有的褐藻系统发育分支中，线粒体的同义（dS）和非同义（dN）分歧率都是叶绿体的好几倍（图 8-5）。比较单个基因的替换率发现，线粒体 dN 和 dS 值基本高于叶绿体，尽管也有部分重叠。线粒体基因相对于叶绿体基因的非同义差异较大，可能反映了细胞器之间突变率存在潜在差异。蛋白编码基因 dN/dS 比值分析表明，主要褐藻类群的细胞器基因 dN/dS 中位数都≪1，表明都经过了强烈的纯化选择。但不同种类基因的 dN/dS 值存在显著差异（ANOVA 分析，$p<0.001$）。光系统基因的 dN/dS 比值特别低，代表其经受更强的纯化选择。光系统Ⅱ基因的 dN/dS 值比核糖体基因要低很多，证明其经受更强的纯化选择。褐藻线粒体基因比叶绿体基因 dN/dS 值更高（后验概率，$p<0.001$）。与核糖体基因相比，ATP 基因在两种细胞器具有相似的 dN/dS 值，表明基因功能和细胞器类型间存在相互作用。

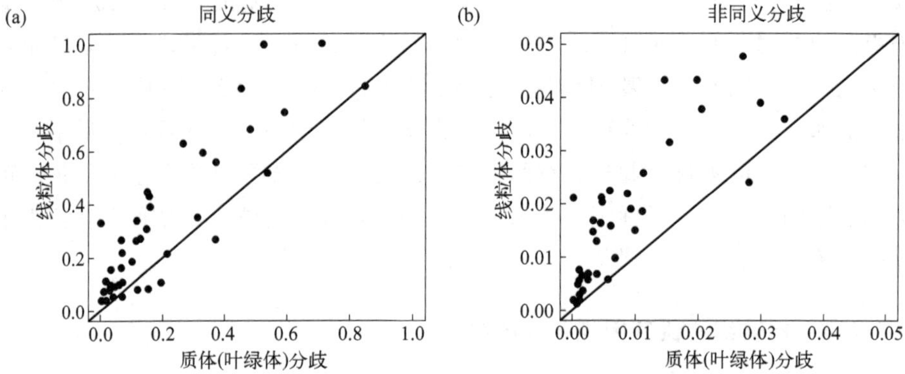

图 8-5　褐藻线粒体和叶绿体蛋白编码基因的同义（a）和非同义（b）分歧率估算（改自 Starko et al，2021）

绿藻和陆地植物线粒体的分子序列进化速率慢于叶绿体（反向重复序列除外），而褐藻细胞器间进化模式与先前观察到的这一模式刚好相反。虽然突变率变异的驱动因素还不完全清楚，但可能反映了细胞器之间及分类学单元之间 DNA 复制效率的差异，而内共生在这些历史事件中可能起到重要作用。

8.2.2.5　绿藻石莼的细胞器基因组研究

中国科学院海洋大科学研究中心团队近年来对石莼属海藻细胞器基因组开展进化方面的系列研究，将线粒体和叶绿体基因组作为分子标记来分析石莼属绿藻在种内和种间水平上的物种多样性，首次揭示石莼属绿藻线粒体和叶绿体基因组在种内和种间水平上的进化特点，系统分析细胞器基因组结构特点和基因含量、外源 DNA 片段整合和来源、内含子动态变化和多样性、内含子编码蛋白系统进化关系、属内物种演化关系等，获得多个重要发现。通过比较来自中美不同形态型石莼（如扁浒苔等）的线粒体和叶绿体基因组，发现石莼的细胞器基因组在种内水平上存在多重剧烈变动（如基因含量、外源 DNA 片段整合、内含子含量、基因组结构、重复序列丰度等）。在石莼属线粒体基因组中，整合的外源 DNA 片段广泛存在于 DNA 指导的 RNA 聚合酶基因 *rpo*，并且绝大多数 *rpo* 基因突变造成不同程度的断裂，而叶绿体基因组中存在细菌来源的酪氨酸型重组酶/整合酶基因、依赖于 NAD 的 DNA 连接酶基因等特异基因。石莼属绿藻细胞器基因组普遍存在Ⅰ型和Ⅱ型内含子，且丰度高、多样性高、内含子家族多。在种内水平上，Ⅰ型和Ⅱ型内含子均存在剧烈动态变动，且存在频繁的归巢现象；在种间水平上，内含子家族存在显著退化现象，部分内含子不仅在石莼属绿藻线粒体或叶绿体基因组内部发生扩张，而且在线粒体和叶绿体基因组之间也存在一定程度的转移和扩张。石莼属绿藻 IB 型内含子 LAGLIDADG 归巢酶和Ⅱ（LHE）型内含子 LAGLIDADG 归巢酶之间存在重要的遗传进化关系，这颠覆了对Ⅰ型和Ⅱ型内含子关系的认知。基于细胞器基因组的物种进化树发现，石莼属绿藻在早期已分为两个独立的进化支系，呈现双冠辐射进化模式。这丰富和加深了对石莼属物种多样性和系统演化关系的认识。

8.3 藻类转录组学研究

后基因组时代最重要的技术进展是转录组学、蛋白质组学和代谢组学等相继出现，其中，转录组学是率先发展起来并应用最广泛的技术。在现有藻类学研究中，转录组学技术应用的主流是分析基因表达水平的变化，通过不同实验条件处理的藻类样品来分析和寻找与不同环境因子调控有关的新基因或通过发育过程的不同时间点取样来研究生物学性状相关基因的表达情况（Zhang 等，2021）。转录组测序技术的日益完善和测序费用的大幅下降使这类研究逐步变得常规化和标准化。譬如，浒苔（*U. prolifera*）是近年来在中国黄渤海地区形成绿潮的典型绿藻，其特征之一是当条件适宜时能在短时间内快速繁殖，实现生物量的大量积累，据此推测石莼的光合作用效率（特别是碳固定途径）较为高效。为此，中国对绿潮暴发期的浒苔进行了转录组测序，发现了参与 C_3 和 C_4 光合作用的基因。功能富集分析发现，参与 C_4 途径的关键酶丙酮酸磷酸双激酶、磷酸烯醇式丙酮酸羧化酶和磷酸烯醇式丙酮酸羧激酶的高活性表达可能有助于浒苔的广泛分布及在黄海藻华现象的频发。下面主要关注基于转录组测序的藻类系统演化关系和历史重建，以及利用转录组技术来研究藻类入侵的分子机制。

8.3.1 基于转录组测序的绿藻起源与演化历史重建

绿藻门是绿色植物的重要分支之一，在全球生态系统功能维持中发挥重要作用。石莼纲作为绿藻门的主要类群，在海洋中以大型肉眼可见的种类为主，是沿海生态系统重要的初级生产者，因细胞形态多样性而具有独特进化意义。石莼纲是绿藻门的重要代表类群，但其内部系统发育关系、起源时间以及细胞形态的演化历史一直存在争议。

2022 年，南京师范大学钟伯坚团队对石莼纲（Ulvophyceae）中 11 个藻株的转录组数据测序，通过对细胞核中单拷贝直系同源（ortholog）基因的比较和系统发育分析，构建了石莼纲可靠的系统演化树，支持石莼纲绿藻是多系类群的观点，而不完全谱系分选（ILS）在石莼纲的快速辐射进化过程中发挥重要作用，相关成果在 *Nature Communications* 发表。该研究还发现羽藻目（Bryopsidales）和绿藻纲（Chlorophyceae）互为姐妹群，其余石莼纲物种聚为一支（图 8-6），进一步利用祖先状态重建分析表明，石莼纲不同谱系的宏观进化是由单细胞祖先独立进化而来，且石莼纲藻类起源于中元古代-新元古代。这重建了石莼纲的系统发生框架历史，为理解海洋生态系统及绿藻的演化与创新提供了研究基础。

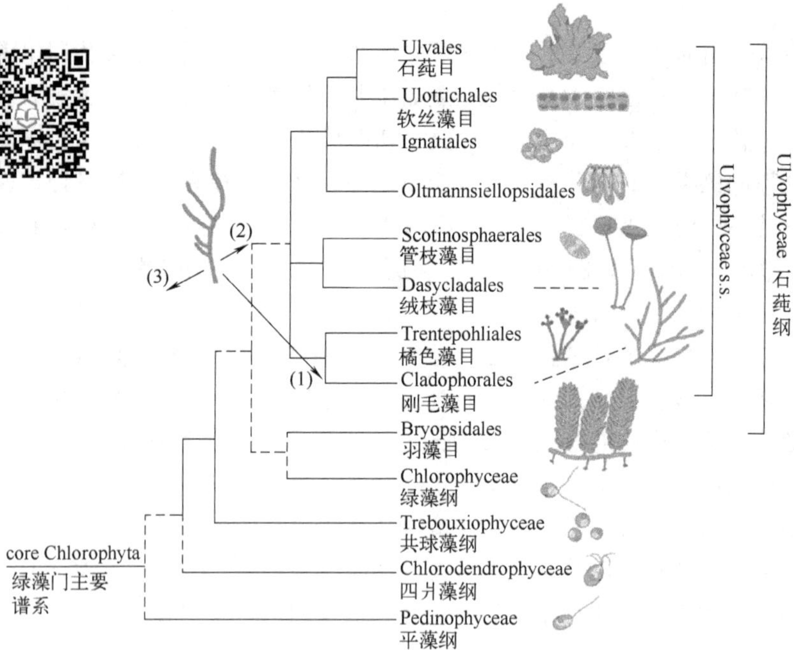

图 8-6　绿藻门主要谱系的系统发育框架

谱系之间系统发育关系不确定的用虚线表示。箭头表示藻类化石 *Proterocladus antiquus* 用于系统进化时间的分子标定时采用的三种不同策略（详见原文 Hou et al，2022）

8.3.2 基于转录组测序的海藻生物入侵分子机制研究

生物入侵是生物因自然或人为因素从起源地扩散到新环境，并对当地生物多样性和生态系统结构及功能等造成影响的过程。生物入侵的危害数不胜数，它能破坏生物多样性，加速某些物种的灭绝，导致物种互作网络失衡，对世界范围内生物多样性和生态环境以及人类和其他动物健康造成威胁。对海洋环境而言，入侵物种已经对生物多样性、食品安全以及沿海生态系统造成重要影响。目前，人类活动介导的大型海藻入侵已对近岸海洋生态系统和当地环境造成多重负面影响。例如，真江蓠（*Gracilaria vermiculophylla*）是一种大型入侵性海藻，原产西北太平洋，在过去 100 年间迅速入侵到北美、欧洲和地中海等沿海栖息地。真江蓠具有抵抗不良环境胁迫的特性。相对于起源地种群，入侵地的真江蓠种群扩散到新环境后，迅速暴露于新的附生植物、摄食者或微生物附生体环境，受到各种生物和非生物胁迫。相较于起源地，入侵地的真江蓠种群遗传多样性并没有显著减少，同时，真江蓠从太平洋扩散到大西洋可能存在多次入侵过程。但真江蓠从起源地（日本东北地区）入侵欧洲和北美并适应当地生境的分子机制仍未知。

2023 年，烟台大学胡自民团队联合利用同质园实验（common garden experiment）和转录组技术（包括 microRNA 测序）对来自起源地和入侵地的多个真江蓠种群开展基因组尺度的基因表达差异研究，初步揭示其适应入侵地生境的分子机制，相关结果在 *Molecular Ecology*（分子生态学）发表。他们在起源地（日本北部 2 个种群）和入侵地（欧洲 2 个种群，美国 2 个种群）间鉴定到 59 个在入侵-起源（共 8 组）两两间共表达的差异基因（图 8-7），大多数基因与真江蓠的代谢途径有关，包括光合作用、非生物胁迫以及激素生物合成等。另外，起源地和入侵地之间、基于差异表达 microRNA 的靶基因两两配对关联分析显示，某些 microRNA 通过表观遗传机制对靶基因进行正向或负向调节，大多数与真江蓠的代谢和防御能力相关（如金属转运蛋白 Nramp5、衰老相关蛋白、细胞壁相关水解酶、ycf68 蛋白和细胞色素 P450 TBP）。真江蓠起源地和入侵地种群间的基因表达差异结果表明，代谢过程中的资源再分配很可能是驱动真江蓠适应和耐受新的生境的主要分子机制。这项研究为深入理解入侵海藻如何适应新的环境提供了新的视角，同时为潮间带海洋生物如何响应环境变动提供了重要分子证据。

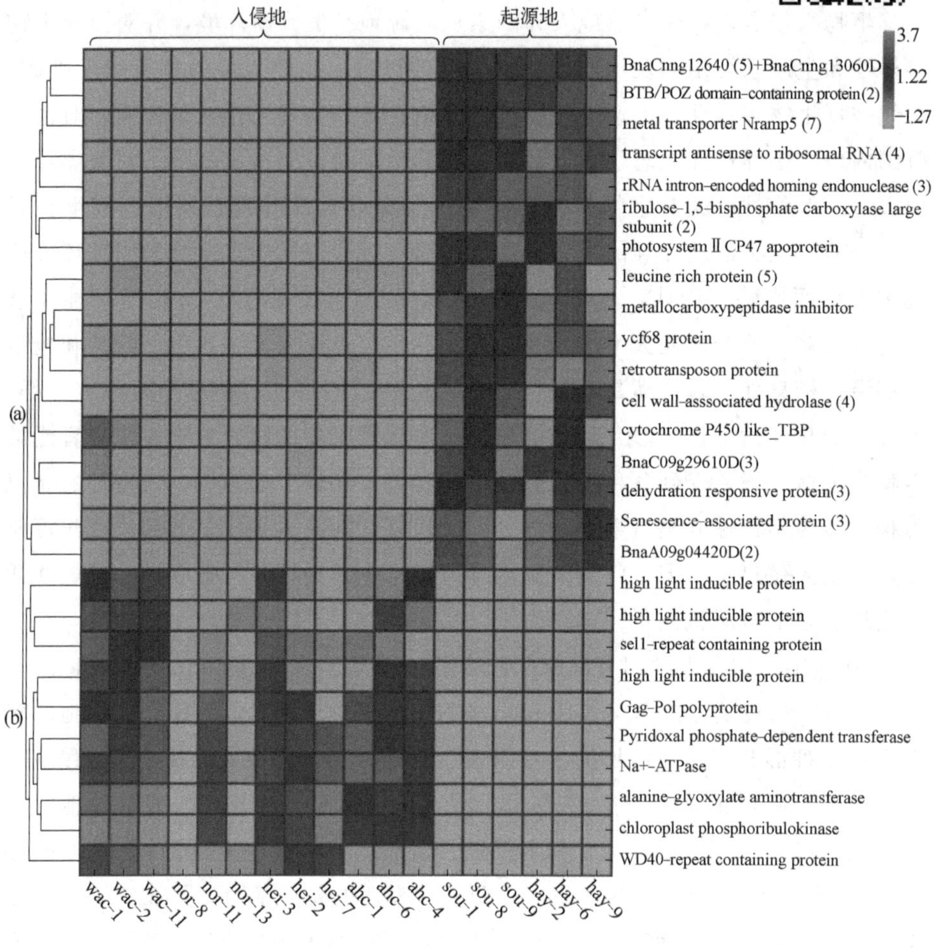

图 8-7　真江蓠入侵地和起源地种群之间 59 个基因的差异表达情况

（a）表示这些基因在起源地的表达显著高于入侵地；（b）表示这些基因在起源地的表达显著低于入侵地

8.4　藻类代谢组学研究

代谢组与转录组整合分析有助于理解基因功能及其在代谢途径中的调控。藻类是海洋重要的可再生资源之一，具有与陆生植物截然不同的形态和生理过程。海藻在潮间带营固着生长，经受干燥、光照、紫外辐射、盐度、潮汐流等周期性变化引起的缓慢胁迫，可能具有独特的生物过程和适应机制。近年来海藻转录组学取得了一定进展，但控制各种生化途径的遗传调控研究仍处起步阶段。代谢组学研究提供细胞催化和调节过程的基本信息，能解密海藻和环境相互作用涉及的代谢反应。从功能基因组学、系统生物学和生物技术角度开展藻类代谢组学研究，可揭示藻类中各种调控网络。海藻代谢物轮廓分析已开展几十年，但仅限于脂质及其衍生物等靶向识别类代谢物。类菌胞素氨基酸和卤代化合物是另一类常用于研究海藻应激反应的靶向代谢物家族。与陆生植物代谢物参考库相比，海藻代谢组学还处于起步阶段（图 8-8）。

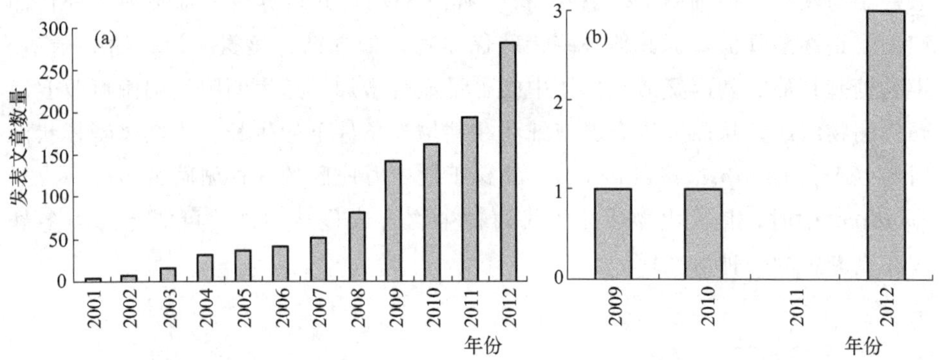

图 8-8　分别以“代谢组学、植物”和“代谢组学、海藻”为关键词在 Web of Science 数据库搜索得到（a）植物和（b）海藻代谢组学研究有关的论文发文量（改自 Gupta et al，2014）

虽然代谢物种类丰富多样，但可根据不同的质量、质量/电荷比、离子化等使用通用的工具、平台和技术分析不同的代谢物。目前，多种分析平台被广泛用于代谢物图谱分析，主要包括气相色谱-质谱联用（GC-MS）、液相色谱-质谱联用（LC-MS）、毛细管电泳-质谱联用（CE-MS）、核磁共振（NMR）光谱、傅里叶变换红外光谱和拉曼光谱等。其中，基于 MS 和 NMR 的方法最流行。基于 MS 的方法是代谢物轮廓分析的最优技术，具有中高灵敏度、高重现性以及基于电子电离和电荷质量比的优越分离潜力。

水云属（*Ectocarpus*）海藻代谢物信息与其他功能基因组学表达整合分析可揭示其对盐度的反应，发现可通过盐胁迫诱导的腐胺降解途径合成 γ-氨基丁酸。基因组的改变在代谢物水平上可稳定藻类从淡水到海洋生境的进化定殖转换（Dittami 等，2011）。与陆地同类相比，海藻仍存在少见的生理状态和行为，还需进行更多探索。例如，海藻细胞壁生物合成是一个复杂现象，红藻细胞壁中含有杂多糖琼脂和卡拉胶，褐藻细胞壁中含有海藻酸盐，而石莼纲绿藻细胞壁含有石莼聚糖，对这些亲水胶体生物合成机制的深入了解有助于开启遗传操作研究的大门，最终改善海藻外部性状。同样，褐藻脂氧化物生物合成机制表现出与动植物同源的基因簇。Gupta 等（2014）在海藻中报道了亚磺酸类化合物及其衍生物，但仍需探索生物合成途径及其在自由基解毒中的作用。在传统研究方法中，共表达研究是在特定生理或环境条件下，对某一特定时间点的生物体进行代谢组学和转录组学联合分析，mRNA（基因）和目标代谢物之间的共表达匹配决定同源表达。可通过反向遗传学方法敲除该基因，从而鉴定相关联的代谢物及其功能，有利于发现基因调控网络与特殊代谢通路之间的关系，为在海藻中靶向生产特殊代谢物开辟新途径。代谢组学指纹图谱显示，坛紫菜与藻际环境细菌 *Bacillus* sp.（WPySW2）共培养后，细胞内各种代谢产物含量逐渐降低，但其他一些特殊代谢物，如乳糖、丝氨酸、甘油-3-磷酸、半乳糖基甘油酯和丙氨酸在藻体中的含量显著增加。这表明附生细菌可改变海藻代谢物组成，从而促进海藻与细菌在共培养条件下的生长。当红藻紫杉状海门冬（*Asparagopsis taxiformis*）暴露于地中海地区的一种珊瑚 *Astroides calycularis* 中时，具有生物活性的代谢物生物合成显著增加，可能是海门冬暴露在珊瑚中的一种潜在保护。

第9章

多组学技术在蟹类研究中的应用

蟹类属节肢动物门、软甲纲、十足目、短尾下目。虽然歪尾下目瓷蟹、寄居蟹、椰子蟹等也被称为蟹，但与短尾下目真正的蟹类（真蟹类）不同。全世界蟹类4700余种，中国有近800种。蟹类体型多宽扁，少数窄长，具头胸甲，形状多样，有圆形、梭形、扇形、方形等。腹部扁平退化，折在头胸甲下方，雌蟹腹部较宽而雄蟹较窄。绝大部分蟹类生活在海水，少数在淡水。蟹类多为杂食性，部分为肉食性，少数刮食或滤食藻类及有机碎屑。

9.1 蟹类基因组学研究

尽管国际上早在1997年就提出水产养殖动物基因组计划，由于甲壳类基因组的高度复杂性，要获得高质量的基因组有诸多困难，故蟹类基因组数据很少。随着第二代和第三代测序技术的突破以及高复杂度的基因组序列组装策略的发展，甲壳动物基因组被不断破译和公布，为蟹类的分子生物学和遗传学研究，尤其是进化研究及其应用开辟了新道路。

9.1.1 梭子蟹科蟹类基因组研究

三疣梭子蟹（*Portunus trituberculatus*）广泛分布于韩国、日本和中国沿海，属大型海洋经济蟹类。2020年，盐城师范学院唐伯平团队（Tang等）联合利用二代测序、Nanopore和Hi-C等技术获得三疣梭子蟹高质量基因组图谱，大小为1.00 Gb，contig N50长度为4.12Mb，注释到16796个蛋白编码基因，完整性为94.7%，基因组重复序列为54.5%，组装获得染色体50对，装配率为97.80 %，Hi-C的N50为21.79Mb。系统进化研究发现，三疣梭子蟹与中华绒螯蟹亲缘关系最密切，在1.835亿年前开始出现分化。2022年，中国水产科学研究院黄海水产研究所再次发表三疣梭子蟹染色体水平的全基因组，基因组大小为1.2Gb，其中79.99%的scaffold序列组装成53条染色体，contig和scaffold的N50分别为108.7kb和15.6Mb，注释到19981个蛋白编码基因，简单重复序列占49.43%。比较分析发现，C2H2锌指蛋白家族是基因组中唯一扩张的基因家族，与蟹的进化密切相关。研究进一步分析揭示了三疣梭子蟹盐度适应、免疫能力以及快速生长的分子基础，并在三疣梭子蟹基因组中定位了Y染色体的特异性区域，发现*Dmrt 1*是该区域的关键性别决定基因。

拟穴青蟹（*Scylla paramamosain*）是中国两大主要海水养殖蟹之一，年产量达16万吨，具有非常重要的经济价值。由于缺乏高质量基因组信息，分子育种进展相对缓慢。中国水产科学研究院东海水产研究所用混合测序和复合组装策略于2021年成功破译拟穴青蟹染色体水平的基因组图谱，获得首个青蟹基因组参考图谱，完成1.55Gb的青蟹全基因组组装，组装成49条染色体，平均染色体长度29Mb，覆盖预测基因组大小的95.1%，编码17821个蛋白，contig N50达191kb。基因组水平的进化分析发现，拟穴青蟹与梭子蟹在42.51百万年前分化，拟穴青蟹、三疣梭子蟹和中华绒螯蟹在染色体水平具有多次复制或融合事件，青蟹有效群体大小在更新世末期经历一次瓶颈期。基因家族分析发现，蟹类较对虾在视觉方面呈现相反的进化路径。此外，对在化学信号感知中发挥作用的谷氨酸受体家族分析发现，十足目甲壳动物、非十足目甲壳动物和昆虫呈现出不同的进化方向。

日本蟳（*Charybdis japonica*）是梭子蟹科、蟳属的一种中型海水经济蟹类，主要分布于中、日、韩等海域的低潮线至50m水深处。浙江海洋大学Han等（2022）用Illumina、PacBio和Hi-C等测序技术构建染色体水平的日本蟳基因组，大小为1431.02Mb，scaffold N50为29.67Mb，包含51条染色体，注释到30900个蛋白编码基因、824.02Mb重复元件、474个microRNAs（miRNAs）、15570个转运RNA（tRNAs）、309个核糖体RNA（rRNA）、157个小核RNA（snRNA）。基因组分析发现，第37染色体0-10120000bp区域为日本蟳的性别决定区，通过比较基因组分析鉴定出832个梭子蟹特有基因家族，且发现日本蟳可能通过代谢速率、供氧、氧化应激以及各种转运蛋白相关基因的扩张来克服干旱环境的多重胁迫。

蓝蟹（*Callinectes sapidus*）是一种重要的经济类梭子蟹，广泛分布于南北美洲大西洋海岸的温带和热带地区，是美国一些地区的重要渔业物种。在沿海栖息地，蓝蟹既是许多小型无脊椎动物的主要捕食者，也是海鸟、海龟和大型鱼类的猎物。马里兰大学 Bachvaroff 等（2021）破译了蓝蟹基因组，组装的 scaffold N50 为 18.9Mb，contigs 为 9317bp，预测了 25249 个蛋白编码基因。BUSCO 评估中 88%（888/1013）为完整的单拷贝，通过比较基因组研究发现，蓝蟹和三疣梭子蟹在核酸、蛋白质和染色体水平上有很强的相似性。

Liu 等（2022）用二代测序方法对三疣梭子蟹、日本蟳和蓝蟹的基因组进行测序、组装，经对比分析发现，三个物种的基因组具有较高的杂合度（>1.2%）和较高的重复序列含量（>50%），且有 40 个长保守片段（>5000bp），其中大部分参与心脏相关的生物过程。此外还发现，由于在相同的栖息范围内基因组受到相同的环境选择，导致三疣梭子蟹与日本蟳的基因组具有较高的相似性，然而，环境选择下编码 DNA 和非编码 DNA 进化速率的不同导致基因组相似性和系统发育关系的不一致。

9.1.2 弓蟹科蟹类基因组研究

中华绒螯蟹（*Eriocheir sinensis*）俗称河蟹，属节肢动物门、软甲纲、十足目、弓蟹科蟹类，是世界上最重要的淡水经济蟹类，目前中国年产量为 80 万吨左右，是研究最多、经济上最重要的甲壳类动物之一。中华绒螯蟹头胸甲呈圆方形，后半部宽于前半部，生活史存在溯河洄游和降河洄游特征。Song 等（2016）用 Illumina HiSeq2000 平台对中华绒螯蟹进行全基因组测序，共产生 258.8Gb 原始读长，获得由 17553 个 scaffold（>2kb）组成的基因组图谱，大小为 1.12 Gb，N50 为 224kb，鉴定了 14436 个基因。2020 年，唐伯平等（Tang 等，2020）构建中华绒螯蟹的基因组图谱，大小为 1.27Gb，contigN50 为 3.19Mb，G+C 含量为 43%。BUSCO 评估其完整性为 94.00%，重复序列在基因组中占 61.42%，注释蛋白编码基因 22619 个。比较基因组学分析表明，中华绒螯蟹在 3.736 亿年前与南美白对虾开始分化，但其进化速度比对虾快，有助于研究中华绒螯蟹发育的分子机制和种群遗传多样性。随着测序技术的进一步发展，Cui 等（2021）再次报道中华绒螯蟹的染色体锚定参考基因组，展示了螃蟹特定基因家族（如 F-ATP 酶）的扩张，揭示 *Hox* 基因的下调可能导致短尾化，发现雄性甲壳类动物通过产生和分泌 IAG 来诱导和维持雄性化。

肢体再生是有趣且迷人的医学特征，节肢动物谱系，特别是甲壳类动物中华绒螯蟹的肢体再生特性得到很好保留。通过分析中华绒螯蟹染色体水平的基因组及大规模转录组数据发现，与信号转导、免疫反应、组蛋白甲基化和角质层发育等相关的节肢动物特异性基因参与肢体再生过程，特别是Innexin2介导的信号转导以及甲壳类动物特异性酚氧化酶系统（ProPo-AS）介导的初始免疫反应可能在再生早期阶段发挥至关重要的作用；随后，细胞增殖、肢芽生长过程以及表皮和外骨骼的形成等生理活动先后启动并参与再生过程。

9.1.3 歪尾下目蟹类基因组研究

歪尾下目又称异尾下目、歪尾亚目，虽然其中大多数生物的名称有一个“蟹”或“虾”字，但与俗称螃蟹、虾、螯虾的生物分属不同的物种，不属于真正的蟹类。

帝王蟹（*Paralithodes platypus*）属节肢动物门、软甲纲、十足目、歪尾亚目、石蟹科动物，大小从5斤多到10多斤不等，最大可达20斤左右，主要分布于白令海峡、阿拉斯加海域、挪威巴伦支海、智利海域等几百米深的海底，其肉质鲜美，是无数食客喜爱的食材。全世界帝王蟹的年产量最高达6万吨，而中国每年进口量超过万吨。由于具有重要的经济价值、较高的繁殖率、独特的身体结构和极强的深海适应能力以及在蟹类进化上的特殊地位，帝王蟹一直是学术界关注的重点。目前蟹类中最大的基因组——蓝帝王蟹基因组大小为4.77Gb，N50为51.15Mb，染色体数目为208条，是目前甲壳动物中解析出的染色体数量最多的物种。基因组分析发现，基因组中存在大量重复序列，特别是长分散元件和长串联重复序列，发现歪尾蟹类（帝王蟹）和短尾蟹类（河蟹和梭子蟹）的亲缘关系最近，其分化时期为距今2.7亿年前的二叠纪晚期，而且帝王蟹种群在历史上经历了十分明显的种群衰退和种群扩张过程。最后，还发现在蓝帝王蟹环境适应和独特的身体规划性进化中发挥重要作用的与发育途径、类固醇和甲状腺激素合成以及炎症调节相关的基因家族。

椰子蟹（*Birgus latro*）属十足目、歪尾亚目、陆寄居蟹科动物。椰子蟹复杂的生命周期始于陆地成年雌性特异性造访潮间带并将溞状幼虫在海浪中孵化。在海洋中漂流数周后，幼体定居在浅海潮下带，经历蜕变，早期幼体随后到达陆地，经历进一步的生理变化，从而阻止再次进入海洋。Veldsman等（2021）对椰子蟹的基因组进行了测序、组装和分析。通过与长尾中华锦绣龙虾（*Panulirus ornatus*）和堪察加拟石蟹（*Paralithodes camtschaticus*）的基因组进行比较，探索了异尾动物蟹样形态的平行进化，发现三个物种基因组均较大，且重复序列和A+T含量丰富。椰子蟹还经历了与视觉、呼吸、嗅觉和细胞骨架系统相关的基因增殖，具有通过补充线粒体和微管功能的核蛋白编码基因来提供细胞能量的独特机制。最后，推测一种与角质层相关的外被体基因 *gammacop* 在成年椰子蟹腹部硬化中发挥作用，从而减轻陆地环境的干燥对自身的伤害，揭示了椰子蟹对陆地生活的适应。

9.2 蟹类转录组学研究

9.2.1 青蟹转录组学研究

9.2.1.1 转录组技术在青蟹性别方面的应用

拟穴青蟹（*Scylla paramamosain*）雌雄个体在生物学和经济价值方面存在明显差异，故近年来其性别决定和性腺分化的分子调控机制研究受到广泛关注。Gao 等（2014）比较分析拟穴青蟹精巢和卵巢的转录组数据，鉴定出 4021 个性腺差异表达基因、10522 个卵巢特异性表达基因和 19013 个精巢特异性表达基因，并尝试构建甲壳类动物性腺发育的调控网络，还鉴定出 8610 个潜在的 SSR 和 23879 个潜在的 SNP。Yang 等（2017）用 Illumina Hiseq 2500 测序平台进行拟穴青蟹性腺转录组测序，从卵巢和精巢的 cDNA 文库中获得 262688 个 unigene，其中 316 个存在性别差异表达，鉴定出与性别决定和性腺发育途径相关的同源基因（*SXL-Tra/Tra-2-dsx/Fru*、*Wnt 4*、甲状腺激素合成基因等）。Cui 等（2021）用单分子长读长技术（SMRT）和第二代 RNA 测序技术构建拟穴青蟹精巢和卵巢的全长转录组，注释到 5369 个基因和 213809 个新转录本，并分别从 8430 个和 3090 个基因中检测出 349854 个选择性剪接（AS）事件和 5129 个多聚腺苷酸位点，提示 AS 可能在性腺发育成熟中起重要作用，助力青蟹性别决定和性腺分化的分子机制探索。

在性腺分化前，拟穴青蟹驱动性别二态性的关键因子及其作用机制也受到重点关注。Lin 等（2019）用 SMRT 结合 NGS 测序分析拟穴青蟹雌雄性腺分化状态的分子水平差异，发现在性腺分化之前，性别差异表达基因在转录水平上存在较小差异，但参与类固醇生物合成的雌二醇 17-*β*-脱氢酶 8（17β-HSD8）基因可能促进雌蟹分化。Waiho 等（2017）对榄绿青蟹未成熟、成熟中和成熟阶段的精巢进行从头转录组测序，通过比较发现，β 晶体蛋白样基因适合作为不成熟阶段的雄性标记基因，其在未成熟阶段上调，在成熟中和成熟阶段下调。

除用于解析全基因转录图谱以外，转录组测序技术还是鉴定性腺发育调控靶基因的重要手段，例如，非脊椎动物中抑制卵黄形成的神经肽（NP）基因，胰岛素样肽（ILPs）信号通路关键因子 Sp-PI3K、Sp-Akt、Sp-Rheb 和 Sp-TOR 同源基因，调节拟穴青蟹卵黄蛋白原基因表达的 *SpDDX20* 和 *SpFTZ-F1*，在性别二态性中起着至关重要作用的 *sox* 基因家族 *SpSox 14b*、*SpSox 21*、*SpSox 9* 和 *Dmrt* 基因家族成员 *Spdmrt-like*、*Spdmrt-1a*、*Sp-dmrt-3*、*Spdmrt-11E*、*Spidmrt-1*、*Spdoublesex*（*Spdsx*）、*Spidmrt-2*，以及参与卵巢发育、颗粒细胞分化、卵泡发育和卵母细胞生长等多种生理过程的 *FOXL 2* 基因等（Liao 等，2020）（Wan 等，2021）。

将 RNAi 技术和比较转录组学方法相结合，对鉴定的重要基因进行功能研究，有助于理解其在拟穴青蟹性腺发育调控中的重要作用。Wan 等（2022）利用 RNAi 和 RNA-Seq 技术初步鉴定 *Spdsx* 在拟穴青蟹卵巢中的潜在靶基因为卵黄蛋白原（Vtg）、VTG 受体（VtgR）、载脂蛋白 D、腺苷环化酶 3、腺苷环化酶 5、细胞周期蛋白 A、细胞周期蛋白 B 和细胞分裂周期 2 蛋白（Cdc2）基因，并推测 Spdsx 是拟穴青蟹卵巢发育的重要调控因子。通过比较转录组研究 *FoxL-2* 在甲壳类动物中的功能，发现与拟穴青蟹卵巢发育相关的基因（*vtg*、*vtgR*、*AC*、*Cyclin B*、*CDC 2*）和通路（松弛素信号通路、卵巢类固醇合成和孕酮介导的卵母细胞成熟通路）。

此外，转录组测序也被用于鉴定性腺发育或性别调控的非编码 RNA，如：miRNA、piRNA 和 lncRNA 等。Jia 等（2018）利用 Illumina/Solexa 测序技术检测拟穴青蟹 miRNA 组，鉴定出 1417 个 miRNA，其中 514 个物种特异性 miRNA 在雌雄性腺中共同表达，336 个和 567 个 miRNA 分别在卵巢和精巢中偏向性表达，还发现 13 个和 2 个 miRNA 分别在精巢和卵巢特异性表达，并鉴定到 5 个性别差异表达 miRNA（spa-miR-9c、spa-miR-279e、spa-miR-263a、spa-miR-263b、spa-miR-9）可用于性腺发育调控的分子机制研究。Waiho 等（2019）成功在拟穴青蟹性腺转录组数据中鉴定到 10 个已知 miRNA 和 130 个新 miRNA，包含 54 个可能在拟穴青蟹性别决定和分化过程中发挥关键作用的差异表达 miRNA，还发现 miRNA 与靶基因表现出一对一、一对多、多对一和多对多的调控关系。piRNA 是与 Piwi 蛋白相互作用的 RNA，广泛存在于生殖细胞，参与配子发生和性腺发育。此外，从拟穴青蟹性腺转录组鉴定到 11591 个新 piRNA，其中 596 个在精巢和卵巢差异表达，预测了 389887 个潜在 piRNA 靶向基因，发现 piRNA 靶基因参与配子发生和繁殖相关的通路。Yang 等（2017）从拟穴青蟹卵巢和精巢的转录组数据获得 233078 个 lncRNAs，其中 147 个具有显著的性别表达差异。

9.2.1.2 转录组技术在青蟹免疫学方面的应用

为评估拟穴青蟹感染白斑综合征病毒（WSSV）或溶藻弧菌的机体免疫反应，解析甲壳动物感染免疫应答的分子机制，Zhu 等（2018）对感染 WSSV 和溶藻弧菌的拟穴青蟹血淋巴进行转录组测序，发现溶藻弧菌感染和 WSSV 感染分别导致 13172 个和 5087 个转录本差异表达，溶藻弧菌感染导致 5920 个转录本上调，7252 个转录本下调，WSSV 感染导致 2302 个转录本上调，2785 个转录本下调，3096 个转录本在感染后存在表达差异。

通过构建感染 WSSV 后血淋巴 miRNA 转录组数据库，可尝试解析 miRNAs 在拟穴青蟹应对病毒入侵过程中的作用机制。Lai 等（2020）发现不同感染时间导致不同数量 miRNA 表达变化，通过介导多种信号通路作用于免疫过程，细胞膜胞吞途径是最重要的生物过程。Ren 等（2020）在拟穴青蟹血淋巴的 miRNA 转录组数据中发现，46 个 miRNA 在 WSSV 感染个体中特异性转录，差异表达的 miRNA 主要与血淋巴免疫反应的变化有关。这不仅丰富了 miRNA 在先天免疫系统中的功能，还为预防甲壳类动物 WSSV 感染提供一些新的潜在靶点。

副溶血性弧菌和青蟹呼肠孤病毒（mud crab reovirus，MCRV）给青蟹养殖造成一定的经济损失。Cheng 等（2020）基于转录组测序技术分别研究拟穴青蟹肝胰腺和血淋巴对副溶血性弧菌的免疫应答机制，发现 1327 个基因作用于青蟹的免疫应答反应，Toll、免疫缺陷（IMD）和原酚氧化酶信号通路在抗菌免疫中发挥重要作用。Xie 等（2014）构建副溶血性弧菌感染的血淋巴转录组并发现相似免疫机制，检测到 1213 个差异表达基因，参与刺激 Toll 通路、免疫缺陷（IMD）通路、Ras 介导的内吞作用和酚氧化酶原激活系统（proPO-AS）等各种免疫过程。Liu 等（2017）采用 NGS 测序技术和生物信息学技术分析被 MCRV 感染与正常拟穴青蟹转录组间的差异，获得 13856 个差异表达基因，其中 4444 个显著上调，9412 个显著下调。

转录组技术不仅在解释青蟹免疫反应中发挥重要作用，还被用于探索抗菌药品或寻找靶基因。有研究者用 Illumina MiSeq 测序分析来自 9 个地区样本的 472782 个有效标签，识别出 2552 个 OTU，发现变形菌门等 5 个优势菌门，其中 11 个属是核心肠道菌群。雌性和雄性样本的核心肠道菌群在属水平上存在差异，雌性样品中有 2 个特有属（梭状芽孢杆菌属和候选杆菌属），雄性样品中有 2 个特有属（*Psychryobacter* 和乳球菌属），助力了解青蟹肠道菌落组成并指导开发养殖业益生菌。基于转录组数据鉴定到的细胞黏附蛋白（peroxinectin，Px）不仅参与抗菌免疫，而且在拟穴青蟹感染 WSSV 早期的抗病毒免疫应答中发挥至关重要的作用。

寄生虫病也是危害青蟹养殖业不可忽视的疾病，蟹奴是一种寄生在螃蟹身上的藤壶类生物，但外观与藤壶大不相同。幼体营自生生活，成体营寄生生活，寄生在螃蟹腹部，其根状分枝突起穿入蟹体全身并吸取养料，能“阉割”雄蟹，破坏生殖系统，使腹部更像雌蟹。有研究者比较榄绿青蟹被蟹奴寄生和未寄生个体的性腺转录组，鉴定了青蟹感染后参与宿主寄生免疫反应的多种差异表达基因，为揭示其机制和防治提供重要参考。

9.2.1.3 转录组技术在青蟹环境应激方面的应用

(1) 缺氧胁迫

拟穴青蟹可在干露（离水暴露在空气中）状态下存活数十天时间。有研究者分析拟穴青蟹适应空气暴露的时序转录组后发现，拟穴青蟹通过增加代谢、解毒和抗氧化防御相关基因的表达来应对空气暴露。然而，长时间的空气暴露可能损害免疫功能，破坏新陈代谢。此外，还发现糖酵解和三羧酸循环是调节拟穴青蟹适应空气暴露的关键因素。Jie 等（2021）分析拟穴青蟹急性缺氧胁迫后鳃的转录组变化后发现了相似的应答机制，缺氧应激引起氧化应激和代谢紊乱，改变了代谢、免疫功能、离子转运和信号转导相关通路基因的表达，还发现糖酵解和三羧酸循环是调节拟穴青蟹适应缺氧胁迫的关键通路。

(2) 盐度胁迫

有研究者用转录组测序技术研究拟穴青蟹在不同盐度条件下的胁迫适应机制，发现在短期盐度胁迫下，大眼幼体可能通过调节代谢、免疫反应、渗透调节等机制来适应环境变化。构建拟穴青蟹鳃的转录组文库研究中国杭州湾和漳州湾河口两种群应对低盐度胁迫策略，发现拟穴青蟹利用细胞内外等渗调节相结合的方法进行渗透压调节，其中杭州湾种群因具更强的离子运输和能量供应能力而表现出更强的渗透调节能力，表观遗传修饰可能有助于杭州湾种群提高应对盐度波动的能力。有研究者用转录组分析方法比较不同盐度下拟穴青蟹的代谢基因，发现拟穴青蟹在越冬期间通过调节与代谢相关的基因来促进能量代谢、氨基酸代谢、脂代谢和碳水化合物代谢，使其在低盐（4‰）环境中更活跃，肝胰腺消耗更多的能量来维持生命活动。尽管拟穴青蟹是广盐性物种，但盐度骤降会对生长、蜕皮和繁殖产生负面影响，甚至可能导致死亡。Wang 等（2018）基于转录组数据研究拟穴青蟹适应盐度骤降的机制，发现除了重要的信号通路外（Na^+/K^+ ATP 酶、MAPK 信号通路等），离子转运和氨基酸代谢也是调节盐度适应的关键因素。差异表达的 miRNA 通过调节靶基因介导渗透压和能量平衡，以适应盐度剧变。

(3) 温度胁迫

气温波动同样影响动物的栖息地和种群体量，进而给水产养殖业带来风险。有研究者对菲律宾三个不同地点的锯缘青蟹个体鳃组织进行比较转录组分析发现，热应激反应存在群体间特异性差异，可能来自预先暴露于极端温度变化的适应可塑性、对当地环境条件所产生的各自最适温度的生理适应或由连通性形成的种群结构导致的种群之间的适应性遗传差异。比较不同形态类型的拟穴青蟹受低温胁迫的转录组，发现不同品种对低温胁迫的适应性差异，为选择耐低温的优质拟穴青蟹品种进行育种提供了依据。

(4) 外源物质胁迫

水环境中的亚硝酸盐对水生动物具有较高毒性。有研究者通过转录组测序研究亚硝酸盐诱导毒性的分子机制发现，拟穴青蟹可能通过改变多种免疫相关通路基因的表达水平来抵消亚硝酸盐毒性，其中包括解毒相关基因和抗氧化防御相关基因。亚硝酸盐诱导的氧化应激可能导致免疫相关基因的表达受损和代谢紊乱，是环境应激原对水生生物的毒性机制。有研究者用转录组分析发现，氧化应激可损害抗氧化防御系统和免疫系统，DNA 损伤反应和细胞凋亡信号通路在氧化应激诱导的拟穴青蟹细胞损伤中起重要作用。

氨和镉是主要的水环境污染物，进入机体会损害青蟹的免疫功能，扰乱新陈代谢。有研究者通过转录组分析氨暴露毒理效应的分子机制，发现氨暴露引起拟穴青蟹的氧化应激，随后导致 DNA 损伤和细胞死亡，从而诱导了新陈代谢、细胞过程、信号转导和免疫功能等通路相关基因的差异性表达。有研究者用转录组分析无机硒和有机硒（L-SeMc）对镉暴露下拟穴青蟹镉生物积累、抗氧化和免疫功能的影响，发现有机硒（L-SeMc）可以减少细胞内 ROS 产生和氧化损伤，并促进组织蛋白酶 B 的表达来防止细胞凋亡。

(5) 光照胁迫

光照强度是影响拟穴青蟹室内越冬过程的生态因素之一。有研究者分析肝胰腺在不同光照强度下的转录反应，发现拟穴青蟹通过调节氨基酸、脂肪酸、碳和能量代谢来适应不同的光照强度，在弱光条件下，青蟹需要产生和消耗相对较少的能量来维持生理活动，故更有利于拟穴青蟹的生存，揭示了拟穴青蟹适应光强度的能量代谢机制。

9.2.1.4 转录组技术在青蟹神经生物学方面的应用

神经肽是一种普遍存在的信号分子，通常与跨膜 G 蛋白偶联受体（GPCR）相互作用来实现其信号功能，进而在调控动物繁殖中起关键作用。有研究者对雌性榄绿青蟹的脑和腹神经节进行罗氏 454 转录组测序，预测 32

个神经肽基因以及甲壳动物生殖相关基因，如甲基法尼脂转移酶（FAMeT）、雌激素磺基转移酶（ESULT）和前列腺素 F 合成酶（PGFS）基因。有研究者从雌性拟穴青蟹大脑神经节转录组数据预测了 24 个神经肽家族的 32 个神经肽转录本，从脑神经节中鉴定到 100 个不同的成熟肽，并首次鉴定出 GSE-FLamide 和 WXXXRamide 家族。Christie（2016）挖掘榄绿青蟹转录组公开数据并鉴定出 49 个激素原编码转录本，预测了 187 个不同的成熟肽。有研究者两次对转录组数据库进行生物信息学分析，鉴定出 65 条拟穴青蟹神经肽 GPCR，从脑神经节转录组数据库中预测了 4 个在神经分泌细胞（NSC）的刺激-分泌耦合中发挥关键作用的电压依赖性钙通道蛋白（VDCC 亚基）。

9.2.1.5 转录组技术在青蟹蜕壳生长方面的应用

蜕壳是甲壳类动物的重要生物学过程，影响甲壳类动物的生长、发育和繁殖。有研究者对拟穴青蟹幼蟹整体测序，在转录组水平上研究了蜕壳过程的基因表达事件，发现角质层重建、细胞骨架结构重塑、激素调节、免疫反应和代谢可能是拟穴青蟹蜕皮机制的重要组成部分。有研究者对拟穴青蟹大眼幼体进行转录组测序分析，发现肌醇可通过介导角质层的降解和重塑来促进大眼幼体的变态发育。肝胰脏是先天性免疫分子的重要来源器官，蜕壳周期中肝胰脏基因的表达模式可能是免疫机制变化的基础。有研究者对拟穴青蟹在蜕壳周期（蜕壳前、蜕壳后和蜕壳期间）的肝胰脏进行 Illumina 测序，鉴定到 948 个差异表达基因，发现与免疫反应模式相关的基因在不同蜕皮周期中表达发生变化，其中，抗菌肽、炎症反应蛋白、Toll 信号通路因子、酚氧化酶、抗氧化酶、金属结合蛋白等免疫相关蛋白基因在蜕壳后和蜕壳期间均较蜕壳前显著上调。有研究者分析拟穴青蟹蜕壳期间、蜕壳前和蜕壳后的差异表达基因，鉴定了一些与免疫和角质相关的基因，从血淋巴中分离鉴定出介导细胞间通信并参与各种细胞生物学过程的细胞外囊泡（EV），并对其进行 miRNA 测序，进而鉴定 89 个 EV 的 microRNA（miRNA），靶向 1447 个可能参与拟穴青蟹蜕壳过程的基因。进一步分析发现，EV 的 miRNA 主要调控免疫相关基因并介导蜕壳激素信号通路和胰岛素信号通路，从而影响拟穴青蟹的蜕壳过程。蜕皮触发激素（ETH）在昆虫蜕皮、繁殖和求偶行为中起重要作用。有研究者对蜕壳前期的拟穴青蟹实施蜕皮触发激素（ETH）敲降并随后进行蜕壳不同阶段的转录组测序，首次探索 ETH 在甲壳类动物中与蜕壳有关的潜在下游基因，发现在蜕壳亚期前期，ETH 对碳水化合物代谢、叶酸碳池和几丁质结合具有潜在作用，但随着蜕壳周期进行，ETH 转而参与钙通道抑制剂活性、脂肪消化吸收和心肌收缩，从而促进蜕壳的发生。

9.2.1.6 转录组技术在青蟹其他方面的应用

转录组数据提供可参考的基因序列，促进拟穴青蟹基础研究。有研究者对拟穴青蟹转录组进行罗氏 454 高通量测序，共获得 78268 个基因、19011 个 SSR 和 37063 个潜在 SNP。用三代测序技术对鳃、肝胰腺、肌肉、脑神经节、眼柄、胸神经节、心脏、精巢、卵巢、贮精囊和血淋巴进行测序，构建了拟穴青蟹高质量的全长转录本文库，共注释 52544 个转录本，鉴定 23644 个长链非编码 RNA（lncRNA）和 131561 个 SSR。对拟穴青蟹三个育肥阶段的螯足肌肉、肝胰腺和神经组织进行 Illumina 测序，预测到 16 个神经肽转录本和重要通路，为筛选可能影响拟穴青蟹肌肉生长的功能基因提供依据。基于转录组序列文库初步分离出的微卫星标记，鉴定了一个野生群体的遗传变异。分别用全转录组和全长转录组策略探究锯缘青蟹♀×拟穴青蟹♂的种间杂交后代在形态学上（眼柄）异常的分子遗传机制，发现几丁质和角质层生物合成的变化可能导致杂交蟹眼柄异常。

9.2.2 中华绒螯蟹转录组学研究

9.2.2.1 转录组技术在中华绒螯蟹性别研究方面的应用

中华绒螯蟹是中国重要的水产养殖品种，对其进行了大量性别偏向基因表达的分子机制探索。有研究者用二代测序技术对中华绒螯蟹的雌雄仔蟹进行整体转录组测序，鉴定出大量性别差异表达基因，发现中华绒螯蟹的性别决定级联比预料的更复杂，可能在免疫防御方面存在性别差异。随着个体生长，雌雄性腺逐渐发育并开始具有明显的形态学差异。精巢是一个高度特化的组织，通过产生精子和激素，在确保生育能力方面发挥双重作用。在精子发生过程中，成蟹精巢的生精上皮发生显著的结构和生化变化。有研究者先后用转录组测序技术对中华绒螯蟹精子发生过程进行研究，发现许多可能参与精巢发育和精子发生的候选基因，这些基因主要作用于雄性生殖细胞的细胞分裂增殖、发育分化、成熟、凋亡以及精子发生中细胞和亚细胞结构的改变。有研究者用 Illumina Solexa 测序技术系统地检测中华绒螯蟹性成熟阶段精巢 miRNA 表达谱，发现 miRNA 在精巢发育过程中呈现动态表达。有研究者使用 Illumina 测序技术对中华绒螯蟹副性腺（ASG）进行转录组测序，与已发表的中华绒螯蟹精巢转录组进行比较，鉴定并分析了两种组织中的特异性表达基因，阐明其在精子成熟过程中的潜在作用。中华绒螯蟹营养生长与繁殖过程之间存在微妙关系，可在肝胰腺中储存大量能量，为繁殖过程中的巨大能量输出做准备。有研究者首次通过转录组探究中华绒螯蟹肝胰腺和精巢之间的能量供应关系，预测在营养调控和精巢生殖调控中发挥重要作用的基因，其中包含 17 个与营养调控相关的基因和 11 个与生殖调控相关的基因。

甲壳类动物雄性的性别分化和维持由促雄激素腺（AG）特异性调控。有研究者构建中华绒螯蟹促雄性腺（AG_ED）转录组数据，成功分离出数十个性别差异或生殖相关基因，并鉴定出一系列 AG 偏向性表达的基因。

中华绒螯蟹卵巢发育是一个重要的生理过程，对其繁殖具有重要意义。Feng 等（2022）对中华绒螯蟹卵巢Ⅰ期（卵母细胞增殖期）、Ⅱ期（内源性卵黄发生期）和Ⅲ期（外源性卵黄发生期）卵巢和同期相应的肝胰腺进行转录组分析，分别鉴定 56 个和 43 个参与卵巢发育和营养代谢的基因，主要与泛素蛋白酶体通路、cAMP-PKA 信号通路、MAPK 信号通路、三酰甘油代谢、脂质氧化转运有关。研究表明，在中华绒螯蟹卵母细胞减数分裂过程中，miRNA 可能调控细胞周期蛋白 B 的翻译或转录后事件。有研究者用 Illumina 测序技术对卵巢 miRNA 进行测序，鉴定 44 个 miRNA 家族中 55 个已知 miRNA，并预测 136 个新 miRNA，结合实验发现，miR-2 和 miR-133 参与调控 cycin B 在卵细胞从 MⅠ到减数分裂Ⅰ后期的表达。研究表明，饲料中添加一定浓度的淫羊藿苷（ICA）可有效促进中华绒螯蟹的卵巢发育。有研究者通过 BGI SEQ-500 平台比较用两种饲料（含 0 和 100 mg/kg ICA）喂养的中华绒螯蟹卵巢转录组，产生 13832 个差异表达基因，获得与卵巢发育相关的潜在基因部分或完整序列，发现淫羊藿苷能促进卵黄蛋白原合成加工及其在卵母细胞内的沉积，进而确立淫羊藿苷与卵巢发育之间强有力的因果关系。为揭示中华绒螯蟹性早熟现象的分子机制，有研究者用转录组技术发现 30 个可能与雄蟹生殖过程相关的基因，其中 6 个与精子发生相关（尤其 Cyclin K 和 RecA 同源 DMC1），2 个参与核蛋白转化，2 个热休克蛋白基因，11 个转录因子基因（一系列锌指蛋白），9 个细胞骨架蛋白相关基因。有研究者获得中华绒螯蟹早熟幼蟹眼柄组织完整转录组，揭示 42 个早熟蟹中存在显著差异表达的基因，其中，29 个表达上调，13 个表达下调。Chen 等（2019）对 1 年性早熟和两年正常性成熟的中华绒螯蟹进行形态学、组织学观察和比较转录组分析，发现眼柄参与神经内分泌系统活动并提供神经肽激素，进而可能诱导肝胰脏卵黄形成并进一步刺激卵巢发育，而肝胰脏是能量储存和卵黄蛋白原合成的场所，它可能通过脂质转运促进卵子发生。有研究者对早熟幼蟹、正常幼蟹和正常成年蟹的肝胰腺进行 *de novo* 测序，在早熟幼蟹中鉴定出许多与甲壳类动物生长发育有关的关键基因，并推测 JAK/STAT 通路可能在中华绒螯蟹早熟过程中发挥重要作用。有研究者通过研究正常发育和性早熟中华绒螯蟹眼柄、脑和胸神经节的转录组，确定了在早熟蟹中发生显著变化的候选基因，发现与昼夜节律相关的基因在激素分泌、生物活性和营养代谢中发挥重要作用。

9.2.2.2 转录组技术在中华绒螯蟹免疫学方面的应用

肝胰腺坏死病（HPND）是中华绒螯蟹新近出现的一种疾病，已造成较大的经济损失。为更好了解 HPND 的发病机制和致病机理，有研究者分析了患 HPND 的中华绒螯蟹肝胰腺的转录组，发现中华绒螯蟹 HPND 可能与物质代谢异常和外部环境药物作用有关。此外，中华绒螯蟹微孢子虫（*Hepatospora eriocheir*）是中华绒螯蟹的主要病原体，可引起肝胰腺坏死病，而肝胰腺细胞肥大是微孢子虫感染的常见特征。Ding 等（2018）进行了肝胰腺组织的从头转录组测序，通过差异表达基因筛选和功能基因注释，查明寄生虫的外部能量供应和综合代谢应激。有研究者利用 PacBio 测序技术构建中华绒螯蟹心脏、胸神经节、肠道、肌肉、鳃和肝胰腺等组织的全长 cDNA 文库并进行测序，以解析微孢子虫感染中华绒螯蟹的机制。为在宿主细胞内生存，微孢子虫首先通过吞噬作用进入宿主细胞，剥夺宿主细胞能量，进而对宿主细胞的能量代谢产生不利影响，从而导致代谢异常，故中华绒螯蟹微孢子虫用防止宿主细胞凋亡的机制来确保潜伏和繁殖。与之相反，宿主细胞内的 MAPK 通路及 Toll、IMD 等信号通路和 proPO 系统等重要固有免疫应答被激活，从而保护机体抵抗微孢子虫的感染，这是中华绒螯蟹抵抗微孢子虫的分子机制。

转录组测序技术被用于探索螺原体感染致病机制。中华绒螯蟹螺原体是首次从震颤型中华绒螯蟹中分离的淡水甲壳类致病菌。有研究者用 Illumina HiSeq 2500 平台比较中华绒螯蟹螺原体注射 1d 和 7d 的血细胞转录组谱，发现螺原体感染的时间越长，上调表达的基因越多，补体和凝血级联反应、VEGF 信号通路、Wnt 信号通路、自然杀伤细胞介导的细胞毒性、MAPK 信号通路、神经活性配体-受体相互作用和溶酶体通路在中华绒螯蟹免疫反应中发挥重要作用，还发现神经活性配体-受体相互作用通路与感染蟹的强烈阵发性震颤相关。研究表明，螺原体感染中华绒螯蟹胸神经节是引起震颤的直接原因。为了解震颤过程和胸神经节在转录组水平的免疫反应，有研究者用 Illumina HiSeq 2500 平台对螺原体注射后的中华绒螯蟹胸神经节进行转录组分析，发现 proPO 系统、吞噬作用和 Wnt 信号通路参与宿主细胞抵抗螺原体感染的过程。与之相反，螺原体可抑制 Wnt-Ca^{2+} 信号通路，进而诱导许多基因在神经信号传导和神经系统发育中的表达发生显著改变，并导致神经信号传导紊乱，这可能是引起蟹类典型阵发性步足震颤的原因。miRNA 在宿主与病原体错综复杂的相互作用网络中发挥重要效应。为研究宿主 miRNA 表达与病原体感染之间的关系，有研究者用深度测序方法研究中华绒螯蟹 miRNA 及其被螺原体感染后的变化，发现许多 miRNA 在感染和正常血细胞中被显著性差异调控，支持某些 miRNA 可能在宿主-病原体相互作用中至关重要的假说，进一步阐明 miRNA 调控宿主固有免疫系统的分子机制。

转录组测序技术常用于检测中华绒螯蟹对病原菌的免疫反应。Li 等（2013）对被三种病原菌混合液感染的中华绒螯蟹的肝胰腺进行转录组测序，发现 Toll、IMD、JAK-STAT 和 MAPK 信号通路在肝胰腺应对微生物挑战中发挥重要作用。有研究者利用三种病原菌混合液感染新孵出的中华绒螯蟹溞状幼体并进行高通量测序，不只发现 Toll、IMD、JAK-STAT 和 MAPK 等通路，还首次鉴定到 *TRAF6*、*FGF*、*PTP* 和 *JIP 1* 等重要基因作用于病原菌感染导致的免疫反应。为研究中华绒螯蟹与周围环境微生物的相互作用，Jin 等（2019）通过 RNA-Seq 技术确定中华绒螯蟹较其他动物保守的基因和通路，并检测了中华绒螯蟹被不同微生物衍生物感染后血细胞中高度诱导表达的免疫基因。肺炎克雷伯菌（*Klebsiella pneumoniae*）是一种常见条件性致病菌，存在于天然土壤、水源和植被中，可感染无脊椎动物、脊椎动物和植物。有研究者从中华绒螯蟹肝胰腺中分离出肺炎克雷伯菌并分析肝胰腺转录组发现，肺炎克雷伯菌可以导致抗氧化系统的激活和相关免疫基因的上调表达。白肝胰腺综合征是近年在中华绒螯蟹养殖中出现的一种病症，高致死率会造成巨大经济损失，引起高度关注。有研究者从头组装中华绒螯蟹肝胰腺参考转录组并在白色肝胰腺和正常（黄色）肝胰腺之间进行差异表达分析，发现与免疫应答和细胞死亡相关的基因在白色肝胰腺中表达量上调，如硫氧还蛋白相关跨膜蛋白 1、血红细胞素、长寿素样蛋白 1 和 E3 泛素蛋白连接酶，而与细胞增殖相关的 titin 和 5-甲酰四氢叶酸环连接酶在患白肝胰腺综合征的中华绒螯蟹中表达量下调。

9.2.2.3 转录组技术在中华绒螯蟹环境应激方面的应用

(1) 盐度胁迫

中华绒螯蟹大眼幼体阶段会面临环境盐度的降低。有研究者对海水淡化前后的中华绒螯蟹大眼幼体进行转录组测序，通过全基因组转录分析中华绒螯蟹的渗透调节和适应盐度胁迫机制，推测大眼幼体可能通过调节离子通道和质子泵活性来补偿离子失衡，而糖和脂肪酸代谢为适应过程提供有效能量，还通过氨基酸代谢和蛋白质合成改变游离氨基酸浓度，继而调节渗透调节因子的浓度。有研究者通过转录组测序发现中华绒螯蟹鳃和肌肉中的蛋白质泛素化、泛素酮生物合成、氧化磷酸化和线粒体功能障碍等通路是受盐度胁迫后差异表达的主要通路。有研究者对4个公开转录组数据进行RNA-Seq meta分析，发现中华绒螯蟹对盐度的适应是一种高度调控的过程，不同功能模块在其中发挥着重要作用。Wang等（2020）对低盐胁迫后的中华绒螯蟹进行转录组分析，确定了参与遗传信息处理、代谢、发育、免疫系统和抗应激反应的关键调节通路和差异表达基因。有研究者通过转录组数据和qPCR发现，鳃中Na^+/K^+-ATP酶和V型H^+-ATP酶是中华绒螯蟹由海洋向淡水过渡适应中的关键酶。通过转录组分析和qRT-PCR检测进一步发现，不只上述两种酶，鳃中*GST*、*HSP 90*、*S 27*、*UBE*、*VATB*等与渗透调节相关的功能基因也在甲壳类动物栖息地转变适应中发挥重要作用。Yu等（2022）通过RNA-Seq分析成年雄蟹在淡水和海水中被驯化后鳃转录组的变化，发现微咸水降低了中华绒螯蟹的能量代谢，增强抗氧化能力，而中华绒螯蟹可调动神经传递系统来改变离子转运酶的活性和渗透调节能力。有研究者通过转录组技术分析韩国汉江两个不同环境中的中华绒螯蟹对栖息地适应的基因表达差异，发现中华绒螯蟹上调与生物合成、代谢和免疫相关的基因以适应盐度较高的栖息地，下调与离子运输和缺氧反应相关的基因来适应盐度和溶解氧相对较低的栖息地。

（2）缺氧胁迫

空气暴露是中华绒螯蟹常面临的一种环境应激，特别在收获和运输过程。有研究者对空气暴露的中华绒螯蟹鳃组织进行转录组分析，发现蟹鳃通过上调与水分维持和水转运相关的基因表达以及下调与代谢和铵态氮跨膜转运相关的基因表达来应对无水环境。有研究者对中华绒螯蟹急性缺氧应激及复氧后的肝胰腺转录组测序发现可能参与低氧应激调控的差异表达基因和关键通路，如PPAR信号通路、缝隙连接和光转导等信号通路。Zhang等（2022）对中华绒螯蟹肝胰腺组织进行转录组测序，进而分析其应对空气暴露胁迫机制的性别差异，发现雌、雄蟹均能通过增加糖酵解基因的表达对空气胁迫应激做出适应性反应，雌性优先上调热休克蛋白（HSP）的表达，而雄性倾向于上调抗氧化酶的表达来抵抗空气暴露应激。

（3）水质酸化

由二氧化碳排放量增加造成的水质酸化对水生生物造成一系列生态影响。有研究者基于组织学和卵母细胞透明液观察发现，酸化环境显著延迟中华绒螯蟹卵巢成熟，进而用RNA-seq获得鳃和卵巢对酸化环境反应的基因表达谱，发现水质酸化对免疫反应、代谢和性腺发育造成严重影响。Zhu等（2022）通过转录组测序研究中华绒螯蟹响应pH值变化的分子机制时发现，蟹调控鳃中的离子运输、免疫应激和能量代谢相关基因的表达来应对环境酸化。Wang等

(2020) 发现了低 pH 和高 pH 环境均抑制中华绒螯蟹体重的增加，但低 pH 产生更多不利影响，通过肝胰腺转录组分析发现，长期 pH 胁迫导致蟹的应激抵抗力、葡萄糖代谢和蜕皮活性增加，氧化磷酸化是低 pH 胁迫下主要的能量来源，有氧糖酵解为高 pH 胁迫响应提供大部分能量。

(4) 外源物质胁迫

为揭示敌百虫长期胁迫对中华绒螯蟹的影响及其潜在生理毒性，Zhu 等 (2021) 通过低浓度敌百虫胁迫下肝胰腺转录组研究发现，长期浸浴敌百虫后，中华绒螯蟹肝胰腺降解程度与 ECM 受体相互作用通路有关，自噬和细胞凋亡在响应敌百虫长期胁迫时起至关重要作用，长期敌百虫胁迫下中华绒螯蟹差异表达基因及其相关通路与感染 HPND 的螃蟹相似。苯并芘 (BaP) 是一种剧毒多环芳烃，对水生环境中悬浮物和沉积物有很强亲和力。大多数甲壳类动物是底栖动物，很容易受到沉积物污染。有研究者比较染毒后中华绒螯蟹肝胰腺转录组差异，发现两种浓度 (0.15μg/L 和 0.45μg /L) BaP 均干扰中华绒螯蟹营养物质代谢、免疫反应和防御系统，但较高浓度 BaP 对免疫系统的影响大于对代谢的影响。重金属镉污染已成为一个潜在的环境问题，威胁包括经济蟹类和虾类在内的水生生物。有研究者用 RNA-Seq 获得中华绒螯蟹鳃响应镉污染 24h 的基因表达谱，发现镉胁迫明显影响蟹鳃信号转导、氧化磷酸化和渗透调节等功能。亚硝酸盐可在密集型水产养殖水生系统中积累并对水生动物产生毒性。有研究者通过转录组分析发现，亚硝酸盐胁迫显著改变中华绒螯蟹幼蟹的抗氧化和免疫能力，而补充硒可提高抗氧化和免疫能力并影响新陈代谢，帮助中华绒螯蟹应对亚硝酸盐胁迫。

转录组技术被用来寻求提高中华绒螯蟹免疫应激能力的方法。有研究者发现膳食类胡萝卜素显著改变中华绒螯蟹幼蟹血淋巴和肝胰脏抗氧化和免疫相关基因表达，进而从转录水平解析类胡萝卜素增强甲壳类基础免疫的潜在机制：与 Nrf2-抗氧化酶系统和 Nrf2-NADPH-GSH/TRX 依赖抗氧化系统相关的分子高度参与了类胡萝卜素调节的抗氧化防御。在类胡萝卜素诱导的免疫防御中，proPO 级联系统、PRRs 和下游 Toll/IMD 通路相关基因通过增强免疫系统来维持蟹的正常生理状态。牛蒡多糖 (ALP) 已被用作动物免疫调节剂。Liu 等 (2021) 发现 ALP 处理可显著提高嗜水气单胞菌攻击中华绒螯蟹后 *Es*-Lectin 和 *Es*LGBP 表达水平以及 AP 和 GT 活性，并通过抑制血细胞 *Es*Dorsal 和 EsPI3K mRNA 上调进而抑制 TNF-α 和 IL-6 产生，最终调节蟹对嗜水气单胞菌感染的免疫反应。有研究者比较恩诺沙星投喂中华绒螯蟹后肝胰腺转录组差异，鉴定蟹跨膜转运和药物代谢相关的转录本，发现 gshB 和 CYP45030 酶系统在肝胰腺恩诺沙星代谢中发挥作用。

由于活性氧（ROS）对细胞有害，故体内产生的活性氧在各种电子转移反应中通常保持一定的水平。有研究者对中华绒螯蟹肝胰腺和血淋巴的转录组进行测序后发现，与DNA、RNA和蛋白质合成、细胞分裂、线粒体活动和能量代谢有关的基因在肝胰腺中更丰富，而与proPO活化相关的蛋白酶在血细胞中显著上调，肝胰腺细胞具有比血细胞更高的ROS水平，而ROS水平的增加会促进肝胰腺产生血细胞。

9.2.2.4 转录组技术在中华绒螯蟹蜕壳生长方面的应用

为研究中华绒螯蟹蜕壳的分子机制，目前已通过高通量测序技术构建了不同蜕壳时期鳃、肝胰腺、螯足肌肉、胸神经节和心脏的转录组数据库。有研究者建立不同蜕壳时期中华绒螯蟹肝胰腺参考转录组，鉴定不同蜕壳时期1189个差异表达基因，探索不同蜕壳时期的基因差异表达规律。Li等（2019）通过转录组分析鉴定参与甲壳素降解、外骨骼重建和信号传递等过程并与蜕壳过程相关的重要候选基因，发现*Tetraspanin-18*基因可能在蜕壳周期的开始阶段发挥重要作用。中华绒螯蟹中枢神经系统在蜕壳生长中发挥重要作用。有研究者对中华绒螯蟹蜕壳后和蜕壳间期的胸神经节进行比较转录组分析，揭示蜕壳后阶段的关键调控通路和功能基因，发现与甲壳发育、组织再生、糖酵解和脂分解以及免疫和抗应激相关的通路和调控基因在蜕壳后阶段显著差异表达。有研究者对脱壳后和脱壳间期的中华绒螯蟹心脏进行比较转录组分析，发现参与再生、抗氧化、抗衰老和免疫应答的调控通路和基因显著差异表达，这些差异表达基因参与心脏发育、再生调节以及心肌运动和神经元信号转导。在蜕壳过程中，螯足肌肉会周期性萎缩和恢复。有研究者分别构建了螯足肌肉mRNA和miRNA的转录组数据，探讨中华绒螯蟹蜕壳过程中肌肉重组的分子机制。通过分析不同蜕壳阶段（蜕壳间C阶段、蜕壳前D3-4阶段和蜕壳后A-B阶段）螯足肌肉的转录组数据，发现与基因表达、蛋白质合成、肌肉发育、新角质层重建、氧化还原过程和糖酵解过程相关的基因在螯足肌肉周期性重组中发挥重要作用。通过对螯足肌肉的miRNA转录组数据分析发现，差异表达miRNA的预测靶位点与基因表达、蛋白质降解与合成、肌肉萎缩与发育、胚胎后形态发生和解剖结构发育等相关，差异表达miRNA及其靶基因在蟹脱壳后肌肉生长发育中发挥重要作用。

9.2.2.5 转录组技术在中华绒螯蟹发育方面的应用

胚胎发育是由一系列关键事件组成的复杂过程。在发育早期，母体基因组几乎指导着发育的各个方面。随着发育进行，母体基因产物消除和合子基因组激活（ZGA）在母体到合子转换（MZT）期间发生。有研究者对中华绒螯蟹受精卵（Os）和2～4个细胞阶段（Cs）的胚胎进行全面转录组分析，发现与发育过程中特定阶段分子事件相关的差异表达基因及通路，认为胚胎发育开始于早期卵裂之前，而母本基因可能调控这两个过程。Ning等（2019）用RNA-Seq技术检测早期胚胎阶段卵裂期（2～4个细胞）和囊胚期动态转录组的全面信息，共分离到566个母体基因和1165个合子基因，包含103个保守母本转录本（COMAT）和266个保守合子转录本（COZYT）。通过对MZT、形态发生和免疫相关差异表达基因进行鉴定和分析，发现2～4细胞时期可能是合子转录的开始阶段。有研究者用二代测序技术对中华绒螯蟹胚胎发育阶段（受精卵期、卵裂期、囊胚期、原肠期和心跳期）转录组进行测序分析，注释到32088个基因，鉴定到31个性别相关基因，包括16个参与模式生物初级性别决定的基因、8个SOX家族基因和7个*dmrt*基因家族基因，并推测中华绒螯蟹性别决定始于囊胚期之后。

从大眼幼体变态到仔蟹，中华绒螯蟹经历短尾化和生活方式（由游泳向底栖）的转变。有研究者用中华绒螯蟹短尾化过程的转录组谱对大眼幼体和仔蟹进行分析，鉴定到1016个差异表达基因，发现与变态、感觉感知和免疫相关的基因以及与细胞骨架构建和角质层发育相关的基因在短尾化过程中发挥重要作用，仔蟹经过变态后可通过调节与感觉感知和免疫相关的基因表达来适应生活环境的变化。有研究者通过中华绒螯蟹幼蟹蜕壳阶段的转录组揭示腹部的主要形态学变化与能量代谢（氧化磷酸化和MAPK通路）、腹神经索融合（凋亡相关通路）和变态（转录因子、Hedgehog和Hippo通路）有关。有研究者对中华绒螯蟹脑的转录组进行全面分析，鉴定出22种神经肽，发现与性腺发育相关的神经肽CHH、CCAP和PDH。Wang等（2020）对59份代表不同发育阶段（受精卵、溞状幼体、大眼幼体、幼虫期、幼年期和成年期蟹的3个阶段）的组织样本（幼年蟹眼柄、肝胰腺、肌肉和成年蟹眼柄、肝胰腺、肌肉、心脏、胃、鳃、胸神经节、肠道、卵巢和精巢）进行测序，组装了一个全面的参考转录组，注释到19023个蛋白质编码基因，检测了参与“蟹样”角质层形成和蜕壳后角质层钙化的相关基因。

9.2.2.6 转录组技术在中华绒螯蟹其他方面的应用

转录组测序技术可用于探究中华绒螯蟹的分子营养基础。有研究者对肉食（MD）、素食（VD）和混合饮食（MV）喂养的中华绒螯蟹的肝胰腺进行转录组测序并比较基因表达模式，发现胰腺分泌、谷胱甘肽代谢、鞘脂代谢、脂肪酸代谢和甘油代谢等通路作用于肉类饵料的消化和吸收，而半乳糖代谢、淀粉和蔗糖代谢、果糖和甘露糖代谢通路作用于植物性饵料的消化和吸收。有研究者分别用小鱼和配方饲料养殖中华绒螯蟹，通过肝胰腺转录组比较发现，配方饲料导致成年蟹参与氨基酸代谢、发育、能量代谢和稳态维持的基因表达量轻微下调。有研究者用 RNA 测序分析五种饵料投喂的中华绒螯蟹肝胰腺转录组变化，发现饲料脂肪对蟹肝胰腺的脂质代谢有明显影响，植物油替代鱼油显著改变脂肪消化吸收、脂肪酸代谢、脂肪酸降解、脂肪酸生物合成、不饱和脂肪酸生物合成等多种脂质代谢通路，降低了蟹对饲料中脂肪的消化吸收、脂肪酸的生物合成和病毒免疫防御能力，增强 β-氧化能力。

为研究眼柄切除影响肝胰腺代谢活性的机制，有研究者用 Illumina RNA-Seq 和生物信息学技术分析中华绒螯蟹眼柄、Y-器官和肝胰脏转录组，鉴定了眼柄切除后与代谢相关的差异表达基因，认为眼柄介导神经肽 CHH 进而调节蟹碳水化合物、脂质和蛋白质代谢。有研究者通过对完整蟹、左螯自动切除蟹和双侧眼柄切除蟹的血淋巴转录组数据比较发现，左螯/眼柄被切除的蟹能快速动员血淋巴免疫相关蛋白和免疫相关酶表达，增强机体免疫防御能力，调节机体尽快恢复正常免疫水平，并发现自残作为一种先天性应激反应机制，对免疫系统的影响小于人为损伤。有研究者对眼柄切除后 Y 器官的差异表达基因分析发现，代谢网络 191 个基因上调、283 个基因下调，与蜕皮激素合成通路相关基因均上调。有研究者对中华绒螯蟹眼柄、Y 器官和肝胰腺转录组测序，构建了包含 3223 个蛋白质和 35787 个相互作用蛋白的互作网络。

为研究日常节律对中华绒螯蟹生理功能的影响，有研究者用高通量测序技术分析中华绒螯蟹日常节律的血淋巴转录组，发现蟹蜕皮、代谢和免疫过程均受节律影响。甲壳类动物的眼柄通过将光信号转化为激素信号，在控制各种生理功能方面发挥重要作用。Li 等（2019）对中华绒螯蟹昼夜眼柄进行全基因转录组分析，发现昼夜周期主要影响中华绒螯蟹的蜕壳和行为，还鉴定出有助于蜕壳的差异表达基因，包括蜕皮抑制激素基因、角质层基因、过氧化氢酶基因、水通道蛋白基因和泛素结合酶基因。Pang 等（2019）收集不同光周期下饲养的中华绒螯蟹眼柄神经节并进行 RNA 测序，发现差异表达基因在光转导和能量代谢通路中显著富集，丙酮酸脱氢酶复合物（PDC）基因和磷酸烯醇式丙酮酸羧激酶基因参与光周期调控的能量代谢过程，Gαq、丙酮酸激酶（PK）、NADH 过氧化物酶（NADH peroxidase）和 ATP 酶参与光转导和能量代谢。

9.2.3 三疣梭子蟹转录组学研究

9.2.3.1 转录组技术在三疣梭子蟹性别研究方面的应用

为揭示三疣梭子蟹性腺发育的分子调控机制，有研究者用454高通量焦磷酸测序和生物信息学方法比较雌蟹在生长期和卵巢成熟期的肝胰腺转录组，鉴定出肝胰腺中与食物消化、营养代谢和卵巢发育相关基因，确定生长期和卵巢成熟过程中的基因表达模式，初步揭示肝胰腺作用于卵巢发育的分子机制。有研究者通过454转录组测序研究三疣梭子蟹卵巢从Ⅲ期到Ⅳ期发育的精细过程，揭示了作用于卵巢发育的重要通路（涉及卵黄蛋白原基因的途径）并鉴定了506个显著差异表达基因。有研究者用Illumina测序技术对三疣梭子蟹发育阶段的精巢和卵巢进行转录组分析，发现一些可能参与三疣梭子蟹性腺发育调控的候选基因，如*FAOMeT*、*mPRV*、*PGMRC 1*、*PGDS*、*PGER 4*、*3B-HSD*和*17B-HSD*，基于雌雄差异表达基因，发现与配子发生及性腺分化和发育相关的基因，包括*Fox/2*、*Wnt 4*、*Fst*、*Fem-1*和*Sox 9*。有研究者聚焦三疣梭子蟹性腺发育Ⅱ期（交配抱对期间）整个生殖系统的转录组信息，鉴定出可能与性腺发育和生殖调控相关的基因*ADRA 1B*、*BAP 1*、*ARL 3*和*TRPA 1*。用DNA/RNA共提取方法对六个发育阶段的性别特异转录组进行测序，发现雌雄差异表达基因主要集中在DNA复制、叶酸生物合成和视黄醇代谢通路，还发现*DMRT*基因（*PtDMy*）可能是性别决定通路的关键上游调节因子之一。

有研究者用Illumina测序从三疣梭子蟹卵巢和精巢中鉴定出188个已知miRNA和65个新miRNA，其中75个在雌雄性腺之间存在差异性表达，其预测靶基因显著富集于GnRH信号通路、Wnt信号通路、卵巢类固醇生成和TGF-β信号通路等与生殖相关的通路。进一步分析发现，差异表达miRNA在卵巢和精巢发育过程中表现出阶段特异性表达，表明其在生殖发育中的潜在作用。对三疣梭子蟹卵巢、肝胰腺、脑神经节、眼柄和下颌器官注射雌二醇后较短时间内（24h）的转录组进行研究，发现雌二醇显著影响卵巢发育和营养代谢。有研究者比较饲喂含有不同比例大豆卵磷脂（0%和4%）饲料的三疣梭子蟹在卵巢成熟过程中卵巢和肝胰腺转录组差异，认为添加4%大豆卵磷脂的饲料促进卵黄生成。

9.2.3.2 转录组技术在三疣梭子蟹免疫学研究方面的应用

有研究者对受副溶血性弧菌感染和低盐胁迫下的三疣梭子蟹肝胰腺进行比

较转录组分析，发现2016个差异表达基因在抗病和低盐适应中共同发挥作用，淀粉和蔗糖代谢、氮代谢、氨基糖和核苷酸糖代谢过程发生变化。Zheng (2020) 对三疣梭子蟹免疫相关组织（血细胞、肝胰腺和鳃）进行全长转录组分析，鉴定出编码CTLS、TLRs、外壳蛋白、ALF、Hyastatins、SODS、CAT、Gpxs、GSTS、Hsp40、HISP60、HISP70、HISP90、PPAF和丝氨酸蛋白酶的免疫相关基因，四种PtCTL在受弧菌攻击时表现出不同转录谱以及细菌结合和抗菌活性。有研究者对经CuO-NPs处理的三疣梭子蟹肝胰腺和鳃组织进行毒理学转录组分析，发现13个CuO-NPs毒理学潜在标记基因。用转录组测序研究三疣梭子蟹蜕壳周期中免疫相关基因在血淋巴和肝胰腺中的表达模式，发现免疫相关基因的表达水平在蟹整个蜕壳周期中发生显著变化。

有研究者对盐度胁迫后的三疣梭子蟹鳃进行转录组分析，发现盐度胁迫影响离子转运、氨基酸代谢和合成、蛋白质水解和甲壳素代谢等生物过程。对低盐胁迫后的鳃进行转录组测序发现，盐度胁迫明显影响脂质代谢、能量代谢和信号转导等生理过程。对三疣梭子蟹进行不同盐度胁迫并获得鳃转录组数据，鉴定到659个差异表达功能基因、95个保守miRNA和16个新miRNA。利用转录组分析三疣梭子蟹对空气暴露的细胞反应并捕获1572个差异表达基因，分属抗氧化/氧化应激反应、伴侣蛋白/热休克蛋白、免疫改变、细胞增殖/凋亡和细胞骨架相关基因，进而揭示空气暴露造成剧烈的组织氧化应激和组织上皮完整性的改变。有研究者通过转录组测序研究氨氮胁迫（5mg/L）对三疣梭子蟹肝胰腺的影响并深入了解蟹响应氨氮胁迫的分子机制，发现氨氮胁迫改变了蟹氨基酸和碱基代谢、能量代谢、抗氧化、免疫反应、繁殖、蜕壳以及物质运输过程。

9.2.3.3 转录组技术在三疣梭子蟹生长发育研究方面的应用

生长性状是大多由微效多基因控制的复杂经济性状。有研究者从眼柄、鳃、心脏、肝胰腺和肌肉中分离总RNA并进行转录组测序，鉴定出在三疣梭子蟹生长和肌肉发育中发挥基础作用的肌动蛋白、肌凝蛋白、原肌凝蛋白、肌钙蛋白等的基因。用Illumina测序技术筛选多个三疣梭子蟹的生长相关基因，并通过关联分析方法鉴定出与生长相关且位于血色素苷的一个SNP。Ren等 (2016) 构建高度自交系不同体型个体眼柄、鳃、心脏、肝胰腺和肌肉的混合RNA文库，通过转录组测序鉴定出404个miRNA，并发现53个靶基因可能由miRNA负调控，认为MiR-100和miR-276a-3p是体型调控中最主要的miRNA。有研究者对截肢后不同发育阶段的肢体芽组织进行转录组测序，发现WNT4和WNT信号通路途径参与三疣梭子蟹肢体再生，WNT信号通路是参与肢体再生的关键途径。

三疣梭子蟹肝胰腺作为重要营养物质存储和代谢器官，受到内生性和外源性物质的影响。富含类胡萝卜素的三疣梭子蟹肝胰脏在冷藏过程中会发生严重变色，从而失去商品价值。Liu 等（2023）利用转录组技术在分子水平上阐明类胡萝卜素在三疣梭子蟹贮藏过程中的变化机制，发现低温会抑制蟹的有氧呼吸，导致 pH 降低，进而诱导类胡萝卜素降解。较长的冷藏时间会增加蟹的氧化应激，导致类胡萝卜素含量进一步下降。最后，蟹较强的自溶作用可将储存在卵巢等其他部位的类胡萝卜素释放到外界，导致类胡萝卜素的环境检测含量增加。

在甲壳动物生长、蜕壳和发育过程中，n-3 长链多不饱和脂肪酸发挥着至关重要的作用。有研究者成功构建三疣梭子蟹肝胰腺转录组，进一步研究蟹对不同 n-3 多不饱和脂肪酸来源饲料的代谢通路和基因响应，发现饲料中添加磷虾油不仅可增强葡萄糖、脂肪、脂肪酸等底物的转运，还可上调蜕壳、免疫和能量代谢相关基因的表达水平，从而促进梭子蟹的蜕壳和生长。

蜕壳是贯穿甲壳类动物生活史的重要生物过程，可由眼柄中表达的多种神经肽激素调节。Lv 等（2017）首次利用转录组测序研究眼柄在三疣梭子蟹蜕壳中的作用，发现几丁质代谢、肽酶抑制剂活性、核糖体等生物通路在蜕壳调节中发挥关键作用，并首次在蜕壳过程中观察到与神经调节因子相关的通路以及四类与蜕壳周期相关的重要基因家族。有研究者从三疣梭子蟹的中枢神经系统转录组数据中鉴定出 47 个神经肽转录本和 47 个神经肽 G 蛋白偶联受体（GPCRs）转录本，其中 23 个神经肽转录本和 20 个 GPCR 转录本可能在卵巢中参与生殖调控。同样用转录组从三疣梭子蟹的眼柄和脑神经节中鉴定出编码神经肽的转录本。

9.2.4 其他蟹类转录组学研究

9.2.4.1 瓷蟹的转录组学研究

瓷蟹生活在温带地区中高潮间带，能在冬季低于海水冰点的温度稳定生存，具较强的低温适应和耐受能力。有研究者用 cDNA 微阵列研究瓷蟹心脏组织基因表达差异，发现葡萄糖或其衍生终产物（如海藻糖）的调节增强瓷蟹耐寒能力，但并没赋予对体内温度降低的耐受性，膜磷脂脂肪酸的组成和不饱和水平与低温适应之间没有发生一致变化，表明短期和长期耐寒性变化均与膜脂肪酸组成变化无关。随着功能基因组工具的迅速应用，甲壳类动物正日益成为研究发育和进化的生态调查、基因型-表型相互作用和对环境应激反应分子通路的模型生物。有研究者通过同属两种瓷蟹（*P. cinctipes* 和 *P. manimaculis*）

RNA-seq 数据，从头组装获得 194kb 和 278kb contig 转录组。心脏功能的热极限与瓷蟹基因表达模式的相关性研究表明，心脏功能的热上限适应速度比热下限慢，热适应存在组织特异性。此外，对热胁迫下瓷蟹一系列组织类型（包括整蟹以及鳃、心脏、肌肉、神经和肝胰脏组织）的 cDNA 文库进行数据分析发现，参与维持热极限基因的差异表达导致分别在 8℃和 18℃环境中驯化 4 周的蟹之间具有明显不同的冷热极限。有研究者测量瓷蟹体内心脏的热最大值，并用微阵列观察瓷蟹心脏组织在转录组水平上的冷热应激反应，观察到热休克蛋白的驯化依赖性诱导现象，得到具热休克蛋白样表达谱的未知基因。热驯化中应激反应最大的延伸素样蛋白、β-微管蛋白在高变异性环境下的表达量高于低变异性环境，热胁迫显著诱导低变异性环境下的基因表达，抑制高变异性环境下的基因表达。

9.2.4.2 蓝蟹的转录组学研究

有研究者对蓝蟹（*Callinectes sapidus*）幼蟹被可溶性原油胁迫后的肝胰脏和鳃进行转录组测序，比较分析发现，每种组织约有 100 个基因存在差异表达，一些基因在冷热反应、异种化合物代谢、防御、缺氧、渗透调节和蜕壳等方面发挥特定作用。通过 RNA-Seq 检测蓝蟹由高盐度向低盐度转移过程中前鳃（非渗透调节）和后鳃（渗透调节）的差异表达基因，发现前鳃高水平表达肌动蛋白和角质层蛋白等结构基因，后鳃上调表达离子转运及其联系的能量相关基因，提出十足目动物鳃“核心”转录组由参与离子转运和能量转换并与盐度转换实验一致的基因组成，认为渗透调节和应激反应蛋白表达升高是甲壳类鳃的常见表型。

有研究者对成熟蓝蟹 Y 器官进行转录组测序，发现 Ca^{2+} 信号通路和 mTOR 信号通路与蜕壳前蜕壳激素增加有关，认为 Y 器官中与结构和生物合成、碳水化合物代谢和能量产生相关的基因作用于蜕壳。通过对蓝蟹正常蜕壳周期和诱导蜕壳周期 Y 器官的转录组确定了蜕壳类固醇合成、胆固醇吸收和运输的候选基因，并发现蜕壳类固醇对 Y 器官正反馈调控。Gao 等（2022）用第三代测序技术获得蓝蟹的全长转录组数据，包括 698697 读长，平均长度 2461bp，N50 长度 3079bp，注释获得 66780 个基因。

9.3 蟹类蛋白质组学研究

9.3.1 蛋白质组学技术在蟹类性别研究方面的应用

蟹类性腺在发育成熟过程中发生显著变化。有研究者用尿素-硫脲提取法、

TCA/丙酮沉淀法、Triton X100-尿素提取法和 Tris-尿素提取法等提取蛋白并分析拟穴青蟹雌雄性腺在不同发育阶段的蛋白质组差异，鉴定出营养物质积累、蛋白质合成和分解、细胞免疫、能量代谢、细胞骨架和细胞免疫防御、新陈代谢和抗氧化等功能通路的差异表达蛋白。赖氨酸巴豆酰化（Kcr）是一种翻译后修饰，被发现与哺乳动物的精子发生有关。有研究者在甲壳类动物中进行大规模 Kcr 蛋白质组研究，进而在精子生成过程鉴定出 83 个上调和 12 个下调非组蛋白巴豆酰化位点，认为 Kcr 与磷酸化协同调节中华绒螯蟹的精子生成。蟹类交配过程中，雄性个体会在雌性生殖道中形成一种障碍物——精子塞，这是雌性多次交配过程中雄性个体间竞争的结果。用基于质谱的非标记蛋白定量技术比较三疣梭子蟹交配后形成的精子塞上下两部分蛋白成分，发现上下两部分蛋白成分存在明显差异，认为肌动蛋白与结合蛋白是精子塞形成的关键蛋白，精子塞的形成还与细胞内质网腔的氧化还原酶有关。

三疣梭子蟹生殖蜕壳后，没有交配的个体卵巢会停止发育，故交配是诱导滤泡细胞向卵母细胞迁移以及卵黄发生的前提。有研究者认为某些三疣梭子蟹肝胰腺在卵巢发育过程中蛋白质和脂肪含量会发生规律性变化。在探究三疣梭子蟹卵巢发育过程中发现，交配后的三疣梭子蟹通过调控糖酵解通路的关键酶、蛋白质代谢酶、抗氧化酶类和 ATP 合成酶来将更多能量用于卵巢发育。

9.3.2 蛋白质组学技术在蟹类生长发育研究方面的应用

异质个体生长（HIG）现象在甲壳类动物中广泛存在，个体间表现出不同生长速度，与遗传密切相关。在所有子代养殖条件相同时，HIG 被认为由某些内部因素（如神经肽水平）引起，这些因素在调节各种生理过程中发挥重要作用。有研究者用 iTRAQ 蛋白质组学技术研究三疣梭子蟹的生长调控，发现 30 种与蟹生长相关的蛋白差异表达，与代谢、免疫反应、DNA 复制和蛋白质合成相关的蛋白上调，表明节约能量是应对增长的重要策略。甲壳动物生长发育伴随身体的不断蜕壳，肝胰脏是蜕壳过程中参与能量储存、免疫反应和代谢的关键器官。对拟穴青蟹肝胰脏进行全面的蛋白质组学分析，发现几丁质酶、角质层蛋白和肌球蛋白重链等 10 种与外骨骼和角质层重建相关的蛋白含量在蜕壳前后发生显著变化，所有丰度差异蛋白主要参与蜕壳过程外骨骼和角质层重建、能量储备、代谢和免疫应答等过程。

断肢现象在蟹类养殖过程中较为普遍，三疣梭子蟹等蟹类均具有惊人的肢体再生能力。Fu 等（2018）用 iTRAQ 法研究三疣梭子蟹肢体再生过程中蛋白质丰度的变化，发现再生过程涉及细胞骨架蛋白、蛋白质合成、信号识别和转导、细胞外基质、物质运输和代谢、能量产生和转换、生理蛋白以及关键细胞通路（MAPK 信号、ECM 重塑、Jak-STAT 信号、ErbB 信号、RAS 蛋白依赖信号和 KKS 信号通路），表明肢体再生的复杂性及其通过多种生物过程协同调控。

9.3.3 蛋白质组学技术在蟹类环境应激研究方面的应用

为研究渗透调节相关蛋白，有研究者用无标记蛋白质组学法分析高盐度胁迫中华绒螯蟹后鳃中的蛋白质表达变化，认为蟹通过提高免疫力和抗氧化能力应对高盐引起的氧化损伤。模拟强降水导致的盐度骤降并在蛋白质水平揭示拟穴青蟹对盐度适应的分子机制，认为 845 个差异表达蛋白在盐度适应过程中起作用，确定氨基酸代谢、Na^+/K^+-ATP 酶活性等与氧化还原代谢和能量代谢相关的通路是青蟹适应盐度骤降的关键。

Li 等（2021）通过 iTRAQ 蛋白质组学法比较不同光照强度下室内越冬的拟穴青蟹肝胰腺蛋白质的定量变化，发现强光可能诱导青蟹产生应激，导致机体需更多能量来适应高光照强度，与能量产生相关的蛋白表达显著上调。低光更适合青蟹生存，消耗能量较少，与代谢过程相关的蛋白表达显著下调。有研究者通过蛋白质组和二维电泳分离参与低温适应的特定蛋白质，发现青蟹在不同低温情况下表达不同数量的特异性蛋白并改变线粒体和脂肪酸组成以提高低温适应能力。模拟瓷蟹生存环境，探索不断增加的温度波动和随后的热休克对瓷蟹生化组成的影响，发现肌肉组织中 ATP 供应、肌纤维重组和免疫反应都受到影响，适度的温度波动（10～20℃）能扩大响应急性热休克的温度范围。缺氧是水产养殖过程中常见的现象，会对螃蟹的生长发育和疾病暴发带来有害影响。Hou 等（2021）用蛋白质组学方法分析中华绒螯蟹血淋巴参与缺氧应激的分子机制。缺氧应激导致螃蟹细胞代谢紊乱、氧化应激和凋亡。为应对缺氧应激影响，血淋巴采取一些对策，如上调三羧酸循环酶表达水平和活性并提高氧气利用率，从而为螃蟹提供更多能量，激活抗氧化防御系统，以降低氧化应激。缺氧应激还改变一些先天免疫相关蛋白表达，以调节血淋巴的先天免疫系统，如激活 proPO 系统并增加 PO 活性，提高吞噬能力。血淋巴中的多种蛋白质、通路和生物学过程参与缺氧应激。Jebali 等（2014）用蛋白质组学方法评估脂肪族和芳香族碳氢化合物对笼养地中海蟹（*Carcinus maenas*）的毒理作用，发现与几丁质分解代谢、蛋白质水解、外骨骼生物合成、蛋白质折叠和应激反应以及转运等相关的蛋白质在毒性应激中发挥重要作用。在不同污染应激时间下，蟹体内变化较大的蛋白质可作为有效监测水环境污染的新型分子生物标志物。

9.3.4 蛋白质组学技术在蟹类免疫学研究方面的应用

Sun 等（2017）用相对和绝对定量法分析拟穴青蟹感染白斑综合征病毒（WSSV）前后血淋巴的差异蛋白质组，发现蟹应对 WSSV 的特异性反应蛋白，结合基因敲降实验发现 6 个编码 β-肌动蛋白（β-actin）、肌球蛋白-9（myosin-9）、抗脂多糖因子亚型 4、抗脂多糖因子 4、类转酮酶样蛋白 2 亚型 1 和肌浆钙结合蛋白 1 的基因在病毒感染免疫应答中发挥保护作用。为解析榄绿青蟹（*Scylla olivacea*）血淋巴对 WSSV 的防御作用，有研究者用比较蛋白质组学和电喷雾电离液相色谱串联质谱（ESI-LC/MS/MS）方法，发现感染 WSSV 后免疫应答蛋白和抗凋亡蛋白均发生显著变化，所有类型血细胞都具不同水平的 WSSV 易感性和凋亡反应。有研究者对感染副溶血性弧菌的三疣梭子蟹血淋巴进行 iTRAQ 蛋白质组学分析，鉴定到蟹和副溶血性弧菌之间宿主-弧菌相互作用涉及的关键蛋白质，如血蓝蛋白亚基、C 型凝集素、α2-巨球蛋白、Cu/Zn-超氧化物歧化酶和热休克蛋白 70，并发现与免疫相关的细胞黏附分子、补体和凝血级联以及吞噬体等 KEGG 富集通路在其中发挥重要作用。寄生甲藻血卵涡鞭虫（*Hematodinium*）是海洋甲壳类动物病原体。用基于 iTRAQ 的蛋白质组学技术，对三疣梭子蟹和血卵涡鞭虫之间的寄主-寄生虫相互作用进行系统研究，发现血卵涡鞭虫调节多种重要免疫蛋白和免疫通路，从而损害蟹肝胰腺天然免疫系统。中华绒螯蟹螺原体是震颤病的一种新病原体，主要靶细胞是血细胞。通过 iTRAQ 标记和 LC-MS/MS 技术鉴定到蟹感染螺原体后（10 天）血淋巴中的 76 种差异蛋白质，发现细胞骨架蛋白可能与螺原体黏附和侵袭有关。蟹被感染后，其免疫系统进行强力防御，包括 proPO 系统、抗菌系统和抗氧化系统在内的免疫系统均发挥作用。有研究者用无标记定量液相色谱-串联质谱蛋白质组学技术分析蛋白泛素化在中华绒螯蟹感染螺原体后血淋巴的免疫反应过程中的作用，同样发现螺原体与宿主细胞的相互作用涉及多种生物过程和通路，如泛素系统、内吞作用、proPO 系统、细胞凋亡和糖酵解等。皮质激素释放激素（CRH）是拟穴青蟹调节机体免疫反应的重要神经内分泌免疫因子。为了解 CRH 的调控机制，Zhai 等（2021）通过 iTRAQ 研究 CRH 调控拟穴青蟹血淋巴的免疫反应，揭示了 CRH 注射液对拟穴青蟹血淋巴蛋白质组的影响，发现 CRH 改变了 255 种蛋白，参与免疫信号通路（cAMP-PKA 信号通路和 CaM 信号通路）、细胞免疫（PRX6 和 SOD），体液免疫（SpTGase 和 SpCTL-B）和其他免疫相关过程（PFK 和 HSP70）。

9.4 蟹类代谢组学研究

代谢组学是继基因组学和蛋白质组学后发展起来的一门学科，是系统生物学的重要组成部分。目前，代谢组学在蟹类中的研究还相对较少，但解释了一些有趣的现象。

9.4.1 代谢组学技术在蟹类神经内分泌研究方面的应用

神经肽是存在于神经组织并作用于神经系统的内源性活性物质，作为多样化和普遍存在的信号分子，具有多项重要生理调节作用。DeKeyser 等（2007）用 IMS（成像质谱分析）技术展示北黄道蟹神经系统 MALDI TOF/TOF 成像，对围心器和脑组织神经肽进行研究，分析十多个神经肽家族肽异构体分布发现，具有高同源性序列的神经肽位于相似位置，揭示了神经肽家族众多成员的差异分布。窦腺是明确的神经内分泌部位，可产生大量包括神经肽在内的血淋巴源性物质。有研究者通过多面质谱方法研究蓝蟹完整的窦腺神经肽特征，从中鉴定出 70 种神经肽，包括 orcokinins、orcomyotropin、甲壳类高血糖激素（CHH）前体相关肽（CPRP）、红色素集中激素（RPCH）、色素分散激素（PDH）、proctolin、RFamides、RYamides 和 HL/IGSL/IYRamide。通过毛细管等电聚焦（CIEF）分离 orcokinin 家族成员，并发现是窦腺中最丰富的神经肽家族。用自动矩阵喷雾器耦合色谱和质谱成像，形成高度稳定、可重复性高的新 LC-MSI 平台，并基于可编程矩阵和成像质谱数据采集，用 LC-MSI 分析从蓝蟹围心器组织中观察到 295 个神经肽。该法在肽覆盖率方面优于常规方法，获得神经肽的准确定量结果，在复杂样品的定量分析中具有巨大应用潜力。

9.4.2 代谢组学技术在蟹类环境应激研究方面的应用

为适应变化的环境并维持生存，中华绒螯蟹进化出较强的表型可塑性，能在不同栖息地生存并健康生长。有研究者对不同养殖环境中的中华绒螯蟹开展肠道菌群和肌肉代谢组整合分析，揭示高度表型可塑性的机制：肠道微生物组和肌肉代谢组并不是由环境独立形成，而是相互联系和相互作用，肠道微生物群落丰度与肌肉代谢组中代谢物丰度相关。Guo 等（2022）用非靶向气相色谱-质谱代谢组学研究空气暴露应激下中华绒螯蟹鳃代谢反应，鉴定出 43 种可作为干燥胁迫潜在生物标志物的代谢物，发现烟酸盐和烟酰胺代谢、柠檬酸循环、磷酸戊糖途径、甘氨酸、丝氨酸和苏氨酸代谢以及组氨酸代谢参与蟹的干燥应激反应。低氧作为特殊的空气胁迫，是无脊椎动物在内的多种水生物种面临的共同环境挑战。为生存或应对缺氧条件，这些动物进化出新的生物学机制，其中一些由神经肽调节。有研究者用具有互补覆盖范围的电喷雾电离和基质辅助激光解吸/电离质谱方法（ESI-MALDI-MS）解析蓝蟹在急性严重缺氧（类似于10%氧水饱和度）胁迫下所有神经肽的整体特征，分析鉴定的88个神经肽的表达情况发现，缺氧暴露导致神经肽的表达整体下降，经历初始反应暴露4～8h后恢复到基础水平。

有研究者用GC-MS非靶向代谢组学法分析拟穴青蟹适应盐度骤降的分子机制，发现牛磺酸是拟穴青蟹最重要的渗透调节物，牛磺酸和次牛磺酸代谢通路和ABC转运蛋白通过调节牛磺酸代谢进而调节细胞外渗透压，游离氨基酸在适应盐度骤降中发挥重要作用，而碳水化合物和有机酸在适应过程中供应能量。为进一步阐明应对急性盐度降低的细胞渗透压调节机制，Yao等（2021）用LC-MS非靶向代谢组揭示脂质和氨基酸在拟穴青蟹响应盐度骤降中的作用和关系，认为甘油磷脂在蟹渗透压调节中起主导作用，甘油磷脂代谢主要参与磷脂酰胆碱（PC）、磷脂酰乙醇胺（PE）、溶血磷脂胆碱（LysoPC）和磷酸胆碱调节，PC在蟹渗透压调节中起关键作用。GC-MS和LC-MS数据相关性分析表明，蟹渗透压平衡主要依靠离子和氨基酸调节，氨基酸多以自由扩散方式进出细胞以维持渗透平衡。有研究者聚焦碳酸盐型盐碱池塘养殖重要经济蟹类，从代谢组学、免疫反应、抗氧化能力、组织生理等层面探究中华绒螯蟹对水体碳酸盐碱度的响应机制，发现蟹主要通过“花生四烯酸代谢”响应途径应对碱胁迫。低碱度促使蟹调动机体能量储备，抑制蛋白质和氨基酸分解代谢，刺激启动抗炎和排泄调控以防御碱胁迫，而高碱度对蟹的生理代谢、免疫调控、组织结构均可产生不同程度的破坏作用。

9.4.3 代谢组学技术在蟹类免疫抗病研究方面的应用

细菌感染导致吸氧下降并损害蟹类正常代谢功能。为鉴定海洋生物应激的代谢组学生物标志物，Schock等（2010）用核磁共振波谱探究蓝蟹注射坎氏弧菌（*Vibrio campbellii*）抑制有氧代谢及用2,4-二硝基酚（DNP）处理提高有氧代谢的代谢组变化，发现处理后蓝蟹血淋巴发生代谢物变化，其中葡萄糖和乳酸变化最大，生物多样性和/或血淋巴的严格调节掩盖了单一时间点微妙的代谢变化，但代谢轨迹分析揭示两种模式在氧化应激方面的明显差异。由真菌二尖梅奇酵母（*Metschnikowia bicuspidata*）引起的乳白色疾病对中华绒螯蟹养殖业造成严重危害。有研究者整合代谢组学和宏基因组，探索二尖梅奇酵母真菌感染对中华绒螯蟹代谢和肠道菌群的影响，发现二尖梅奇酵母感染改变中华绒螯蟹新陈代谢和肠道菌群，显著抑制氨基酸生物合成、TAC循环、赖氨酸和组氨酸代谢以及亚麻酸、花生四烯酸和亚油酸代谢，增加肠道厌氧细菌丰度，同时显著抑制免疫相关的代谢途径，表明二尖梅奇酵母感染不仅影响中华绒螯蟹的生长，还抑制免疫力。

多种疾病对生物体的影响存在性别差异，包括神经系统疾病。神经肽是神经系统中的关键分子，研究甲壳类模式生物雌雄神经肽谱的变化具有重要意义。Schock等（2010）通过两个互补电离源的高分辨率质谱并结合定量化学标记，在蓝蟹的五个关键神经组织和血淋巴中发现多个具有性别特异性的神经肽异构体，并观察到100个具有显著性别差异的异构体家族，如RFamide和调抑素a型家族的神经肽。根头目寄生藤壶会感染并阉割甲壳类宿主，引起宿主形态、生理和行为变化。有研究者用非靶向LC-MS代谢组学法检测堪察加拟石蟹（*Paralithodes camtschaticus*）和金帝王蟹（*Lithodes aequispinus*）感染根头菌后的血淋巴、肌肉和肝胰脏，鉴定出数百种潜在的代谢物。中华绒螯蟹的肝胰腺坏死病（HPND）给养殖户造成严重经济损失。Gao等（2018）用LC-MS对患HPND蟹的肝胰腺进行全代谢物谱分析，结合组织病理学特征和潜在病原体研究，发现脂肪酸代谢异常和高浓度霜霉威（一种广泛用于蔬菜的杀虫剂）这两种潜在致病因素可能与蟹HPND有关。

9.4.4 代谢组学技术在蟹类营养需求研究方面的应用

随着养殖规模扩大以及天然饵料减少，中华绒螯蟹天然饲料和传统饲料已逐渐被配制饲料取代。有研究者分析三种饵料饲养的中华绒螯蟹血淋巴代谢组学差异，发现摄食不同饵料的蟹代谢存在差异，在缺乏动物性蛋白与脂肪摄入时，体内代谢通路与生物氧化过程受到影响，导致其增重率与存活率均降低，反之，脂质代谢物丰富，蜕壳增重率与存活率较好。用GC-TOF/MS技术研究配制饲料、天然饲料（小型鱼和新鲜螺）和传统饲料（大豆、小麦、蚕豆和玉米）三种饲喂方式对中华绒螯蟹成年雄性代谢、抗氧化和免疫能力的影响，发现三种饲养方式对成年雄蟹肝胰腺脂质和氨基酸代谢影响较大，与天然饲料和传统饲料相比，配方饲料可促进雄蟹对蛋白质和碳水化合物的消化吸收，提高其抗氧化能力和免疫力，降低氧化应激水平。有研究者用LC-MS技术并结合实时定量PCR和生化实验发现，在饲料中添加肌醇可调节中华绒螯蟹的氨基酸代谢过程，提高蟹肉可食用量和多不饱和脂肪酸水平，并通过上调蛋白质合成促进肌肉蛋白质沉积，从而提高雄蟹营养价值，提高蟹肉鲜味。

有研究者用基于核磁共振的代谢组学技术解析拟穴青蟹软壳蟹与硬壳蟹肌肉和肝胰腺营养物质组成差异，发现软壳蟹肌肉中可能降低人患病风险的三甲胺-*N*-氧化物（TMAO）含量显著下降。在刚蜕壳软壳蟹肝胰腺中，谷氨酸、甘氨酸、磷酸胆碱和丙氨酸以及甜菜碱含量的显著波动可能影响肝胰腺滋味。如果蟹蜕壳后未能及时采收，蜕壳后 3h 的软壳蟹肌肉 5′-单磷酸腺苷含量开始显著下降，可能影响肌肉鲜度，而肝胰腺中可能影响营养价值的组氨酸、酪氨酸和葡萄糖含量也开始显著下降。因此，从小分子营养物质水平看，刚蜕壳软壳蟹比硬壳蟹可能营养更丰富，但延迟采收会影响软壳蟹品质和口感。

9.5 蟹类多组学联合研究

多组学（multi-omics）将基因组、转录组、蛋白质组、代谢组等不同层面之间的信息进行整合，有助于系统性理解生物学过程的内在调控通路及因果关系，从而更深入认识生物学进程和疾病过程的遗传机理和分子基础。

9.5.1 多组学联合分析技术在蟹类神经内分泌研究方面的应用

有研究者对欧洲滨蟹（*Carcinus maenas*）神经肽进行质谱/功能基因组学研究，从神经系统和内分泌器官鉴定出 122 个肽类旁分泌激素，其中 42 个是首次测序的新肽（如 pyrokinins TSFAFSPRLamide 和 DTGFAFSPRLamide）。有研究者获得三种具重要经济价值的蟹类（拟穴青蟹、三疣梭子蟹和中华绒螯蟹）的基因组数据、PacBio 全长转录数据以及 RNA-seq 数据，并通过生物信息学方法分析神经肽（CHHS）及其可能受体的基因结构和表达模式，鉴定出两个Ⅰ型 CHH 成员，其中，CHH1 有两个剪接异构体 CHH1-v1 和 CHH1v2。而除了Ⅰ型和Ⅱ型 CHH 外，也发现了主要在眼柄中表达的 ITP 样肽。此外，在拟穴青蟹、三疣梭子蟹和中华绒螯蟹中分别发现了 4、5 和 3 种可能是 CHH 受体的 G 蛋白偶联受体（GPCRs）。Mykles 和 Chang 等（2020）构建陆蟹（*Gecarcinus lateralis*）蜕壳周期第一个 Y 器官（YO）转录组和蛋白质组，认为多达 23 个信号通路在控制蜕壳甾体形成中相互作用，由 cAMP/Ca^{2+} 触发和一氧化氮（NO）/cGMP 合成阶段组成的 MIH/环核苷酸通路模型维持 YO 的基础状态，mTOR 信号通路的工能是蜕壳早期 YO 激活所必需，并影响数千个基因的 mRNA 水平，转化生长因子-β（TGF-β）/激活素信号是蜕壳中期 YO 定型所必需，而高的蜕壳激素滴度可能引发蜕壳末期 YO 抑制。此外，自由基氧清除、细胞骨架、囊泡分泌、免疫反应以及与 YO 功能相关的蛋白质稳态和周转蛋白在蜕壳周期中发挥重要作用。有研究者研究三疣梭子蟹眼柄被摘除后卵巢蛋白质组和 miRNA 图谱变化，发现法尼酸甲酯代谢和钙信号的改变是促进卵巢成熟的关键，眼柄摘除导致更多能量产生，以满足卵巢增加的能量需求。miRNA 控制参与法尼酸甲酯合成、钙信号转导以及能量代谢的蛋白质表达，从而参与促进卵巢成熟，揭示了 miRNA 诱导的卵巢成熟机制，多个 miRNA 可以协同作用，调节法尼酸、*O*-甲基转移酶和钙调蛋白表达。有研究者结合转录组和靶向代谢组研究发现，饲料中添加 1.00％胆固醇可改善胆固醇转运和类固醇激素合成，提高血淋巴中类固醇激素浓度以及肝胰腺和卵巢中 *vtg* 基因水平和蛋白浓度，影响雌性三疣梭子蟹卵母细胞减数分裂以及孕激素介导的卵母细胞成熟通路。有研究者用代谢组学和转录组学综合分析中华绒螯蟹高增重组和低增重组在三个蜕皮阶段的代谢物和基因变化，发现生长迅速的螃蟹个体细胞蛋白质生物合成活跃，具有强大的神经内分泌系统以及高抗氧化和解毒能力，可能是提高中华绒螯蟹蜕皮期增重率所必需的。对正常和早熟中华绒螯蟹精子转录组和蛋白质组进行对比分析，从精子角度研究性早熟对中华绒螯蟹的影响，发现早熟精子分子缺陷与必需物质和能量代谢失衡密切相关，物质和能量消耗过多及积累减少是早熟蟹生精细胞比正常蟹小的主要原因。

9.5.2 多组学联合分析技术在蟹类免疫应激研究方面的应用

多组学整合分析可更全面研究蟹类抗病原体感染过程。有研究者研究拟穴青蟹对副溶血性弧菌的免疫应答并建立副溶血性弧菌感染蟹血细胞代谢和转录谱，发现副溶血性弧菌感染可在代谢组和转录组水平诱导一系列代谢改变，包括氨基酸和氨酰基-tRNA 生物合成、嘌呤和嘧啶代谢、TAC 循环和谷氨酰胺代谢。有研究者从酱油腌制蟹中分离到一株新的副溶血性弧菌，结合基因组学和转录组学分析发现，其具有额外毒力基因和血清型特异性基因。副溶血性弧菌感染蟹后，黏附和碳水化合物转运蛋白相关基因的表达量较高，而运动性、精氨酸生物合成以及脯氨酸代谢相关的基因表达量较低。用血淋巴代谢组学和转录组学分析研究拟穴青蟹对 WSSV 的免疫应答机制，发现具有稳定细胞内环境功能的 ABC 转运体和嘌呤代谢在 WSSV 感染早期均发生改变，参与氧化应激反应的半胱氨酸代谢、甲硫氨酸代谢和不饱和脂肪酸生物合成在 WSSV 感染后期发生变化，而牛磺酸和次牛磺酸代谢与蟹抗病毒调控全过程有关。有研究者整合转录组学和代谢组学评估肝胰腺坏死病（HPND）对中华绒螯蟹代谢等生物学指标的影响，发现病蟹先天免疫、抗氧化活性、解毒能力和神经系统均受到影响，脂质代谢、核苷酸代谢、蛋白质代谢等代谢通路失调，能量产生略有增加，病蟹 IL-17 信号通路被激活，发生高水平自噬和凋亡，还发现线粒体功能异常、无氧代谢以及羧酸酯酶和乙酰胆碱酯酶的活性抑制现象。有研究者用转录组学和蛋白质组学探讨盐度从 23‰突然下降到 3‰的适应机制，发现蛋白消化吸收、近端小管碳酸氢盐和胆汁分泌在 Na^+/H^+ 和 Na^+/K^+ 交换中起重要作用，在相同趋势 DEPs_DEGs 关联分析中检测到重要的渗透调节相关基因，如离子转运和碳酸酐酶。用转录组学和蛋白质组学方法研究拟穴青蟹对不同盐度胁迫的反应并揭示蟹在盐度 5-33 范围内的渗透调节和渗透转化机制差异，为渗透信号转导提供新候选基因。结合生理分析、转录组和代谢组分析方法研究三疣梭子蟹肝胰腺氨毒性及其代谢机制，发现氨暴露导致卵黄蛋白原的表达显著降低，并抑制甲基法尼酯、蜕壳激素等多个生殖调节信号通路，首次证实氨对雌性梭子蟹生殖的损害，氨抑制整体能量代谢和部分氨代谢以及抗氧化，导致肝胰腺细胞氧化损伤和细胞凋亡增加。有研究者用代谢组学和转录组学分析中华绒螯蟹室温空气暴露 30h 及低温空气暴露 97h 的肝胰腺代谢反应，发现应对空气暴露应激（AES）的代谢机制主要包括中华绒螯蟹肝胰腺抗氧化剂（不饱和脂肪酸）合成上调和从有氧糖酵解到厌氧糖酵解的有效转换，而降低环境温度可抑制肝胰腺代谢率使螃蟹进入休眠状态，并减轻 AES 影响，延长出水生存期，雌雄蟹之间肝胰腺脂质的分化代谢需求和储存率差异可能导致肝脏脂质代谢的性别差异。Li 等（2022）用全面组学方法（miRNA 转录组学、基于 iTRAQ 的蛋白质组学）深入研究三疣梭子蟹血细胞和寄生性甲藻的宿主-寄生虫相互作用，发现寄生性甲藻重塑了受攻击宿主血细胞 miRNA 组（miRNome）和蛋白质组，分别在转录后和翻译水平调节宿主免疫反应，并对宿主免疫反应进行转录后调节。

参考文献

曹景龙，王卫民，2021. 团头鲂高密度遗传连锁图谱的建立及性别 QTL 定位 [J]. 华中农业大学学报，40（2）：188-196.

邓素贞，韩兆方，陈小明，等，2018. 大黄鱼高温适应的转录组学分析 [J]. 水产学报，42（11）：1673-1683.

龚诗琦，王志勇，肖世俊，等，2016. 黄姑鱼转录组 SSR 的开发与验证 [J]. 集美大学学报：自然科学版，21（4）：241-246.

胡自民，2004. 角叉菜属（*Chondrus stackhouse*）分子系统学的研究 [D]. 中国海洋大学硕士学位论文.

黄罗冬，高保燕，王飞飞，等，2020. 真核藻类基因组研究进展 [J]. 基因组学与应用生物学，39：3626-3646.

黄新芯，蒋艳琳，蒋小姿，等，2021. 基于高通量转录组测序技术的龙头鱼微卫星信息分析 [J]. 浙江海洋大学学报：自然科学版，40（3）：189-197.

赖晓娟，陈海敏，杨锐，等，2013. 藻类基因组研究进展 [J]. 遗传，35：735-744.

李学梅，吴兴兵，杨德国，等，2021. 基于转录组测序的圆口铜鱼微卫星标记筛选 [J]. 水生态学杂志，42（4）：97-103.

刘焕亮，2015. 水产养殖生物学 [M]. 北京：科学出版社，132-133.

刘涛，2018. 基于 RAD-seq 技术的金线鲃属鱼类 30 个种的分子系统发育关系研究 [D]. 云南大学硕士学位论文.

孟玮，徐开达，李振华，等，2021. 急性盐度胁迫对日本黄姑鱼肌肉组织转录组的影响 [J]. 水产学报，45（5）：649-660.

石琼，孙颖，2015. 海洋生物基因组学概论 [M]. 中山：中山大学出版社.

徐盼盼，宋悦，陈娟娟，等，2017. 基于脂质代谢组学研究褐藻糖胶对黄颡鱼幼鱼的影响 [J]. 分析化学，45（5）：641-647.

曾地刚，陈秀荔，谢达祥，等，2013. 基于高通量测序的凡纳滨对虾的转录组分析 [J]. 基因组学与应用生物学，32（3）：308-313.

张春兰，秦孜娟，王桂芝，等，2012. 转录组与 RNA-Seq 技术 [J]，生物技术通报，12：51-56.

赵紫霞，许建，白庆利，等，2018. 国内虹鳟代表性养殖群体的高通量 SNP 芯片检测及遗传分析 [J]. 中国水产科学，25（3）：485-493.

朱婷芳，管峰，苗亮，等，2020. 大弹涂鱼（*Boleophthalmus pectinirostris*）单核巨噬细胞低氧胁迫比较转录组学分析 [J]. 海洋与湖沼，51（2）：335-344.

Abro R，Moazzami AA，Lindberg JE，*et al*，2014. Metabolic insights in Arctic charr（*Salvelinus alpinus*）fed with zygomycetes and fish meal diets as assessed in liver using nuclear magnetic resonance（NMR）spectroscopy [J]. International Aquatic Research，6

(2): 1-11.

Andolfatto P, Davison D, Erezyilmaz D, *et al*, 2011. Multiplexed shotgun genotyping for rapid and efficient genetic mapping [J]. Genome Research, 21 (4): 610-617.

Aparicio S, Chapman J, Stupka E, *et al*, 2002. Whole-genome shotgun assembly and analysis of the genome of *Fugu rubripes* [J]. Science, 297: 1301-1310.

Aru V, Pisano MB, Savorani F, *et al*, 2016. Metabolomics analysis of shucked mussels' freshness [J]. Food Chemistry, 205: 58-65.

Bacher R, Kendziorski C, 2016. Design and computational analysis of single-cell RNA-sequencing experiments [J]. Genome Biol, 17: 63.

Bachvaroff T, McDonald R, Plough L, *et al*, 2021. Chromosome-level genome assembly of the blue crab, *Callinectes Sapidus* [J]. G3 (Bethesda), 11: jkab212.

Beale DJ, Pinu FR, Kouremenos KA, *et al*, 2018. Review of recent developments in GC-MS approaches to metabolomics-based research [J]. Metabolomics, 14 (11): 152.

Bian Y, Bayer F P, Chang Y C, *et al*, 2021. Robust microflow LC-MS/MS for proteome analysis: 38 000 runs and counting [J]. Analytical chemistry, 93 (8): 3686-3690.

Bougatef A, Nedjar-Arroume N, Manni L, *et al*, 2010. Purification and identification of novel antioxidant peptides from enzymatic hydrolysates of sardinelle (*Sardinella aurita*) by-products proteins [J]. Food Chemistry, 118: 559-565.

Blaby-Haas CE, Merchant SS, 2019. Comparative and functional algal genomics [J]. Ann Rev Plant Biol, 70: 1-23.

Branton D, Deamer DW, Marziali A, *et al*, 2008. The potential and challenges of nanopore sequencing [J]. Nature biotechnology, 26 (10): 1146-1153.

Brawley SH, Blouin NA, Ficko-Blean E, *et al*, 2017. Insights into the red algae and eukaryotic evolution from the genome of *Porphyra umbilicalis* (Bangiophyceae, Rhodophyta) [J]. Proc Natl Acad Sci USA, 114: E6361-E6370.

Campillo JA, Sevilla A, Albentosa M, *et al*, 2015. Metabolomic responses in caged clams, *Ruditapes decussatus*, exposed to agricultural and urban inputs in a Mediterranean coastal lagoon (Mar Menor, SE Spain) [J]. Science of the Total Environment, 524: 136-147.

Cock JM, Sterck L, Rouzé P, *et al*, 2010. The *Ectocarpus* genome and the independent evolution of multicellularity in brown algae [J]. Nature, 465: 617-621.

Collén J, Porcel B, Carré W, *et al*, 2013. Genome structure and metabolic features in the red seaweed *Chondrus crispus* shed light on evolution of the Archaeplastida [J]. Proc Natl Acad Sci USA, 110: 5247-5252.

Curtis BA, Tanifuji G, Burki F, *et al*, 2012. Algal genomes reveal evolutionary mosaicism and the fate of nucleomorphs [J]. Nature, 492: 59-65.

Carreras C, Ordóñez V, Zane L, *et al*, 2017. Population genomics of an endemic Mediterranean fish: differentiation by fine scale dispersal and adaptation [J]. Scientific Reports, 7: e43417.

Casu F, Watson AM, Yost J, *et al*, 2017. Metabolomics analysis of effects of commercial soy-based protein products in red Drum (*Sciaenops ocellatus*) [J]. Journal of Proteome Research, 16 (7): 2481-2494.

Chakrabarty P, Faircloth B C, Alda F *et al*, 2017. Phylogenomic systematics of Ostariophysan fishes: ultraconserved elements support the surprising non-monophyly of Characiformes [J]. Systematic Biology, 1-15.

Chan WY, Rudd D, van Oppen MJ, 2023. Spatial metabolomics for symbiotic marine invertebrates [J]. Life Sci Alliance, 6 (8): e202301900.

Chen L, Lu W, Wang L, *et al*, 2021. Metabolite discovery through global annotation of untargeted metabolomics data [J]. Nat Methods, 18 (11): 1377-1385.

Chen LM, Tran BC, Lin QS, *et al*, 2008. iTRAQ analysis of Singapore grouper iridovirus infection in a grouper embryonic cell line [J]. Journal of General Virology, 89: 2869-2876.

Chen SL, Zhang GJ, Shao CW, *et al*, 2014. Whole-genome sequence of a flatfish provides insights into ZW sex chromosome evolution and adaptation to a benthic lifestyle [J]. Nature Genetics, 46: 253-260.

Chen X, Wang J, Hou X, *et al*, 2019. Gene expression profiles of gill provide insights into the aerial respiration capacity of the Chinese mitten crab, *Eriocheir sinensis* [J]. Aquaculture, 506: 148-153.

Cheng CH, Ma HL, Deng YQ, *et al*, 2020. Effects of Vibrio parahaemolyticus infection on physiological response, histopathology and transcriptome changes in the mud crab (*Scylla paramamosain*) [J]. Fish & Shellfish Immunology, 106: 197-204.

Chien HJ, Huang YH, Zheng YF, *et al*, 2022. Proteomics for species authentication of cod and corresponding fishery products [J]. Food Chemistry, 374: 131631.

Cui W, Yang Q, Zhang Y, *et al*, 2021. Integrative transcriptome sequencing reveals the molecular difference of maturation process of ovary and testis in Mud Crab *Scylla paramamosain* [J]. Frontiers in Marine Science, 8: 658091.

Cui Z, Hui M, Liu Y, *et al*, 2015. High-density linkage mapping aided by transcriptomics documents ZW sex determination system in the Chinese mitten crab *Eriocheir sinensis* [J]. Heredity, 115: 206-215.

Cui Z, Liu Y, Yuan J, *et al*, 2021. The Chinese mitten crab genome provides insights into adaptive plasticity and developmental regulation [J]. Nature Communications, 12: 2395.

Dallongeville S, Richter M, Schfer S, *et al*, 2013. Proteomics applied to the authentication of fish glue: application to a 17th century artwork sample [J]. Analyst, 138: 5357.

Dapic I, Baljeu-Neuman L, Uwugiaren N, *et al*, 2019. Proteome analysis of tissues by mass spectrometry [J]. Mass spectrometry reviews, 38 (4-5): 403-441.

De Clerck O，Kao SM，Bogaert KA，*et al*，2018. Insights into the evolution of multicellularity from the sea lettuce genome [J]. Curr Biol，28：2921-2933.

Díaz-Arce N，Arrizabalaga H，Murua H，*et al*，2016. RAD-seq derived genome-wide nuclear markers resolve the phylogeny of tunas [J]. Molecular Phylogenetics and Evolution，102：202-207.

Ding Z，Pan J，Huang H，*et al*，2018. An integrated metabolic consequence of *Hepatospora eriocheir* infection in the Chinese mitten crab *Eriocheir sinensis* [J]. Fish & shellfish immunology，72：443-451.

Dittami SM，Gravot A，Goulitquer S，*et al*，2012. Towards deciphering dynamic changes and evolutionary mechanisms involved in the adaptation to low salinities in *Ectocarpus* (brown algae) [J]. Plant J，71：366-377.

Duan YF，Chen HP，Wang JL，*et al*，2021. Response signatures of *Litopenaeus vannamei* to natural *Enterocytozoon hepatopenaei* infection revealed by the integration of the microbiome and transcriptome [J]. Aquaculture，542：736885.

Egholm M，Margulies M，Altman WE，*et al*，2005. Genome sequencing in open microfabricated high density picoliter reactors [J]. Nature，437：376-380.

Elshire RJ，Glaubitz JC，Sun Q，*et al*，2011. A robust，simple genotyping-by-sequencing (GBS) approach for high diversity species [J]. PLoS one，6 (5)：e19379.

Esvelt K，2016. Gene editing can drive science to openness [J]. Nature，534：153.

Faircloth B C，Sorenson L，Santini F，*et al*，2013. A Phylogenomic perspective on the radiation of ray-finned fishes based upon targeted sequencing of ultraconserved elements (UCEs) [J]. Plos One，8 (6)：e65923.

Fang F，Zhao Q，Chu H，*et al*，2020. Molecular dynamics simulation-assisted ionic liquid screening for deep coverage proteome analysis [J]. Molecular & Cellular Proteomics，19 (10)：1724-1737.

Feng Q，Liu M，Cheng Y，*et al*，2022. Comparative transcriptome analysis reveals the process of ovarian development and nutrition metabolism in Chinese mitten crab，*Eriocheir sinensis* [J]. Front Genet，13：910682.

Fiehn O，2016. Metabolomics by Gas Chromatography-Mass Spectrometry：Combined Targeted and Untargeted Profiling [J]. Curr Protoc Mol Biol，114：30401-30432.

Fleischmann RD，Adams MD.，White O，*et al*，1995. Whole-genome random sequencing and assembly of *Haemophilus influenzae* Rd [J]. Science，269 (5223)：496-512.

Fraga-Corral M，Carpena M，Garcia-Oliveira P，*et al*，2022. Analytical metabolomics and applications in health，environmental and food science [J]. Crit Rev Anal Chem，52 (4)：712-734.

Fu Y，Zhu F，Liu L，*et al*，2018. iTRAQ-based proteomic analysis identifies proteins involved in limb regeneration of swimming crab *Portunus trituberculatus* [J]. Comparative Bi-

ochemistry and Physiology Part D: Genomics and Proteomics, 26: 10-19.
Gao B, Lv J, Meng X, *et al*, 2022. Full-Length transcriptome construction of the blue crab *Callinectes sapidus* [J]. Frontiers in Marine Science, 9: 922188.
Gao T, Xu Y, Wang K, *et al*, 2018. Comparative LC-MS based non-targeted metabolite profiling of the Chinese mitten crab *Eriocheir sinensis* suffering from hepatopancreatic necrosis disease (HPND) [J]. Aquaculture, 491: 338-345.
Ge Q, Li J, Wang J, *et al*, 2017. Transcriptome analysis of the hepatopancreas in *Exopalaemon carinicauda* infected with an AHPND-causing strain of *Vibrio parahaemolyticus* [J]. Fish & Shellfish Immunology, 67: 620-33.
Gjerde B, Mahapatra KD, Reddy PVGK, *et al*, 2019. Genetic parameters for growth and survival in rohu carp (*Labeo rohita*) [J]. Aquaculture, 503: 381-388.
Gilchrist A, Au CE, Hiding J, *et al*, 2006. Quantitative proteomics analysis of the secretory pathway [J]. Cell, 127 (6): 1265-1281.
Gonen S, Lowe NR, Cezard T, *et al*, 2014. Linkage maps of the Atlantic salmon (*Salmo salar*) genome derived from RAD sequencing [J]. BMC Genomics, 15: 166.
Gonzalez-Pena D, Gao G, Baranski M, *et al*, 2016. Genome-wide association study for identifying loci that affect fillet yield, carcass, and body weight traits in rainbow trout (*Oncorhynchus mykiss*) [J]. Frontiers in Genetics, 7: 203.
Guijas C, Montenegro-Burke JR, Warth B, *et al*, 2018. Metabolomics activity screening for identifying metabolites that modulate phenotype [J]. Nat Biotechnol, 36 (4): 316-320.
Guo K, Zhao Z, Luo L, *et al*, 2022. Untargeted GC-MS metabolomics reveals the metabolic responses in the gills of Chinese mitten crab (*Eriocheir sinensis*) subjected to air-exposure stress [J]. Ecotoxicology and Environmental Safety, 231: 113159.
Gupta V, 2014. Seaweed metabolomics: a new facet of functional genomics [M]. 1st ed. San Diego: Elsevier, 31-52.
Guo JM, Zhang M, Wang ST, *et al*, 2022. A high-density genetic linkage map and QTL mapping for growth related traits in grass carp (*Ctenopharyngodon idella*) [J]. Aquaculture, 552: 738041.
Han XL, Jin SH, Han ZQ, *et al*, 2022. The phylogenetic relationships of the family Sciaenidae based on genome-wide data analysis [J]. Animals, 12: 3386.
Han Z, Gao T, Lou F, *et al*, 2022. Charybdis japonica genome provides insights into desiccation adaptation and sex-determining region [J]. Zoological Research, 43: 927-930.
Han ZQ, Guo XY, Liu Q, *et al*, 2021. Whole-genome resequencing of Japanese whiting (*Sillago japonica*) provides insights into local adaptations [J]. Zoological Research, 42 (5): 548-561.
Han ZQ, Liu MH, Liu Q, *et al*, 2021. Chromosome-level genome assembly of burbot (*Lota lota*) provides insights into the evolutionary adaptations in freshwater [J]. Molecular

Ecology Resources, 21: 2022-2033.

Hou L, Zhu L, Kong X, *et al*, 2021. Proteomic analysis of *Eriocheir sinensis* hemocytes in response to hypoxia stress [J]. Aquaculture Reports, 21: 100876.

Hou Z, Ma XY, Shi X, *et al*, 2022. Phylotranscriptomic insights into a Mesoproterozoic-Neoproterozoic origin and early radiation of green seaweeds (Ulvophyceae) [J]. Nat Commun, 13: 1610.

Houston RD, Bean TP, Macqueen DJ, *et al*, 2020. Harnessing genomics to fast-track genetic improvement in aquaculture [J]. Nat Rev Genet, 21 (7): 389-409.

Hughes LC, Ortí G, Huang Y, *et al*, 2018. Comprehensive phylogeny of ray-finned fishes (Actinopterygii) based on transcriptomic and genomic data [J]. Proc Natl Acad Sci USA, 115 (24): 6249-6254.

Huynh T, Cheng A, Chi C, *et al*, 2018. A synbiotic improves the immunity of white shrimp, *Litopenaeus vannamei*: metabolomic analysis reveal compelling evidence [J]. Fish & Shellfish Immunology, 79: 284-293.

Jebali J, Chicano-Gálvez E, Fernández-Cisnal R, *et al*, 2014. Proteomic analysis in caged Mediterranean crab (*Carcinus maenas*) and chemical contaminant exposure in Téboulba Harbour, Tunisia [J]. Ecotoxicology and Environmental Safety, 100: 15-26.

Jia X, Zhou M, Zou Z, *et al*, 2018. Identification and comparative analysis of the ovary and testis microRNAome of mud crab *Scylla paramamosain* [J]. Molecular Reproduction and Development, 85: 519-531.

Jin SB, Bian C, Jiang SF, *et al*, 2021. A chromosome-level genome assembly of the oriental river prawn, *Macrobrachium nipponense* [J]. GigaScience, 10: 1-9.

Jin X, Li W, Xu M, *et al*, 2019. Transcriptome-wide analysis of immune responses in *Eriocheir sinensis* hemocytes after challenge with different microbial derivatives [J]. Developmental & Comparative Immunology, 101: 103457.

Johnson CH, Ivanisevic J, Siuzdak G, 2016. Metabolomics: beyond biomarkers and towards mechanisms [J]. Nat Rev Mol Cell Biol, 17 (7): 451-9.

Jones JC, Fan S, Franchini P, *et al*, 2013. The evolutionary history of Xiphophorus fish and their sexually selected sword: a genome-wide approach using restriction site-associated DNA sequencing [J]. Molecular Ecology, 22 (11): 2986-3001.

Kasahara M, Naruse K, Sasaki S, *et al*, 2007. The medaka draft genome and insights into vertebrate genome evolution [J]. Nature, 447: 714-719.

Khanijou JK, Kulyk H, Bergès C, *et al*, 2022. Metabolomics and modelling approaches for systems metabolic engineering [J]. Metab Eng Commun, 15: e00209.

Kodama H, Otani K, Iwasaki T, *et al*, 2014. Metabolomic investigation of pathogenesis of myxosporean emaciation disease of tiger puffer fish *Takifugu rubripes* [J]. Journal of Fish Diseases, 37 (7): 619-627.

Kon T, Pei LY, Ichikawa R, *et al*, 2021. Whole-genome resequencing of large yellow croaker (*Larimichthys crocea*) reveals the population structure and signatures of environmental adaptation [J]. Scientific Reports, 11: 11235.

Kwon Y, Jung Y, Park J, *et al*, 2012. Characterizing the effect of heavy metal contamination on marine mussels using metabolomics [J]. Marine Pollution Bulletin, 64 (9): 1874-1879.

Lai Y, Jin Q, Zhu F, 2020. Differential expression of microRNAs in mud crab *Scylla paramamosain* in response to white spot syndrome virus (WSSV) infection [J]. Fish & Shellfish Immunology, 105: 1050-4648.

Landsman A, St-Pierre B, Rosales-Leija M, *et al*, 2019. Impact of aquaculture practices on intestinal bacterial profiles of Pacific whiteleg shrimp *Litopenaeus vannamei* [J]. Microorganisms, 7 (4): 93.

Li C, Yang M, Hong P, *et al*, 2021. Metabolomic profiles in the intestine of shrimp infected by white spot syndrome virus and antiviral function of the metabolite linoleic acid in shrimp [J]. The Journal of Immunology, 206: 2075-2087.

Li CJ, Teng T, Shen FF, *et al*, 2019. Transcriptome characterization and SSR discovery in *Squaliobarbus curriculus* [J]. Journal of Oceanology and Limnology, 37 (1): 235-244.

Li GX, Zhao YL, Wang J, *et al*, 2017. Transcriptome profiling of developing spleen tissue and discovery of immune-related genes in grass carp (*Ctenopharyngodon idella*) [J]. Fish & Shellfish Immunology, 60: 400-410.

Li J, Sun J, Dong X, *et al*, 2019. Transcriptomic analysis of gills provides insights into the molecular basis of molting in Chinese mitten crab (*Eriocheir sinensis*) [J]. PeerJ, 7: e7182.

Li M, Huang Q, Lv X, *et al*, 2022. Integrative omics analysis highlights the immunomodulatory effects of the parasitic dinoflagellate *Hematodinium* on crustacean hemocytes [J]. Fish & Shellfish Immunology, 125: 35-47.

Li N, Zhou J, Wang H, *et al*, 2021. The iTRAQ-based quantitative proteomics reveals metabolic changes in *Scylla paramamosain* under different light intensities during indoor overwintering [J]. Ecotoxicology and Environmental Safety, 207: 111384.

Li QQ, Sun QF, Liu Q, *et al*, 2021. Estimation of genetic parameters for carotenoid traits in Chinese mitten crab, *Eriocheir sinensis*, females [J]. Aquaculture, 532: 735990.

Li R, Fu W, Su R, *et al*, 2019. Towards the complete goat pan-genome by recovering missing genomic segments from the reference genome [J]. Front Genet, 10: 1169.

Li T, Li E, Suo Y, *et al*, 2017. Energy metabolism and metabolomics response of pacific white shrimp *Litopenaeus vannamei* to sulfide toxicity [J]. Aquatic Toxicology, 183.

Li X, Cui Z, Liu Y, *et al*, 2013. Transcriptome analysis and discovery of genes involved in immune pathways from hepatopancreas of microbial challenged mitten crab *Eriocheir sinensis*

[J]. Plos One, 8: e68233.

Liao J, Wan H, Sun Y, *et al*. 2020. Characterization of gonad differentially expressed SoxB2 genes in mud crab *Scylla paramamosain* [J]. Gene, 740: 144507.

Lin J, Shi X, Fang S, *et al*, 2019. Comparative transcriptome analysis combining smrt and ngs sequencing provides novel insights into sex differentiation and development in mud crab (*Scylla paramamosain*) [J]. Aquaculture, 513: 734447.

Liu C, Chen Z, Chen J, *et al*, 2023. Transcriptome analysis reveals the potential mechanism of carotenoids change in hepatopancreas under low-temperature storage from swimming crab (*Portunus trituberculatus*) [J]. Food Chemistry, 408: 135241.

Liu M, Ge S, Bhandari S, *et al*, 2022. Genome characterization and comparative analysis among three swimming crab species [J]. Frontiers in Marine Science, 9: 895119.

Liu S, Chen G, Xu H, *et al*, 2017. Transcriptome analysis of mud crab (*Scylla paramamosain*) gills in response to Mud crab reovirus (MCRV) [J]. Fish & Shellfish Immunology, 60: 545-553.

Liu YG, Hao CX, Shi SY, *et al*, 2021. Transcriptome analysis of the immunomodulation by Arctium lappa L. polysaccharides in the Chinese mitten crab *Eriocheir sinensis* against *Aeromonas hydrophila* [J]. Aquaculture, 534: 736255.

Liu YG, Kurokawa T, Sekino M, *et al*, 2013. Complete mitochondrial DNA sequence of the ark shell *Scapharca broughtonii*: an ultra-large metazoan mitochondrial genome [J]. Comparative Biochemistry and Physiology part D: Genomics and Proteomics, 8 (1): 72-81.

Liu YG, Kurokawa T, Sekino M, *et al*, 2014. Tandem repeat arrays in the mitochondrial genome as a tool for detecting genetic differences among the ark shell *Scapharca broughtonii* [J]. Marine Ecology-An Evolutionary Perspective, 35 (3): 273-280.

Liu YG, Li YY, Meng W, *et al*, 2016. The complete mitochondrial DNA sequence of Xinjiang arctic grayling *Thymallus arcticus* grubei [J]. Mitochondrial DNA Part B: Resources, 1 (1): 724-725.

Liu YG, Liu LX, Shan WJ, *et al*, 2019. Development of polymorphic microsatellite markers from AFLP products in the Xinjiang arctic grayling (*Thymallus arcticus* grubei) and a test of cross-species amplification [J]. Turkish Journal of Fisheries and Aquatic Sciences, 19 (4): 343-349.

Liu Z, Wang P, Liu Z, *et al*, 2021. Evaluation of liver tissue extraction protocol for untargeted metabolomics analysis by ultra-high-performance liquid chromatography/tandem mass spectrometry [J]. Sep Sci, 44 (18): 3450-3461.

Longo G, Bernardi G, 2015. The evolutionary history of the embiotocid surfperch radiation based on genome-wide RAD sequence data [J]. Molecular Phylogenetics and Evolution, 88: 55-63.

Longo SJ, Faircloth BC, Meyer A, *et al*, 2017. Phylogenomic analysis of a rapid radiation of misfit fishes (Syngnathiformes) using ultraconserved elements [J]. Molecular Phylogenetics and Evolution, 113: 33-48.

Lu S, Liu Y, Yu XJ, *et al*, 2020. Prediction of genomic breeding values based on pre-selected SNPs using ssGBLUP, WssGBLUP and BayesB for Edwardsiellosis resistance in Japanese flounder [J]. Genet Sel Evol, 52 (1): 49.

Lv J, Zhang L, Liu P, *et al*, 2017. Transcriptomic variation of eyestalk reveals the genes and biological processes associated with molting in *Portunus trituberculatus* [J]. Plos One, 12: e0175315.

Ma KY , Yu SH , Du YX , *et al*, 2019, Construction of a genomic bacterial artificial chromosome (BAC) library for the prawn *Macrobrachium rosenbergii* and initial analysis of ZW chromosome-derived BAC inserts [J]. Marine Biotechnology, 21 (2): 206-216.

Martin JA, Wang Z, 2011. Next-generation transcriptome assembly [J]. Nat Rev Genet, 12: 671-82.

Matsuzaki M, Misumi O, Shin-i T, *et al*, 2004. Genome sequence of the ultrasmall unicellular red alga *Cyanidioschyzon merolae* 10D [J]. Nature, 428: 653-657.

McCombie WR, McPherson JD, Mardis ER, 2019. Next-generation sequencing technologies [J]. Cold Spring Harbor perspectives in medicine, 9 (11).

Meier JI, Marques DA, Mwaiko S, *et al*, 2017. Ancient hybridization fuels rapid cichlid fish adaptive radiations [J]. Nature Communication, 8: 14363.

Meng XH, Fu Q, Luan S, *et al*, 2021. Genome survey and high-resolution genetic map provide valuable genetic resources for *Fenneropenaeus chinensis* [J]. Scientific Reports, 11: 7533.

Meuwissen THE, Hayes BJ, Goddard ME, 2001. Prediction of total genetic value using genome-wide dense marker maps [J]. Genetics, 157 (4): 1819-1829.

Meyer A, Schloissnig S, Franchini P, *et al*, 2021. Giant lungfish genome elucidates the conquest of land by vertebrates [J]. Nature, 590: 284-289.

Moen T, Baranski M, Sonesson AK, *et al*, 2009. Confirmation and fine-mapping of a major QTL for resistance to infectious pancreatic necrosis in Atlantic salmon (*Salmo salar*): population-level associations between markers and trait [J]. BMC Genomics, 10 (1): 368.

Mushtaq MY, Choi YH, Verpoorte R, *et al*, 2014. Extraction for metabolomics: access to the metabolome [J]. Phytochem Anal, 25 (4): 291-306.

Mykles DL, Chang ES, 2020. Hormonal control of the crustacean molting gland: Insights from transcriptomics and proteomics [J]. General and Comparative Endocrinology, 294: 113493.

Nakamura Y, Sasaki N, Kobayashi M, *et al*, 2013. The first symbiont-free genome sequence of marine red alga, Susabi-nori (*Pyropia yezoensis*) [J]. PLoS ONE, 8: e57122.

Ning J, Song C, Luo D, *et al*, 2019. Comparative transcriptome analysis explores maternal to zygotic transition during *Eriocheir sinensis* early embryogenesis [J]. Gene, 685: 12-20.

Ning X, Zhang Y Z, Sui Z H, *et al*, 2020. The complete mitochondrial DNA sequence of Kashgarian loach (*Triplophysa yarkandensis*) from Bosten Lake [J], Mitochondrial DNA Part B, 5: 1, 821-823.

Nunez J, Seale T, Fraser M, *et al*, 2015. Population genomics of the euryhaline teleost *Poecilia latipinna* [J]. PLoS One, 10 (9): e0137077.

Ochoa L E, Datovo A, DoNascimiento C, *et al*, 2020. Phylogenomic analysis of trichomycterid catfishes (*Teleostei*: *Siluriformes*) inferred from ultraconserved elements [J]. Scientific Reports, 10: 2697.

Ogata H, Goto S, Sato K, *et al*, 1999. KEGG: Kyoto Encyclopedia of Genes and Genomes [J]. Nucleic Acids Res, 27: 29-34.

Ohto Y, Putri SP, Suantika G, *et al*, 2021. Investigation of the characteristics of different shrimps by species and habitat using gas chromatography/mass spectrometry based metabolomics [J]. Journal of Bioscience and Bioengineering, 132 (3): 258-264.

Olsvik PA, Søfteland L, 2018. Metabolic effects of p, p′-DDE on Atlantic salmon hepatocytes [J]. Journal of Applied Toxicology, 38 (4): 489-503.

Oyedeji AB, Green E, Adebiyi JA, *et al*, 2021. Metabolomic approaches for the determination of metabolites from pathogenic microorganisms: A review [J]. Food Res Int, 140: 110042.

Patwary ZP, Paul NA, Nishitsuji K, *et al*, 2021. Application of omics research in seaweeds with a focus on red seaweeds [J]. Briefings Funct Genomics, 20: 148-161.

Penaloza C, Robledo D, Barria A, *et al*, 2020. Development and validation of an open access SNP Array for Nile tilapia (*Oreochromis niloticus*) [J]. G3, 10 (8): 2777-2785.

Pepe T, Ceruso M, Carpentieri A, *et al*, 2010. Proteomics analysis for the identification of three species of Thunnus [J]. Veterinary Research Communications, 34 (1): S153.

Quail MA, Smith M, Coupland P, *et al*, 2012. A tale of three next generation sequencing platforms: comparison of Ion Torrent, Pacific Biosciences and Illumina MiSeq sequencers [J]. BMC Genomics, 13: 341.

Ralston-Hooper K, Jannasch A, Adamec J, *et al*, 2011. The use of two-dimensional gas chromatography-time-of-flight mass spectrometry (GC × GC-TOF-MS) for metabolomic analysis of polar metabolites [J]. Methods Mol Biol, 708: 205-11.

Ren X, Cui Y, Gao B, *et al*, 2016. Identification and profiling of growth-related microRNAs of the swimming crab *Portunus trituberculatus* by using Solexa deep sequencing [J]. Marine Genomics, 28: 113-120.

Ren X, Lin S, Kong T, *et al*, 2020. The miRNAs profiling revealed by high-throughput sequencing upon WSSV infection in mud crab *Scylla paramamosain* [J]. Fish & Shellfish

Immunology, 100: 427-435.

Ren XY, Lv JJ, Liu M, *et al*, 2022. A chromosome-level genome of the kuruma shrimp (*Marsupenaeus japonicus*) provides insights into its evolution and cold-resistance mechanism [J]. Genomics, 114: 110373.

Roberts KD, Zhu Y, Azad MAK, *et al*, 2022. A synthetic lipopeptide targeting top-priority multidrug-resistant Gram-negative pathogens [J]. Nat Commun, 13: 1625.

Robinson MD, McCarthy DJ, Smyth GK, 2010. edgeR: a Bioconductor package for differential expression analysis of digital gene expression data [J]. Bioinformatics, 26: 139-140.

Rosenblum ES, Viant MR, Braid BM, *et al*, 2005. Characterizing the metabolic actions of natural stresses in the California red abalone, *Haliotis rufescens* using ^{1}H NMR metabolomics [J]. Metabolomics, 1 (2): 199-209.

Rosenthal A, Charnock-Jones DS, 1992. New protocols for DNA sequencing with dye terminators [J]. DNA Sequence, 3 (1): 61-64,

Rufino-Palomares E, Reyes-Zurita FJ, Fuentes-Almagro CA, *et al*, 2011. Proteomics in the liver of gilthead sea bream (*Sparus aurata*) to elucidate the cellular response induced by the intake of maslinic acid [J]. Proteomics, 11: 3312-3325.

Sanger F, Nicklen S, Coulson AR, 1977. DNA sequencing with chain-terminating inhibitors [J]. Proc Natl Acad Sci USA, 74 (12): 5463-67.

Santos MDM, Lima DB, Fischer JSG, *et al*, 2022. Simple, efficient and thorough shotgun proteomic analysis with PatternLab V [J]. Nature Protocols, 17 (7): 1553-1578.

Schock TB, Newton S, Brenkert K, *et al*, 2012. An NMR-based metabolomic assessment of cultured cobia health in response to dietary manipulation [J]. Food Chemistry, 133: 90-101.

Schock TB, Stancyk DA, Thibodeaux L, *et al*, 2010. Metabolomic analysis of Atlantic blue crab, *Callinectes sapidus*, hemolymph following oxidative stress [J]. Metabolomics, 6: 250-262.

Semenza GL, 2012. Hypoxia-inducible factors in physiology and medicine [J]. Cell, 148 (3): 399-408.

Ser Z, Liu X, Tang NN, *et al*, 2015. Extraction parameters for metabolomics from cultured cells [J]. Anal Biochem, 15: 22-28.

Shao CW, Niu YC, Rastas P, *et al*, 2015. Genome-wide SNP identification for the construction of a high-resolution genetic map of Japanese flounder (*Paralichthys olivaceus*): applications to QTL mapping of Vibrio anguillarum disease resistance and comparative genomic analysis [J]. DNA Research, 22 (2): 161-170.

Shao CW, Sun S, Liu KQ, *et al*, 2023. The enormous repetitive Antarctic krill genome reveals environmental adaptations and population insights [J]. Cell, 186: 1279-1294.

Shendure J, Ji H, 2008. Next-generation DNA sequencing [J]. Nature biotechnology, 26:

1135-1145.

Stark R, Grzelak M, Hadfield J, 2019. RNA sequencing: the teenage years [J]. Nat Rev Genet, 20: 631-656.

Soonthornchai W, Chaiyapechara S, Klinbunga S, *et al*, 2016. Differentially expressed transcripts in stomach of *Penaeus monodon* in response to AHPND infection [J]. Developmental and Comparative Immunology, 65: 53-63.

Star B, Nederbragt AJ, Jentoft S, *et al*, 2011. The genome sequence of Atlantic cod reveals a unique immune system [J]. Nature, 477: 207-210.

Sun B, Wang Z, Wang Z, *et al*, 2017. A proteomic study of hemocyte proteins from mud crab (*Scylla paramamosain*) infected with white spot syndrome virus or *Vibrio alginolyticus* [J]. Frontiers in Immunology, 8: 468.

Sun YM, Li FH, Sun Z, *et al*, 2014. Transcriptome analysis of the initial stage of acute WSSV infection caused by temperature change [J]. PLOS ONE, 9.

Surachat K, Narkthewan P, Thotsagotphairee C, *et al*, 2022. The first genome survey and *de novo* assembly of the short mackerel (*Rastrelliger brachysoma*) and Indian mackerel (*Rastrelliger kanagurta*) [J]. Animals, 12: 1769.

Takahashi T, Moreno E, 2015. A RAD-based phylogenetics for Orestias fishes from Lake Titicaca [J]. Molecular Phylogenetics and Evolution, 93: 307-317.

Tang B, Zhang D, Li H, *et al*, 2020. Chromosome-level genome assembly reveals the unique genome evolution of the swimming crab (*Portunus trituberculatus*)[J]. GigaScience, 9: 1-10.

Tautenhahn R, Patti GJ, Rinehart D, *et al*, 2012. XCMS online: a web-based platform to process untargeted metabolomic data [J]. Anal Chem, 84: 5035-5039.

Tong GX, Xu W, Zhang YQ, *et al*, 2018. *De novo* assembly and characterization of the *Hucho taimen* transcriptome [J]. Ecology & Evolution, 8 (3): 1271-1285.

Uengwetwanit T, Ponza P, Sangsrakru D, *et al*, 2018. Transcriptome-based discovery of pathways and genes related to reproduction of the black tiger shrimp (*Penaeus monodon*) [J]. Marine Genomics, 37: 69-73.

Varunjikar MS, Moreno-Ibarguen C, Andrade-Martinez JS, *et al*, 2021. Comparing novel shotgun DNA sequencing and state-of-the-art proteomics approaches for authentication of fish species in mixed samples [J]. Food Control, 313 (5): 108417.

Veiseth-Kent E, Grove H, Faergestad EM, *et al*, 2010. Changes in muscle and blood plasma proteomes of Atlantic salmon (*Salmo salar*) induced by crowding [J]. Aquaculture, 309: 272-279.

Veldsman WP, Ma KY, Hui JHL, *et al*, 2021. Comparative genomics of the coconut crab and other decapod crustaceans: exploring the molecular basis of terrestrial adaptation [J]. BMC genomics, 22: 1-15.

Verbyla KL, Kube PD, Evans BS, 2021. Commercial implementation of genomic selection in Tasmanian Atlantic salmon: scheme evolution and validation [J]. Evol Appl, 15 (4): 631-644.

Waiho K, Fazhan H, Zhang Y. *et al*, 2019. Gonadal microRNA expression profiles and their potential role in sex differentiation and gonadal maturation of mud crab *Scylla paramamosain* [J]. Mar Biotechnol, 21: 320-334.

Wan H, Zhong J, Zhang Z, *et al*, 2021. Discovery of the Dmrt gene family members based on transcriptome analysis in mud crab *Scylla paramamosain* [J]. Gene, 784: 145576.

Wan X, Jia W, Wang Q, *et al*, 2022. Metabolomics strategy comprehensively unveils the effect of catechins intervention on the biomarkers of exposure to acrylamide and biomarkers of cardiometabolic risk [J]. Environ Int, 169: 107517.

Wang C H, Liu Y G, Liu L X, *et al*, 2018. Isolation of polymorphic RAPD-SSR markers from Xinjiang arctic grayling (*Thymallus arcticus* grubei) and a test of cross-species amplification [J]. Russian Journal of Genetics, 5 (5): 587-591.

Wang H, Wei H, Tang L, *et al*, 2018. A proteomics of gills approach to understanding salinity adaptation of *Scylla paramamosain* [J]. Gene, 677: 119-131.

Wang J, Hou X, Chen X, *et al*, 2021. Comprehensive analysis of metabolomics and transcriptomics provides insights into growth difference of juvenile *Eriocheir sinensis* during the molting cycle [J]. Aquaculture, 539: 736661.

Wang K, Wang J, Zhu CL *et al*, 2021. African lungfish genome sheds light on the vertebrate water-to-land transition [J]. Cell, 184 (5): 1362-1376.

Wang Q, Ren X, Liu P, *et al*, 2021. Improved genome assembly of Chinese shrimp (*Fenneropenaeus chinensis*) suggests adaptation to the environment during evolution and domestication [J]. Molecular Ecology Resources, 22 (1): 334-344.

Wang WJ, Hu YL, Ma Y, *et al*, 2015. High-density genetic linkage mapping in turbot (*Scophthalmus maximus* L.) based on SNP markers and major sex- and growth- related regions detection [J]. PloS One, 10 (3): e0120410.

Wang X, Huang Z, Wang C, *et al*, 2020. A comparative study on growth and metabolism of *Eriocheir sinensis* juveniles under chronically low and high pH stress. Frontiers in Physiology [J], 11: 885.

Wang XH, Fu BD, Yu XM, *et al*, 2018. Fine mapping of growth-related quantitative trait loci in Yellow River carp (*Cyprinus carpio* haematoperus) [J]. Aquaculture, 484: 277 -285.

Wiśniewski JR, Zougman A, Nagaraj N, *et al*, 2009. Universal sample preparation method for proteome analysis [J]. Nature methods, 6 (5): 359-362.

Wu J, Chan R, Wenk MR, *et al*, 2010. Lipidomic study of intracellular Singapore grouper iridovirus [J]. Virology, 399 (2): 248-256.

Xia JH, Liu F, Zhu ZY, *et al*, 2010. A consensus linkage map of the grass carp (*Ctenopharyngodon idella*) based on microsatellites and SNPs [J]. BMC Genomics, 11: 135.

Xia JG, Psychogios N, Young N, *et al*. MetaboAnalyst: a web server for metabolomic data analysis and interpretation [J]. Nucleic Acids Res, 2009, 37: W652-W660.

Xu P, Zhang XF, Wang XM, *et al*, 2014. Genome sequence and genetic diversity of the common carp, *Cyprinus carpio* [J]. Nature Genetics, 46: 1212-1249.

Yao H, Li X, Chen Y, *et al*, 2021. Metabolic changes in *Scylla paramamosain* during adaptation to an acute decrease in salinity [J]. Frontiers in Marine Science, 8: 734519.

Yu CC, Xu XY, Li JL, *et al*. Primary mapping of QTL for growth-related traits in grass carp (*Ctenopharyngodon idellus*) [J]. Aquaculture International, 2020, 28: 2275-2285.

Yuan J, Yu Y, Zhang X, *et al*, 2023. Recent advances in crustacean genomics and their potential application in aquaculture [J]. Reviews in Aquaculture, 15 (4): 1501-1521.

Zamora-Briseño JA, Ruiz-May E, Elizalde-Contreras JM, *et al*, 2020. iTRAQ-based proteomic profile analysis of the hepatopancreas of caribbean spiny lobsters infected with *Panulirus argus* virus 1: metabolic and physiological implications [J]. Front Microbiol, 11: 1084.

Zhang Q, Song S, Gao D, *et al*, 2021. Time-series transcriptomic analysis reveals potential genes and pathways involved in the process of monospore formation in *Phycocalida chauhanii* [J]. Journal of Applied Phycology, 33: 1925-1937.

Zhang R, Ji Y, Ye K, *et al*, 2024. Genome-wide SNP-based diversity analysis and phylogeographic inference in the ark shell (*Anadara broughtonii*) [J]. Fisheries Research, 2024, 270: 106892.

Zhang XJ, Yuan JB, Sun YM, *et al*, 2019. Penaeid shrimp genome provides insights into benthic adaptation and frequent molting [J]. Nat Commun, 10: 356.

Zhang Y, Ni M, Zheng J, *et al*, 2022. Transcriptome of *Eriocheir sinensis* under air exposure [J]. Journal of Oceanology and Limnology, 40: 766-774.

Zhang ZQ, Zhou C, Fan KP, *et al*, 2021. Metabolomics analysis of the effects of temperature on the growth and development of juvenile European seabass (*Dicentrarchus labrax*) [J]. Science of The Total Environment, 769: 145155.

Zhao J, Bai HQ, Ke QZ, *et al*, 2021. Genomic selection for parasitic ciliate *Cryptocaryon irritans* resistance in large yellow croaker [J]. Aquaculture, 531: 735786.

Zhao RR, Lu ZC, Cai SS, *et al*, 2021. Whole genome survey and genetic markers development of crocodile flathead *Cociella crocodilus* [J]. Animal genetics, 52 (6): 891-895.

Zhao X, Liu Y X, Du X Q, *et al*, 2022. Whole-genome survey analyses provide a new perspective for the evolutionary biology of shimofuri goby, *Tridentiger bifasciatus* [J]. Animals, 12: 1914.

Zheng J, Wang P, Mao Y, *et al*, 2020. Full-length transcriptome analysis provides new insights into the innate immune system of *Marsupenaeus japonicus* [J]. Fish & Shellfish Immunology, 106: 283-295.

Zhou J, Chen B, Cai Z, 2015. Metabolomics-based approach for assessing the toxicity mechanisms of dibutyl phthalate to abalone (*Haliotis diversicolor* supertexta) [J]. Environmental Science and Pollution Research, 22 (7): 5092-5099.

Zhu F, Qian X, Ma X, 2018. Comparative transcriptomic analysis of crab hemocytes in response to white spot syndrome virus or *Vibrio alginolyticus* infection [J]. Fish & Shellfish Immunology, 80: 165-179.

Zhu S, Yan X, Shen C, *et al*, 2022. Transcriptome analysis of the gills of *Eriocheir sinensis* provide novel insights into the molecular mechanisms of the pH stress response [J]. Gene, 833: 146588.